高等职业教育专科、本科计算机类专业新形态一体

广东科学技术职业学院“金课”建设项目

Linux 操作系统项目化教程
（基于 RHEL 8.2/CentOS 8.2）

廖建飞　程庆华　曾东海　**主　编**

冯健文　曾文英　姜　晔　**副主编**

電子工業出版社

Publishing House of Electronics Industry

北京 · BEIJING

内 容 简 介

本书基于软件技术国家高水平专业群建设项目中"Linux操作系统"子项目编写而成。为响应国家号召，在本书编写过程中编者系统融合了"思政教育""1+X云计算运维与开发""红帽认证""双创思维"等元素和内容，有利于实现立德树人，更好地培养德技并修、知行合一、全面发展的人才。

全书分为基础篇、实施篇、拓展篇三个模块，共7个任务。基础篇、实施篇以RHEL 8.2/CentOS 8.2为实施环境，以真实项目"乐购商城云平台数据库服务器的部署"为载体对Linux操作系统的应用进行详细讲解。拓展篇讲述国内领先的操作系统统信UOS，让学生了解国产软件的突破。本书的任务包括万丈高楼平地起——平台的选择、每天收获小进步——创建用户环境、细节决定成败——创建存储空间和文件系统、坚持就是胜利——软件包管理、实践出真知——乐购商城云平台数据库服务器的部署、更上一层楼——服务器运行监控、创造未来——统信UOS操作系统。本书以真实项目为载体，配置知识点微课，使"教、学、做"融为一体，实现理论与实践的完美结合。

本书既可以作为高职高专院校计算机应用技术、计算机网络技术及其他计算机类专业的理论与实践一体化教材，也可作为Linux系统管理、网络管理和云平台运维工作人员的自学用书，又是一本不可多得的Linux系统运维经典培训教材。

图书在版编目（CIP）数据

Linux 操作系统项目化教程：基于 RHEL 8.2/CentOS 8.2/廖建飞，程庆华，曾东海主编. —北京：电子工业出版社，2022.12

ISBN 978-7-121-44723-5

Ⅰ. ①L… Ⅱ. ①廖… ②程… ③曾… Ⅲ. ①Linux 操作系统—教材 Ⅳ. ①TP316.85

中国版本图书馆 CIP 数据核字（2022）第 244879 号

责任编辑：李　静
印　　刷：天津嘉恒印务有限公司
装　　订：天津嘉恒印务有限公司
出版发行：电子工业出版社
　　　　　北京市海淀区万寿路 173 信箱　邮编：100036
开　　本：787×1092　1/16　印张：14.25　字数：365 千字
版　　次：2022 年 12 月第 1 版
印　　次：2023 年 12 月第 3 次印刷
定　　价：46.80 元

凡所购买电子工业出版社图书有缺损问题，请向购买书店调换。若书店售缺，请与本社发行部联系，联系及邮购电话：（010）88254888，88258888。

质量投诉请发邮件至zlts@phei.com.cn，盗版侵权举报请发邮件至dbqq@phei.com.cn。

本书咨询联系方式：（010）88254604或lijing@phei.com.cn（QQ：1096074593）。

前　言

本书基础篇及实施篇的任务操作环境使用目前较为通用的Red Hat Enterprise Linux（RHEL）。Red Hat（红帽公司）的产品主要包括RHEL 8.2（收费版本）和CentOS（RHEL的社区克隆版本，免费版本）、Fedora Core（由RHEL桌面版发展而来，免费版本），CentOS使用和RHEL相同的源代码。拓展篇使用国内领先的操作系统统信UOS。

本书通过真实项目使读者深入了解和掌握RHEL及统信UOS的新特性，快速掌握系统运维能力。

本书教学资源丰富，所有教学视频和实训视频全部放在超星学习通网站上，供读者下载学习和在线观看。另外，教学中经常会用到的课程标准、PPT、电子教案、学习讨论内容、实践教学内容、授课计划、题库、习题解答、红帽考证资料、"1+X云计算运维与开发"认证资料、红帽挑战赛资料等内容，也都放在了超星学习通网站上，请读者扫描本页二维码进入课程学习平台（每个学期会更新一期）。截至2022年4月7日，本课程累计浏览量为3164236，累计选课人数为6026人，累计互动次数为30633次。本书项目源于企业实际案例，体现了"教、学、做"的完美统一。

本书任务一、二、三由廖建飞编写，任务四由曾东海编写，任务五由冯健文和姜晔共同编写，任务六由曾文英编写，任务七由程庆华编写。特别感谢广州腾科网络技术有限公司张超经理提供红帽认证及红帽校园挑战赛案例、广东科学技术职业学院胡嘉璇老师进行红帽RHCSA认证案例的统筹编辑工作、广东科学技术职业学院曾文英教授与南京第五十五所技术开发有限公司接洽并提供"1+X云计算运维与开发"认证案例，以及广东科学技术职业学院计算机学院领导的无私帮助和支持。

本课程学习平台

虽然我们在本书的编写过程中力求完美，但书中难免有疏漏和不足之处，欢迎广大读者给予宝贵意见。电子邮箱：767734137@qq.com。

编　者

2022年9月

目　录

模块一　基础篇

模块二 实施篇

模块三 拓展篇

模块一　基础篇

任务背景

乐购商城是一家大型娱乐、休闲、购物中心，辐射周边约30万人口，其设在二楼的乐购超市是其购物场所的主体部分。乐购商城采用会员制，注册会员数量有3万，平均的日流量约5000人次。近年来限于大型线上电商的竞争压力，乐购商城发展线上购物、送货到门服务，以此来提升业绩，提高客户的购物体验，留住老客户，发展新会员。

乐购商城云平台开发环境如下。

1. 服务器端

服务器操作系统：RHEL 8.2。

Web服务器软件：Apache 2.0及以上版本。

PHP软件：PHP 7.0及以上版本。

数据库管理系统：MySQL 5.7.22及以上版本。

开发工具：Zend Studio或Dreamweaver。

浏览器：IE 6.0及以上版本、火狐浏览器等。

分辨率：1024像素×768像素。

2. 客户端

移动App：Android平台、iOS平台。

PC端浏览器：IE 6.0、火狐、Google、360等浏览器。

乐购商城云平台支持客户端手机App、PC端Web浏览器两种形式的访问，商城云平台分成前台管理和后台管理两大模块，前台管理的功能主要包括账户管理、商品管理、购物车管理、订单管理、支付管理、客服管理，后台管理的功能主要有商品管理、商铺管理、进销存管理、物流管理、统计管理。

考虑商城的日常在线并发量不大，但节假日访问量激增等因素，商城的基础架构采用三台Web服务器负责负载均衡，采用两台MySQL数据库服务器形成主备结构，外加一个数据灾备存储服务器，商城服务器部署在商城的网络中心，应用现有网络中心的安全保障和带宽流量。乐购商城架构图如图0-1所示。

乐购商城服务器及其配置信息如表0-1所示。

部署乐购商城云平台数据库服务器，需要完成以下任务：

（1）平台的选择（Linux或Windows）。

（2）创建服务器运行所需的用户环境。

（3）创建服务器运行所需的存储空间和文件系统。

（4）安装服务器运行所需的软件包。

（5）服务器运行监控。

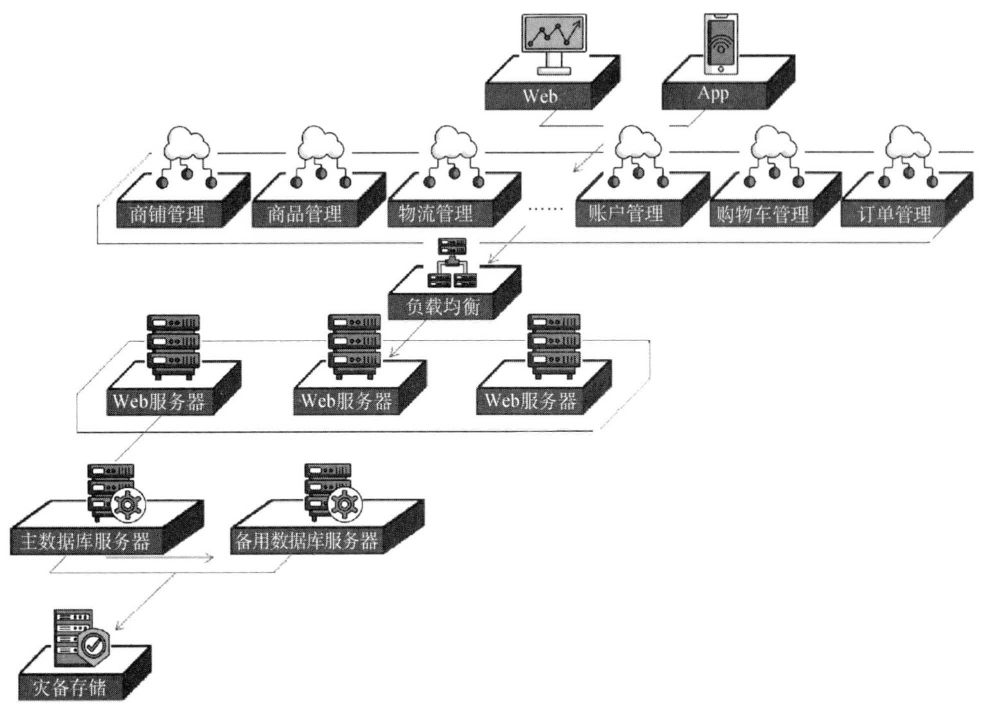

图0-1 乐购商城架构图

表0-1 乐购商城服务器及其配置信息表

品牌	类型	配置信息	数量	功能	系统
华为（huawei）	2288H v6	CPU：双路20核英特尔芯片 内存：16GB 硬盘：SSD+2×1TB/SAS/1000RPM 网卡：2×25GE双端口网卡，4×10GE光模块，双电源，含三年维保	3	负载均衡	RHEL 8.1
华为（huawei）	RH2288H V5	CPU：双路8核英特尔芯片，3.8GHz 内存：双电32GB 硬盘：1.2TSSD+2×1TB SAS 网卡：2×25GE双端口网卡，4×10GE光模块 双电源，含三年维保	2	数据库	RHEL 8.1 MySQL
华为（huawei）	OceanStor 5110 v5	CPU：华为鲲鹏处理器 内存：32GB 硬盘：12×1.2TB 10K SAS	1	灾备存储	OceanStor OS

注：硬盘配置信息中，SAS表示硬盘采用SAS接口，10K表示硬盘转速为10000转/分。

商城云平台的数据是商城的生命，乐购商城云平台的数据包括商店数据、商品数据、用户数据、订单数据、物流数据等，商城云平台的数据按照一定的方式存储在数据库（Database）中。数据库就是存储数据的仓库，其可以快速、安全地存储和处理大量的用户数据。本书通过部署乐购商城云平台数据库服务器，讲解Linux相关知识。

任务一　万丈高楼平地起——平台的选择

扫一扫，
看动画

1.1　任务导入

扫一扫，
看微课

任务概述

在乐购商城云平台数据库服务器的部署中，首先需要根据乐购商城数据库的要求选择服务器平台。在服务器选购过程中，除了关注CPU、内存、硬盘、带宽等配置信息，用户还需要自行选择操作系统。大多数云服务器都使用Windows Server或Linux操作系统，应根据项目整体需求分析进行选择。

任务分析

根据任务概述，我们需要考虑以下几点。

（1）需要比较Linux与Window Server服务器的优缺点。

（2）需要使用Linux服务器常用命令。

（3）需要使用Linux命令查看系统信息。

任务目标

根据任务分析，我们需要掌握如下知识、技能、思政、创新、课证融通目标。

（1）了解Linux与Window Server服务器的优缺点。（知识）

（2）熟练掌握Linux环境下常用命令的使用。（技能）

（3）熟悉掌握Linux环境下查看系统信息的命令的使用。（技能）

（4）万丈高楼平地起，一砖一瓦皆根基，要求学生树立正确的世界观、人生观、价值观，扎实打好基本功。（思政）

（5）根据乐购商城MySQL数据库服务器对平台的要求，联想其他服务器对平台的要求。（创新）

（6）拓展“1+X 云计算运维与开发”考证所涉及的知识与技能，以及红帽RHCSA认证所涉及的知识和技能。（课证融通）

1.2　知识准备

1.2.1　Linux与Windows的比较

乐购商城云平台MySQL数据库服务器的操作系统选择Windows Server还是Linux？

Windows Server和Linux，是目前网站服务器使用最多的两大操作系统，当然，UNIX也可以作为服务器操作系统，只是已经被边缘化，很少用到。在我们选择网站服务器操作系统时，要看具体情况而定。

1. Windows Server 和 Linux

对于 Windows相信大家都不陌生，而服务器上使用的Windows 系统一般指Windows的服务器版本系统，即 Windows Server 系列。Windows Server 系列也有很多版本，如Windows Server 2003、Windows Server 2008等。Linux是一套免费使用和自由传播的类UNIX操作系统，是一个基于POSIX和UNIX的多用户、多任务、支持多线程和多CPU的操作系统。它能运行主要的UNIX工具软件、应用程序和网络协议。它支持32位和64位硬件。Linux继承了UNIX以网络为核心的设计思想，是一个性能稳定的多用户网络操作系统。简单来说，Linux是一种免费的操作系统，也是性能非常好的支持服务器的系统，且不太适合图形化操作更适合命令行操作；而Windows Server是收费的系统，且其主要使用图形化操作方式。

因为Linux是开源的操作系统，其功能可以自己定义和修改，且一般不用图形化界面，所以Linux的一些特性使得其效率要比Windows高且使用起来更加灵活，因为Linux严格的用户权限管理机制使得Linux更加安全。虽然Windows的图形界面会在一定的程度上降低Windows的性能，但是图形化的界面也为Windows带来了操作简单方便的特点，Windows Server相关操作要比Linux简单得多。

总结：编者认为Linux比Windows Server性能更好，而Windows Server比Linux有更好的易用性。对于服务器而言，性能好更加重要。

2. 服务器配置比较低时，最好使用Linux

对于一个新手，刚开始进行网站搭建时，都会选择入门级的服务器。一台入门级服务器：CPU是单核的，内存是512MB，硬盘是20GB，带宽是1MB，这样的配置，在阿里云服务器中是最低端的，但是比虚拟主机好用。Windows是非常占内存的，系统本身最低都要占用1GB以上的内存，所以，入门级服务器没法安装Windows 。而Linux对硬件要求非常低，512MB的内存已经足够，在服务器上可流畅运行 4个网站。

再说一下成本，Linux是开源不收费的系统，而Windows Server是收费的系统。对于公司运营来说，需要考虑系统的用途及成本。

3. 使用PHP做网站后台时，最好选Linux

如果网站使用PHP语言进行开发，最好选择Linux作为服务器的操作系统，因为，PHP在Linux下的兼容性非常完美，这得益于Linux 的开源和免费，Linux+Apache+MySQL+PHP这样的组合，深受众多网站开发者的喜爱。由于我们平时在电脑上经常操作Windows系统，上手容易，搭建网站也就会很快。相对Linux的命令行界面，Windows系统的图形界面对用户更加友好。例如，我们要安装MySQL 软件，Windows 环境下只需要下载MySQL 软件免安装版本，然后就可以很快安装成功；而Linux 环境下安装MySQL 软件就比较麻烦，需要输入相关的命令才可以安装，不精通Linux系统命令，是无法操作的。

但实际上，编者还是建议使用Linux，这样可以避免后期服务器运行过程中可能出现的很多不必要的问题。

1.2.2 Linux服务器常用命令和系统信息的查询

1. 熟悉常用命令

在Linux中，命令区分大小写。在命令行中，可以使用“Tab”键来自动补齐命令，即可以只输入命令的前几个字母，然后按“Tab”键。按“Tab”键时，如果系统只找到一个与输入字符相匹配的目录或文件，就自动补齐；如果没有匹配的内容或有多个相匹配的名字，系统将发出警鸣声，再按一下“Tab”键将列出所有相匹配的内容（如果有），以供用户选择。

例如，如果在命令提示符后只输入 mo，然后按“Tab”键，此时系统将发出警鸣声，再次按“Tab”键，系统将显示所有以“mo”开头的命令。

另外，利用向上或向下光标键，可以翻查曾经执行过的历史命令，并可以再次执行。

如果要在一个命令行上输入和执行多条命令，可以使用分号来分隔命令，如 cd /; ls。在文本界面下，退出登录的命令是exit。

下面介绍一些常用命令的使用方法。

1）pwd

pwd命令用于显示用户当前所处的目录。如果用户不知道自己当前所处的目录，就必须使用该命令。例如：

```
[root@Mysqlserver etc]# pwd      //显示当前目录
/etc
```

2）su

su 命令用于变更为其他使用者的身份，除了root 用户，都需要键入该使用者的密码。例如：

```
[Mysql@Mysqlserver ~]$ pwd               //显示当前目录/home/Mysql
[Mysql@Mysqlserver ~]$ su root           //切换到root用户
```

```
密码:
[root@Mysqlserver Mysql]# pwd              //显示当前目录
/home/Mysql                     //切换到root用户，但是用户的环境变量没变化
[root@Mysqlserver Mysql]# su Mysql         //切换到Mysql用户
[Mysql@Mysqlserver ~]$ whoami              //显示当前用户
Mysql
[Mysql@Mysqlserver ~]$ su - root           //切换到root用户，改变环境变量
密码:
[root@Mysqlserver ~]# pwd                  //显示当前目录
/root                           //切换到root用户，用户的环境变量变化了
[root@Mysqlserver ~]# su - Mysql           //切换到Mysql用户，改变环境变量
[Mysql@Mysqlserver ~]$ pwd                 //显示当前目录
/home/Mysql                     //切换到Mysql用户，用户的环境变量变化了
```

su命令和su-命令的区别就是：

su命令只是切换了root身份，但Shell环境仍然是普通用户的Shell；而su-命令连用户和Shell环境一起切换成root身份。只有切换了Shell环境才不会出现PATH环境变量错误、command not found错误。

运行su命令切换成root用户以后，执行pwd命令，发现工作目录仍然是普通用户的工作目录；而用su-命令切换以后，工作目录变成root的工作目录了。

用echo $PATH命令查看执行su和su-命令后的环境变量已经改变。

注意：字符终端窗口中出现的Shell提示符因用户不同而有所差异，普通用户的命令提示符为“$”，超级管理员用户的命令提示符为“#”。

3）man或--help

man命令用于列出命令的帮助手册。例如：

```
[root@Mysqlserver ~]# man pwd       //显示pwd命令的帮助信息，按向上键向上翻页、向下键向下翻页，退出帮助信息按“Q”键
```

典型的man手册包含以下几部分。

NAME：命令的名字。

SYNOPSIS：名字的概要，简单说明命令的使用方法。

DESCRIPTION：详细描述命令的使用方法，如各种参数选项的作用。

SEE ALSO：列出可能要查看的其他相关的手册页条目。

AUTHOR、COPYRIGHT：作者和版权等信息。

--help：放在命令的后面，显示帮助信息。例如：

```
[root@Mysqlserver ~]# pwd --help       //显示pwd命令的帮助信息
pwd:pwd [-LP]
    打印当前工作目录的名字 。
```

```
    选项:
      -L  打印 $PWD变量的值,如果它包含了当前的工作目录
      -P  打印当前的物理路径,不带有任何的符号链接
    默认情况下,'pwd' 的行为和带 '-L' 选项一致
    退出状态:
 除非使用了无效选项或者当前目录不可读,否则返回状态为0。
 [root@Mysqlserver ~]# su --help        //显示su命令的帮助信息
 用法:
  su [选项] [-] [<用户> [<参数>...]]
 Change the effective user ID and group ID to that of <user>.
 A mere - implies -l.  If <user> is not given,root is assumed.
 选项:
  -m,-p,--preserve-environment      不重置环境变量
  -g,--group <组>                   指定主组
  -G,--supp-group <group>           specify a supplemental group
  -,-l,--login                      使Shell成为登录Shell
  -c,--command <命令>               使用 -c向Shell传递一条命令
  --session-command <命令>          使用 -c向Shell传递一条命令而不创建新会话
  -f,--fast                         向Shell传递 -f选项(csh或tcsh)
  -s,--shell <shell>                若 /etc/shells允许,运行<shell>
  -P,--pty                          create a new pseudo-terminal
  -h,--help                         display this help
  -V,--version                      display version
 更多信息请参阅su(1)。
```

4）cd

cd 命令用来在不同的目录中进行切换。用户在登录系统后，会处于用户的家目录（$HOME）中，该目录一般以/home 开始，后跟用户名。这个目录就是用户的初始登录目录（root 用户的家目录为/root）。如果用户想切换到其他目录，就可以使用 cd 命令，后跟想要切换的目录名。例如：

```
  [root@Mysqlserver etc]# cd         //改变目录位置至用户登录时的工作目录
  [root@Mysqlserver ~]# cd dir1     //改变目录位置至当前目录的dir1子目录下
  [root@Mysqlserver dir1]# cd ~     //改变目录位置至用户登录时的工作目录(用户的家目录)
  [root@Mysqlserver ~]# cd ..       //改变目录位置至当前目录的父目录
  [root@Mysqlserver /]# cd          //改变目录位置至用户登录时的工作目录
  [root@Mysqlserver ~]# cd ../etc //改变目录位置至当前目录的父目录的etc子目录下
  [root@Mysqlserver etc]# cd /dir1/subdir1  //利用绝对路径表示改变目录到/dir1/
subdir1目录下
```

在 Linux 中，用“.”代表当前目录；用“..”代表当前目录的父目录；用“～”代表用户的个人家目录（主目录）。例如，root 用户的个人主目录是/root，则不带任何参数的 cd 命令相当于 cd～，即将当前目录切换到用户的家目录。

5）ls

ls命令用来列出文件或目录信息。该命令的语法格式为：

```
ls [参数] [目录或文件]
```

ls命令的常用参数选项如下。

-a：显示所有文件，包括以“.”开头的隐藏文件。

-A：显示指定目录下所有的子目录及文件，包括隐藏文件，但不显示“.”和“..”。

-c：按文件的修改时间排序。

-C：分成多列显示各行。

-d：如果参数选项是目录，就只显示其名称而不显示其下的各个文件。该参数选项往往与“-l”选项一起使用，以得到目录的详细信息。

-l：以长格式形式显示文件的详细信息。

-i：在输出的第一列显示文件的i节点号。

例如：

```
[root@Mysqlserver ~]#ls    //列出当前目录下的文件及目录
[root@Mysqlserver ~]#ls -a    //列出包括以“.”开头的隐藏文件在内的所有文件
[root@Mysqlserver ~]#ls -t    //依照文件最后修改时间的顺序列出文件
[root@Mysqlserver / ~]#ls -F    //列出当前目录下的文件名及其类型,以/结尾表示为目录名,以*结尾表示为可执行文件,以@结尾表示为符号链接
bin@  dev/  home/  lib64@  mnt/  proc/  run/   srv/  tmp/  var/
boot/  etc/  lib@  media/  opt/  root/  sbin@  sys/  usr/
[root@Mysqlserver ~]#ls -l  //列出当前目录下所有文件的权限、所有者、文件大小、修改时间及名称
[root@Mysqlserver ~]#ls -lg //同上,并显示文件的所有者工作组名
[root@Mysqlserver ~]#ls -R  //显示当前目录下及其所有子目录下的文件名
```

6）cat、more、less

cat命令主要用于滚屏显示文件内容或将多个文件合并成一个文件。该命令的语法格式为：

```
cat [参数] 文件名
```

cat命令的常用参数选项如下。

-b：对输出内容中的非空行标注行号。

-n：对输出内容中的所有行标注行号。

通常使用cat命令查看文件内容，但是cat命令的输出内容不能分页显示，要查看超过一屏的文件内容，需要使用more或less等命令。如果在cat命令中没有指定参数选项，该命令就会从标准输入（键盘）中获取内容。

【例1-1】查看/soft/file1文件内容的命令为：

```
[root@Mysqlserver ~]#cat  /soft/file1
```

利用cat命令还可以合并多个文件。

【例1-2】 将file1和file2文件的内容合并为file3，且file2文件的内容在file1文件的内容的前面，则命令为：

```
[root@Mysqlserver ~]# cat file2 file1>file3
//若file3文件存在,则此命令的执行结果会覆盖file3文件中原有内容
[root@Mysqlserver ~]# cat file2 file1>>file3
//若file3文件存在，此命令的执行结果将把file2和file1文件的内容附加到file3文件中原有内容的后面
```

more命令，用于逐页分屏显示文件的内容。大多数情况下，可以不加任何参数选项执行more命令查看文件内容。执行more命令后，进入more状态，按回车键可以向下移动一行，按“Space”键可以向下移动一页；按“Q”键可以退出more命令。该命令的语法格式为：

```
more  [参数]  文件名
```

more命令的常用参数选项如下。

-num：num是一个数字，用来指定分页显示时每页的行数。

+num：指定从文件的第num行开始显示。

例如：

```
[root@Mysqlserver ~]#more file1          // 以分页方式查看file1文件的内容
```

more命令经常在管道中被调用，以实现各种命令输出内容的分屏显示。利用Linux所提供的管道符“|”将两个命令隔开，管道符左边命令的输出就会作为管道符右边命令的输入。例如：

```
[root@Mysqlserver /]# ls -A /bin | more   //可以看到分屏显示bin目录下的内容
ac
aconnect
addr2line
agentxtrap
alias
alsaloop
alsamixer
alsatplg
alsaunmute
amidi
amixer
amuFormat.sh
anaconda-cleanup
```

```
anaconda-disable-nm-ibft-plugin
analog
aplay
aplaymidi
appstream-compose
appstream-util
apropos
ar
arch
--更多--
```

less命令是用于浏览文件的命令，less命令可以向下、向上翻页，甚至可以前后左右移动浏览位置。执行less命令后，进入了less状态，按回车键可以向下移动一行，按“Space”键可以向下移动一页，按“B”键可以向上移动一页，也可以用光标键向前后左右移动，按“Q”键则退出less命令。

less命令还支持在一个文本文件中进行快速查找操作。先按“/”键，再输入要查找的单词或字符。less命令会在文本文件中进行快速查找，并把找到的所有搜索目标高亮显示。如果希望继续查找，就再次按“/”键，接着按回车键即可。例如：

```
[root@Mysqlserver~]#less /etc/passwd      // 以分页方式查看passwd文件的内容
```

7）mkdir

mkdir命令用于创建一个目录。该命令的语法格式为：

```
mkdir [参数] 目录名
```

上述目录名可以为相对路径，也可以为绝对路径。

mkdir命令的常用参数选项如下。

-p：在创建目录时，若父目录不存在，则同时创建该目录及该目录的父目录。

例如：

```
[root@Mysqlserver ~]#mkdir dir1    //在当前目录下创建dir1子目录
[root@Mysqlserver ~]#mkdir -p dir2/subdir2
//在当前目录的dir2目录中创建subdir2子目录，若dir2目录不存在，则同时创建
```

8）rmdir

rmdir命令用于删除空目录。该命令的语法格式为：

```
rmdir [参数] 目录名
```

上述目录名可以为相对路径，也可以为绝对路径，但要删除的目录必须为空目录。

rmdir命令的常用参数选项如下。

-p：在删除目录时，会一同删除父目录，但父目录中必须没有其他目录及文件。

例如：

```
[root@Mysqlserver ~]#rmdir dir1    //在当前目录下删除dir1空子目录
[root@Mysqlserver ~]#rmdir -p dir2/subdir2
//删除当前目录中dir2/subdir2子目录，删除subdir2目录时，若dir2目录中无其他目录，则一起删除
```

9）touch

touch命令用于建立文件或更新文件的修改日期。该命令的语法格式为：

```
touch  [参数]  文件名或目录名
```

touch命令的常用参数选项如下。

-d yyyymmdd：把文件的存取或修改时间改为yyyy年mm月dd日。

-a：只把文件的存取时间改为当前时间。

-m：只把文件的修改时间改为当前时间。

例如：

```
[root@localhost ~]# touch aa
//若当前目录下存在aa文件，则把aa文件的存取和修改时间改为当前时间
//若不存在aa文件，则新建aa文件
[root@Mysqlserver ~]# touch -d 20180808 aa  //将aa文件的存取和修改时间改为2018年8月8日
```

10）cp

cp命令主要用于文件或目录的复制。该命令的语法格式为：

```
cp  [参数]  源文件   目标文件
```

cp命令的常用参数选项如下。

-a：尽可能将文件状态、权限等属性按原状予以复制。

-R或-r：递归复制目录，即包含目录下的各级子目录。

-u：在目标文件与来源文件有差异时才会复制，常被用于“备份”工作中。

复制命令（cp）是非常重要的，不同用户执行这个命令会产生不同的结果，尤其是-a选项，对于不同用户来说，差异非常大。下面的练习中，有的用户为root，有的用户为一般用户，练习时请特别注意差别。

【例1-3】用root身份，将家目录下的.bashrc文件复制到/tmp目录下，并更名为bashrc。

```
[root@Mysqlserver ~]# cp ~/.bashrc /tmp/bashrc
```

或者

```
[root@Mysqlserver ~]# cp  /root/.bashrc /tmp/bashrc
cp: overwrite '/tmp/bashrc'? n为不覆盖，y为覆盖
//试着重复做两次，由于/tmp目录下已经存在bashrc，则在覆盖前会询问使用者是否确定操作，可以选择n或者y来进行二次确定
```

【例 1-4】切换目录为/tmp，并将/var/log/wtmp 复制到/tmp 中且观察被复制的文件的属性和复制生成的文件的属性有何不同。

```
[root@Mysqlserver ~]# cd   /tmp
[root@Mysqlserver tmp]# cp /var/log/wtmp  . //想要复制到当前目录，最后的“.”不能缺少
[root@Mysqlserver tmp]#ls   -l   /var/log/wtmp wtmp
-rw-rw-r—1 root utmp 96384 Sep 24 11：54/var/log/wtmp
-rw-r—r—1 root root 96384 Sep 24 14：06 wtmp
//在不加任何选项复制的情况下，文件的某些属性/权限会改变，这是个很重要的特性，其中文件建立的时间也会变化
```

如果想要将文件的所有特性都一起复制过来该怎么办？可以加上-a，示例如下所示：

```
[root@Mysqlserver tmp]# cp   -a   /var/log/wtmp wtmp_2
[root@Mysqlserver tmp]# ls   -l   /var/log/wtmp wtmp_2
-rw-rw-r—1 root utmp 96384 Sep 24 11:54/var/log/wtmp
-rw-rw-r—1 root utmp 96384 Sep 24 11:54 wtmp_2
```

cp 命令的功能很多，由于常常会进行一些数据的复制，所以也会经常用到这个命令。一般来说，如果复制别人的数据（当然，你必须有 read 权限）时，总是希望复制的数据最后是自己的。所以，在预设的条件中，cp 命令的源文件与目的文件的权限是不同的，目的文件的拥有者通常会是命令操作者本身。

由于是 root 用户，因此复制过来的文件拥有者与群组就改变为 root 所有。由于具有这个特性，所以在进行备份的时候，某些需要特别注意的特殊权限文件。例如，密码文件（/etc/shadow）及一些配置文件，复制时为了保留源文件的属性，就不能直接用 cp 命令来复制，而必须要加上-a 等属性。

如果想要复制文件给其他使用者，也必须要注意文件的权限（包含读、写、执行及文件拥有者等），否则，其他人还是无法针对你的文件进行修改。

【例 1-5】复制/etc/目录下的所有内容到/tmp 目录中。

```
[root@Mysqlserver tmp]# cp  /etc   /tmp
cp:omitting directory '/etc'  //如果是目录就不能直接复制，要加上-r
[root@Mysqlserver tmp]# cp  -r  /etc  /tmp
```

还是要再次强调：-r 可以复制目录，但是，文件与目录的权限可能会被改变，所以，可以利用 cp　-a　/etc　/tmp 命令复制目录，尤其是需要备份的情况。

【例 1-6】若～/.bashrc 文件的建立时间比/tmp/bashrc 文件的建立时间晚才复制过来，命令如下：

```
[root@Mysqlserver tmp]# cp  -u  ~/.bashrc  /tmp/bashrc
```

-u参数选项的特性是在目标文件与来源文件有差异时，才会复制，所以，常被用于“备份”工作中。

思考：能否使用 Mysql 用户完整地复制/var/log/wtmp 文件到/tmp 目录中，并更名为 Mysql_wtmp呢？

命令如下：

```
[Mysql@Mysqlserver ~]$ cp  -a  /var/log/wtmp  /tmp/Mysql_wtmp
[Mysql@Mysqlserver ~]$ ls  -l  /var/log/wtmp   /tmp/Mysql_wtmp
```

11）mv

mv命令主要用于文件或目录的移动或改名。该命令的语法格式为：

```
mv  [参数]  源文件或目录    目标文件或目录
```

mv命令的常用参数选项如下。

-i：若目标文件或目录存在，则提示是否覆盖目标文件或目录。

-f：无论目标文件或目录是否存在，直接覆盖目标文件或目录，不提示。

例如：

```
[root@Mysqlserver ~]# mv testa /usr/
//将当前目录下的testa文件移动到/usr/目录下，文件名不变
[root@Mysqlserver ~]# mv /usr/testa /tt
//将/usr/testa文件移动到根目录下，移动后的文件名为tt
```

12）rm

rm命令主要用于删除文件或目录。该命令的语法格式为：

```
rm  [参数]  文件名或目录名
```

rm命令的常用参数选项如下。

-d：删除空目录。

-i：删除文件或目录时提示用户（不用也会提示）。

-f：删除文件或目录时不提示用户。

-R或-r：递归删除目录，即包含目录下的文件和各级子目录。

*：所有文件。

例如：

```
[root@Mysqlserver ~]# mkdir -p dir1/subdir2
[root@Mysqlserver ~]# touch dir1/file1
[root@Mysqlserver ~]# mkdir dir2
[root@Mysqlserver ~]# touch file2
[root@Mysqlserver ~]# ls
公共  文档  anaconda-ks.cfg  initial-setup-ks.cfg
```

```
模板  下载  dir1
视频  音乐  dir2
图片  桌面  file2
[root@Mysqlserver ~]# rm file2    //删除文件
rm：是否删除普通空文件 'file2'? y
[root@Mysqlserver ~]# rm -d dir2     //删除空目录
rm：是否删除目录 'dir2'? y
[root@Mysqlserver~]# ls
公共  图片  音乐            dir1
模板  文档  桌面            initial-setup-ks.cfg
视频  下载  anaconda-ks.cfg
[root@Mysqlserver ~]# rm -R dir1     //删除dir1目录及子目录下的所有文件和目录
rm：是否进入目录'dir1'? y
rm：是否删除目录 'dir1/subdir2'? y
rm：是否删除普通空文件 'dir1/file1'? y
rm：是否删除目录 'dir1'? y
```

13）ln

ln 命令的功能是为某一个文件在另外一个位置建立一个同步的链接。使用 ln 命令建立的链接有软链接和硬链接两种，对应语法格式分别如下：

```
软链接：ln -s  源文件  目标文件
```

该命令行只会在选定的位置上生成一个文件的镜像，不会占用磁盘空间。

```
硬链接：ln  源文件  目标文件
```

若 ln 命令行中没有参数选项-s，运行该命令会在选定的位置上生成一个和源文件大小相同的文件，无论是软链接还是硬链接，文件都保持同步变化。如果用 ls -F 命令查看一个目录时，发现有的文件后面有一个“@”，那就是一个用 ln 命令生成的文件，用 ls -l 命令查看，就可以看到显示的 link 的路径了。这个命令最常用的参数选项是-s。

建立软链接方便软件的使用，如安装一个大型软件 Matlab，该软件可能默认安装在/usr/opt/Matlab 目录下，其可执行文件在/usr/opt/Matlab/bin 目录下，除非用户将这个路径加入 PATH 环境变量，否则每次运行这个软件时都需要输入一长串的路径，很不方便。当然还可以这样做：

```
[root@Mysqlserver ~]# ln -s /usr/opt/Matlab/bin/matlab  /bin/matlab
```

通过在/bin 下创建一个符号链接（/bin 目录系统默认已经包含在 PATH 环境变量里），今后在命令行下无须输入完整路径，只需输入 matlab 即可。

2. 查看系统信息命令

在文本模式和终端模式下，经常使用 Linux 命令来查看系统信息，包括操作系统版本、内存、交换页面大小、临时目录、所需的操作系统程序包等。

1）hostnamectl

hostnamectl是主机名管理命令，可以用来修改主机名称。

查看状态：

```
# hostnamectl或者 # hostnamectl status（显示的结果都一样）
```

例如：

```
[root@Mysqlserver ~]# hostnamectl       //查看主机状态
   Static hostname: Mysqlserver.localdomain
         Icon name: computer-vm
           Chassis: vm
        Machine ID: 151f9a74cd1c48ec98ac40645937521d
           Boot ID: a17931f27882450ca0d46e1900e49bba
    Virtualization: vmware
  Operating System: Red Hat Enterprise Linux 8.1 (Ootpa)
       CPE OS Name: cpe: /o: redhat: enterprise_Linux: 8.1: GA
            Kernel: Linux 4.18.0-147.el8.x86_64
      Architecture: x86-64
```

修改主机名称：

```
# hostnamectl set-hostname 新的主机名
```

例如：

```
[root@Mysqlserver ~]# hostnamectl set-hostname Mysqlserver    //修改主机名为 Mysqlserver，且永久有效（关闭终端，重新打开，可看到主机名 localhost 变成 mysqlserver)
```

修改后再查看一下主机状态：

```
[root@Mysqlserver ~]# hostnamectl
   Static hostname: Mysqlserver
         Icon name: computer-vm
           Chassis: vm
        Machine ID: 151f9a74cd1c48ec98ac40645937521d
           Boot ID: a17931f27882450ca0d46e1900e49bba
    Virtualization: vmware
  Operating System: Red Hat Enterprise Linux 8.1 (Ootpa)
       CPE OS Name: cpe: /o: redhat: enterprise_Linux: 8.1: GA
            Kernel: Linux 4.18.0-147.el8.x86_64
      Architecture: x86-64
```

主机名涉及文件/etc/hostname：

```
[root@Mysqlserver ~]# cat /etc/hostname       //查看文件，主机名已修改
Mysqlserver
```

2）uname

uname（英文全称 unix name）命令用于显示系统信息。uname 命令可显示计算机和操作系统的相关信息。该命令的语法格式为：

```
uname [-amnrsv][--help][--version]
```

该命令的常用参数选项说明如下：

-a 或--all：显示全部的信息。

-m 或--machin：显示计算机的类型。

-n 或--nodename：显示在网络上的计算机名称。

-r 或--release：显示操作系统的发行编号。

-s 或--sysname：显示操作系统的名称。

-v：显示操作系统的版本。

--help：显示帮助。

--version：显示版本信息。

例如：

```
[root@Mysqlserver ~]# uname -a      //显示系统全部信息
Linux Mysqlserver 4.18.0-147.el8.x86_64 #1 SMP Thu Sep 26 15：52：44 UTC 2019 x86_64 x86_64 x86_64 GNU/Linux
[root@Mysqlserver ~]# uname -m      //显示计算机类型
x86_64
[root@Mysqlserver ~]# uname -n      //显示计算机名
Mysqlserver
[root@Mysqlserver ~]# uname -r      //显示操作系统发行编号
4.18.0-147.el8.x86_64
[root@Mysqlserver ~]# uname -s      //显示操作系统名称
Linux
[root@Mysqlserver ~]# uname -v      //显示系统版本与时间
#1 SMP Thu Sep 26 15：52：44 UTC 2019
```

另外，通过查看/proc/version 文件可以获得 Linux 版本信息，命令如下：

```
[root@Mysqlserver ~]# cat /proc/version
Linux version 4.18.0-147.el8.x86_64 (mockbuild@x86-vm-09.build.eng.bos.redhat.com)(gcc version 8.3.1 20190507(Red Hat 8.3.1-4)(GCC))#1 SMP Thu Sep 26 15:52:44 UTC 2019
```

注意：

Linux version 4.18.0-147.el8.x86_64 为 Linux 内核版本号。

gcc version 8.3.1 20190507 为 gcc 编译器版本号。

Red Hat 8.3.1-4 为 Red Hat 版本号。

3）free

free 命令用于显示内存状态。free 命令会显示内存的使用情况，包括实体内存、虚拟的交换文件内存、共享内存区段，以及系统核心使用的缓冲区等。该命令的语法格式为：

```
free [-bkmhotV][-s <间隔秒数>]
```

该命令的常用参数选项说明如下。

-h：以合适的单位显示内存使用情况，最大为三位数，自动计算对应的单位值。单位有：B=bytes；K=kilos；M=megas；G=gigas；T=teras。

-t：显示内存总和。

-V：显示版本信息。

例如：

```
[root@Mysqlserver ~]# free //显示内存使用情况，与free -k 命令的显示结果一样
          total       used       free      shared    buff/cache    available
Mem:     2012188    1301444     259672      10868      451072        540672
Swap:    2097148      20992    2076156
[root@Mysqlserver ~]# free -ht  //以合适的单位显示内存的使用情况，并显示内存总和
          total       used       free      shared    buff/cache    available
Mem:      1.9Gi       1.2Gi      253Mi      10Mi       440Mi         528Mi
Swap:     2.0Gi       20Mi       2.0Gi
Total:    3.9Gi       1.3Gi      2.2Gi
```

4）df

df（英文全称 disk free）命令用于显示目前 Linux 中文件系统磁盘的使用情况。该命令的语法格式为：

```
df [选项]...[FILE]...
```

该命令的常用参数选项说明如下。

-h，--human-readable：使用人类可读的格式（预设值是不加这个选项的）。

-T，--print-type：显示文件系统的形式。

--total：显示系统中文件系统磁盘的使用情况。

例如：

```
[root@Mysqlserver ~]# df       //显示系统中文件系统磁盘的使用情况
文件系统                    1K-块          已用      可用      已用% 挂载点
```

```
devtmpfs                  988384        0    988384  0% /dev
tmpfs                    1006092        0   1006092  0% /dev/shm
tmpfs                    1006092     9872    996220  1% /run
tmpfs                    1006092        0   1006092  0% /sys/fs/cgroup
/dev/mapper/rhel-root   17811456  4477308  13334148  26% /
/dev/nvme0n1p1           1038336   164600    873736  16% /boot
tmpfs                     201216     1168    200048  1% /run/user/42
tmpfs                     201216     4632    196584  3% /run/user/1000
```

第一列指定文件系统的名称，第二列指定一个特定的文件系统，1K是以1024字节为单位的总内存。已用和可用列分别指定已用和可用的内存量。已用%列指定使用的内存的百分比，而最后一列挂载点指定文件系统的挂载点。

示例如下：

```
[root@Mysqlserver ~]# df /etc/hosts   //df命令显示系统中文件系统磁盘的使用情况
文件系统                   1K-块      已用       可用      已用%  挂载点
/dev/mapper/rhel-root 17811456 4477064  13334392   26%    /
[root@Mysqlserver ~]# df -h /etc/hosts    //以可读的格式显示磁盘使用的文件系统
信息
文件系统               容量  已用  可用   已用%  挂载点
/dev/mapper/rhel-root   17G   4.3G   13G   26% /
[root@Mysqlserver ~]# df -h --total      //以可读的格式显示系统中文件系统磁盘的
使用情况
文件系统                    容量     已用      可用      已用%     挂载点
devtmpfs                   966M     0         966M      0%        /dev
tmpfs                      983M     0         983M      0%        /dev/shm
tmpfs                      983M     9.7M      973M      1%        /run
tmpfs                      983M     0         983M      0%        /sys/fs/cgroup
/dev/mapper/rhel-root      17G      4.3G      13G       26%       /
/dev/nvme0n1p1             1014M    161M      854M      16%       /boot
tmpfs                      197M     1.2M      196M      1%        /run/user/42
tmpfs                      197M     4.6M      192M      3%        /run/user/1000
total                      23G      4.5G      18G       21%       -
```

5）rpm

rpm（英文全称Redhat Package Manager）命令原本是Red Hat Linux发行版专门用来管理Linux各项套件的程序，由于它遵循GPL规则且功能强大，因此广受欢迎。RPM套件管理方式的出现，让Linux易于安装、升级，间接提升了Linux的适用度。由于rpm命令在后面任务中会详细讲解，这里只给出应用示例。

例如：

```
[root@Mysqlserver ~]# rpm  -qa libaio*    //-a表示查询所有套件，-q表示使用询
问模式，当遇到任何问题时，rpm命令会先询问用户。“*”为通配符，代表所有，这里查找以libaI/O
字符串开头的安装包
```

```
libaio-0.3.112-1.el8.x86_64
[root@Mysqlserver ~]# rpm  -qa|grep libaio    //查找包含libaI/O字符串的安装包。grep命令用于查找文件里符合条件的字符串
libaio-0.3.112-1.el8.x86_64
```

1.3 任务实施

本任务实施内容是：选择平台，检查操作系统的环境，以及评估操作系统是否满足安装MySQL服务器的条件。

1.3.1 任务实施步骤1

检查MySQL数据库对Linux的要求，如操作系统版本、内存、交换页面大小、临时目录、所需的操作系统程序包。

在ORACLE官方网站查看MySQL官方文档“MySQL 8.0 Reference Manual Including MySQL NDB Cluster 8.0”第108～109页。检查本服务器的以下内容：

（1）与MySQL数据库匹配的Linux的版本和内核。

（2）足够运行的内存和交换页面，一般至少2GB，根据业务的要求和数据量而不同。

（3）依赖程序包libaI/O库文件和/lib64/libtinfo.so.5文件，MySQL官方文档指定操作系统的这两个包必须安装。

1.3.2 任务实施步骤2

查看Linux服务器的基本信息，确认操作系统是否满足要求，请使用命令检查服务器的配置信息，确认操作系统是否符合MySQL数据库的安装要求。

1. 查看操作系统版本、内核

查看操作系统版本、内核的命令及显示信息如下：

```
[root@Mysqlserver /]#hostnamectl status
Static hostname:Mysqlserver
         Icon name:computer-vm
           Chassis:vm
        Machine ID:9d5322bffc1b40139b414c38e8316b17
           Boot ID:ac5a3fb7e7284c4c9e0be705225b781a
    Virtualization:vmware
  Operating System:Red Hat Enterprise Linux 8.0(Ootpa)
       CPE OS Name:cpe:/o:redhat:enterprise_Linux:8.0:GA
            Kernel:Linux 4.18.0-80.el8.x86_64
      Architecture:x86-64
```

或者

```
[root@Mysqlserver /]#uname  -a
Linux Mysqlserver 4.18.0-80.el8.x86_64 #1 SMP Wed Mar 13 12:02:46 UTC 2019 x86_64 x86_64 x86_64 GNU/Linux
```

2. 查看系统内存和交换页面大小（虚拟内存）

查看系统内存和交换页面大小（虚拟内存）的命令及显示信息如下：

```
[root@Mysqlserver /]#free
     total      used      free     shared  buff/cache  available
Mem:3848772    1291868   1951324   15664     605580     2295584
Swap:2097148         0   2097148
```

3. 查看系统临时文件系统或目录

查看系统临时文件系统或目录的命令及显示信息如下：

```
[root@Mysqlserver /]#df -h
Filesystem              Size    Used    Avail   Use% Mounted on
devtmpfs                1.9G    0       1.9G    0%      /dev
tmpfs                   1.9G    0       1.9G    0%      /dev/shm
tmpfs                   1.9G    9.9M    1.9G    1%      /run
tmpfs                   1.9G    0       1.9G    0%      /sys/fs/cgroup
/dev/mapper/rhel-root   17G     3.9G    14G     23%     /
/dev/sda1               1014M   170M    845M    17%     /boot
tmpfs                   376M    16K     376M    1%      /run/user/42
tmpfs                   376M    3.5M    373M    1%      /run/user/0
[root@Mysqlserver /]# df  -h  /tmp
Filesystem              Size    Used   Avail   Use%  Mounted on
/dev/mapper/rhel-root   17G     3.9G    14G     23%     /
```

1.4　任务思考

通过知识点的讲解与任务的实施，请运用创新思维回答如下问题：

（1）在部署乐购商城MySQL数据库服务器的时候，根据需求进行分析，选择了Linux操作系统，试问假如程序员使用ASP.NET开发网站，该选择什么操作系统去部署？原因？其数据库还是选择MySQL吗？

（2）请了解“1+X云计算运维与开发”认证体系中是使用什么操作系统部署服务器的？为什么？

（3）请搜集并列举几种常见的国内Linux认证证书。

1.5 知识拓展

1.5.1 VMware的使用

VMware是一种虚拟化技术，云最成熟的架构是IaaS（Infrastructure as a Service），其中用到的技术有xen、kvm、lxd等，VMware虚拟化技术也是其中的一种。

为什么要学习虚拟化技术呢？目前，一批知名的互联网公司和游戏公司均采用了xen、kvm等虚拟化技术。使用这些虚拟化技术的好处是，当服务器宕机时，运维人员进行维护只需要将在虚拟机上运行的服务切换到另一台物理机上。如果不使用虚拟化技术，运维人员就必须在服务离线前再找一台物理机配置服务，以实现切换。因此，虚拟化技术可以实现服务实时切换、迁移。另外，在运维方面，特别是自动化运维和弹性运算等高级功能只能通过虚拟机的运行方式来实现，而物理机是实现不了的。

那么，创建虚拟机的工作原理又是怎样的呢？创建虚拟机又是一个怎样的过程？简单地说，创建虚拟机就是在一台计算机上虚拟出多台计算机（虚拟机），并且虚拟机之间彼此独立。我们知道，一台主机最核心的硬件部件是CPU、Memory、I/O设备，它们通过主板连接起来。因此严格来说，创建虚拟机是通过软件方式虚拟出各个具有独立的CPU、Memory、I/O设备的平台。我们把宿主机称为Host，把各个虚拟机称为Guest。

下面先下载虚拟机软件并安装，然后掌握创建虚拟机的方法。

1. 下载并安装虚拟机软件

首先，检查计算机的配置是否符合VMware虚拟机的要求。右击桌面【计算机】（Windows 8为【这台电脑】，Windows 10为【此电脑】），在弹出的快捷菜单中选择【属性】命令，如图1-1所示。

如果处理器为基于 x64 的处理器，系统是 64 位操作系统，并且计算机的内存大于4GB，那么就可以使用，如图1-2所示。

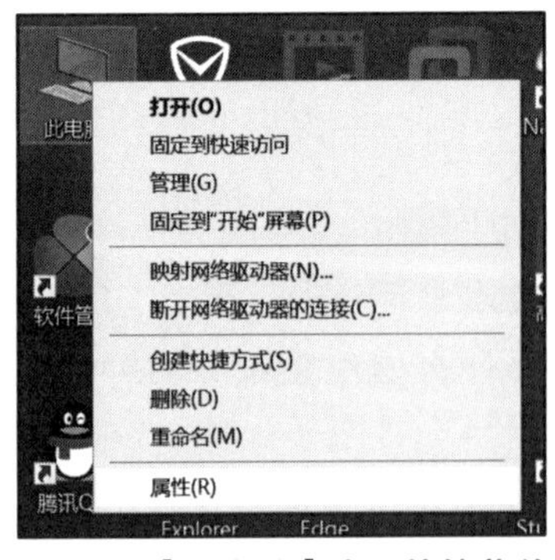

图1-1 【此电脑】桌面快捷菜单

设备规格

设备名称	LAPTOP-95CL4S64
处理器	Intel(R) Core(TM) i5-1035G1 CPU @ 1.00GHz 1.19 GHz
机带 RAM	16.0 GB (15.8 GB 可用)
设备 ID	110A922C-EA52-47B1-BE05-DC40498577FA
产品 ID	00342-35857-43309-AAOEM
系统类型	64 位操作系统, 基于 x64 的处理器
笔和触控	没有可用于此显示器的笔或触控输入

复制

图1-2 计算机属性对话框

然后在百度上搜索【VMware Workstation 百度软件】，在搜索结果页面中单击第二个网页，下载虚拟机软件到本地磁盘中并安装（注意：百度的信息会更新，选择一个合适的软件安装即可），如图1-3所示。

图1-3　百度搜索VMware Workstation

激活码可以在百度上搜【VM15激活码】，用来激活即可。

2. 创建虚拟机

单击桌面上的【VMware Workstation Pro】图标，启动Vmware Workstation软件，在Vmware Workstation工作界面中单击【新建虚拟机】选项，如图1-4所示。

在【欢迎使用新建虚拟机向导】对话框中选择【典型（推荐）】单选按钮，单击【下一步】按钮，如图1-5所示。

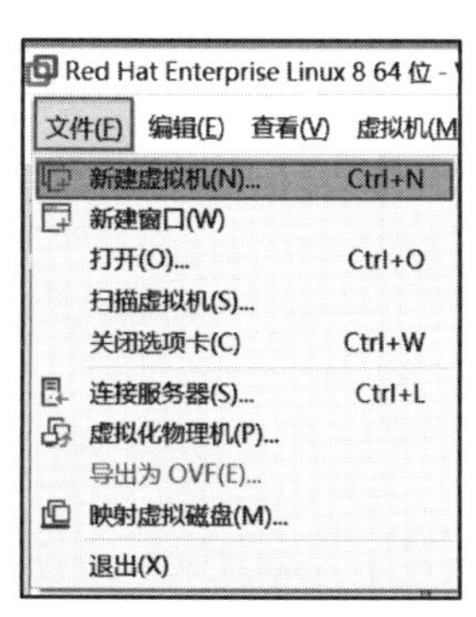

图1-4　新建虚拟机

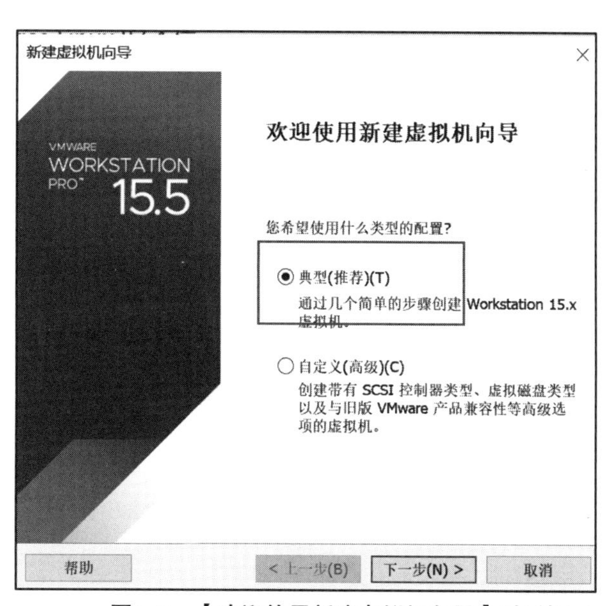

图1-5　【欢迎使用新建虚拟机向导】对话框

然后在【安装客户机操作系统】对话框中选择【稍后安装操作系统】单选按钮，单击【下一步】按钮，如图1-6所示。

图1-6 【安装客户机操作系统】对话框

在【安装客户机操作系统】对话框中，客户机操作系统选择【Linux(L)】单选按钮，在版本下拉列表中选择【Red Hat Enterprise Linux 8 64位】，单击【下一步】按钮，如图1-7所示。

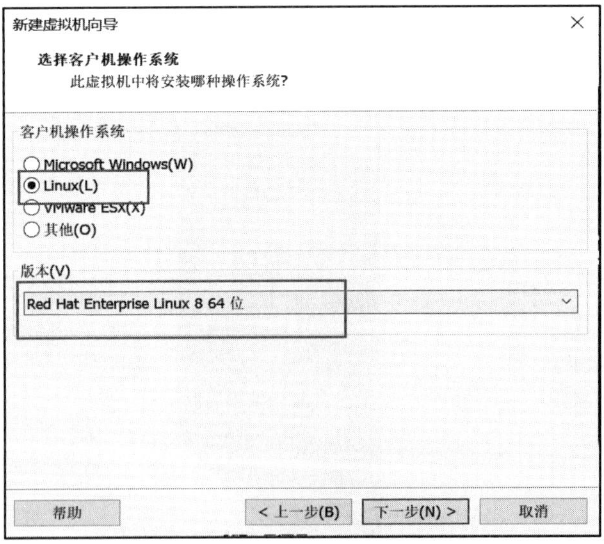

图1-7 选择客户机操作系统及版本

虚拟机名称可以用默认的名称，也可重新命名。在【命名虚拟机】对话框中，此处不用修改虚拟机名称，这里位置选择为【d:\Virtual Machines\Red Hat Enterprise Linux 8 64

位】，单击【下一步】按钮，如图1-8所示。

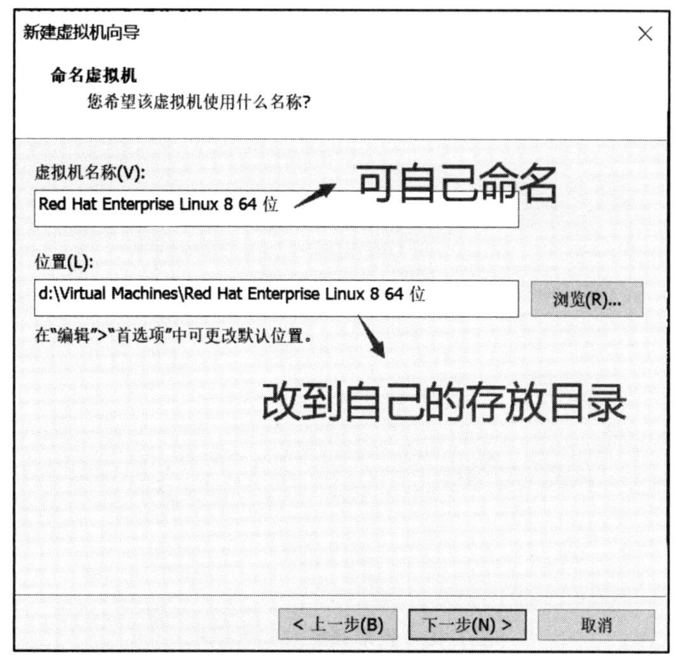

图1-8　【命名虚拟机】对话框

在【指定磁盘容量】对话框中将硬盘空间分给虚拟机，一般20GB足够，有空间的可以多分一些，单击【下一步】按钮，如图1-9所示。

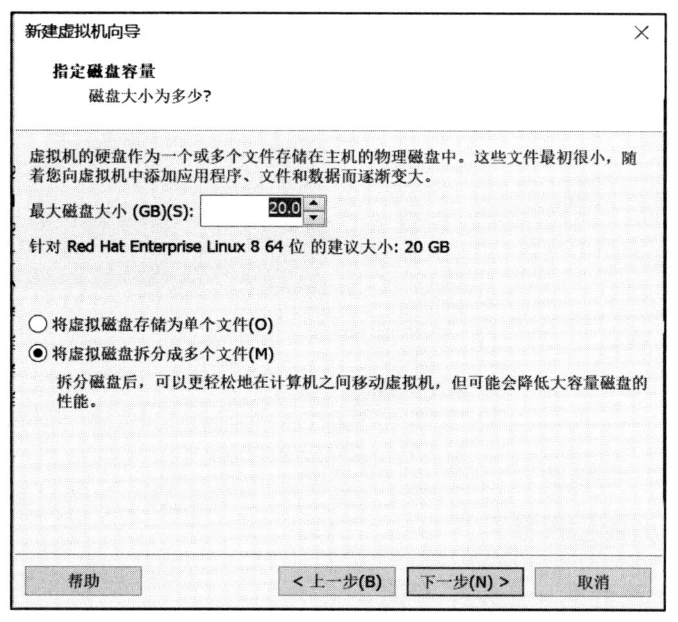

图1-9　【指定磁盘容量】对话框

之后出现已创建的虚拟机，单击【完成】按钮，如图1-10所示。

最后系统弹出新建好的名称为【Red Hat Enterprise Linux 8 64位】的虚拟机，如图1-11所示。

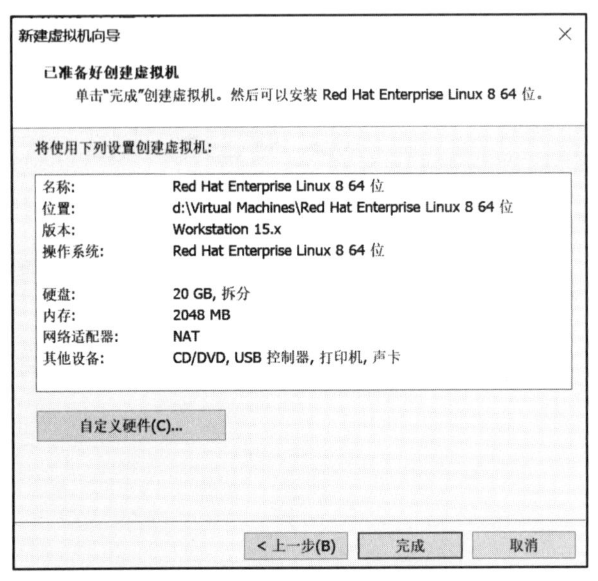

图 1-10　已准备好创建虚拟机

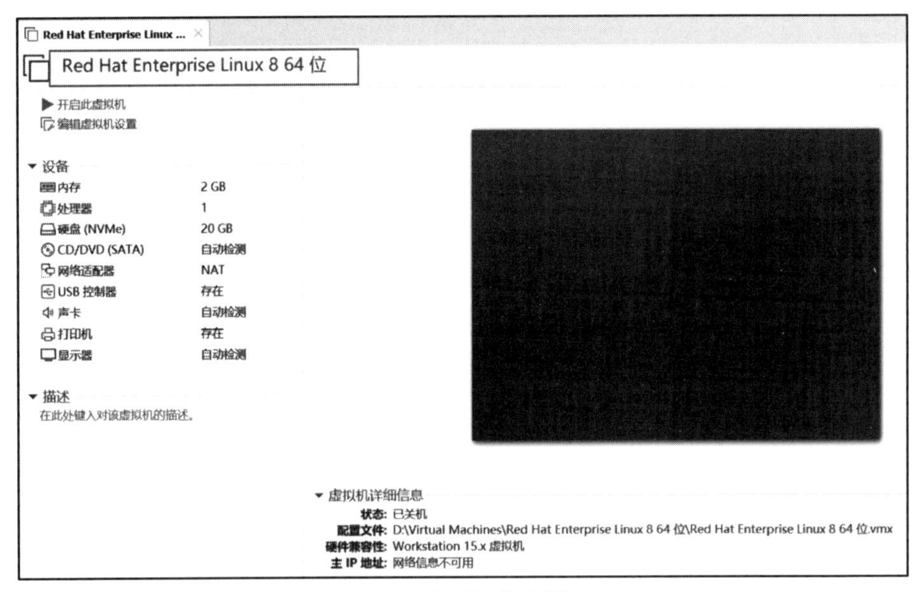

图 1-11　新建好的虚拟机

1.5.2　课证融通练习

1. “1+X云计算运维与开发”案例

（1）当前目录中有a和b两个文件，执行命令 ls>c，请问文件c里面的内容是什么？（　　）

A. a　　B. b　　C. ab　　D. abc

（2）在Linux中，关于硬链接的描述正确的是（　　）。

A. 跨文件系统

B. 不可以跨文件系统

C. 为链接文件创建新的i节点

D. 链接文件的i节点与被链接文件的i节点相同

（3）将文件file1复制为file2，可以使用下面哪些命令？（　　）

A. cp file1 file2　　B. cat file1 >file2

C. cat<file1>file2　　D. dd if=file1 of=file2

2. 红帽RHCSA认证案例

（1）假设用户的当前工作目录为/tmp，主目录为/home/user，下列选项中哪一个命令用于返回到其主目录中？（　　）

A. cd　　B. cd..　　C. cd.　　D. cd*

E. cd/home

（2）下面哪一个命令可用于显示当前位置的绝对路径名？（　　）

A. cd　　B. pwd　　C. ls ～　　D. ls -d

（3）下面哪一个命令使用长格式列出当前位置的文件，并包含隐藏的文件？（　　）

A. llong ～　　B. ls -a　　C. ls -l　　D. ls -la

（4）在student用户的主目录中，使用mkdir命令创建三个子目录Music、Pictures和Videos。

（5）继续在student用户的主目录中，使用touch命令创建本习题中要使用的一套空白的练习文件。

- 创建6个文件，并以songX.mp3形式命名。
- 创建6个文件，并以snapX.jpg形式命名。
- 创建6个文件，并以filmX.avi形式命名。

在每一组文件中，将X替换为数字1到6。

（6）继续在student用户的主目录中，将音频文件移动到Music子目录中，将图片文件移动到Pictures子目录中，并将视频文件移动到Videos子目录中。

1.6　任务小结

本任务要求选择适合项目的操作系统，并检查操作系统的环境，评估操作系统是否满足安装MySQL数据库的条件。要求熟悉Linux与Windows Server的区别、Linux常用命令。根据所学知识完成任务实施步骤，检查MySQL数据库服务器对Linux的要求，如操作系统版本、内存、交换页面大小、临时目录、所需的操作系统程序包。通过拓展知识VMware的使用，融合“1+X 云计算运维与开发”内容，以及红帽RHCSA认证内容，实现课证融通。

1.7 巩固与训练

1. 填空题

（1）在Linux中，命令________大小写。在命令行中，可以使用________键来自动补齐命令。

（2）如果要在一个命令行中输入和执行多条命令，可以使用________来分隔命令。

（3）断开一个长命令行，可以使用________，用来将一个较长的命令分成多行表达，增强命令的可读性。执行后，Shell自动显示________提示符，表示正在输入一个长命令行。

2. 选择题

（1）（　　）命令用来显示/home及其子目录下的文件名。

A. ls -a /home　　B. ls -R /home　　C. ls -l /home　　D. ls -d /home

（2）如果忘记ls命令的用法，可以采用（　　）命令获得帮助信息。

A. ? ls　　B. help ls　　C. man ls　　D. get ls

（3）在 Linux中有多个查看文件的命令，如果希望在查看文件内容过程中用光标可以上下移动来查看文件内容，那么符合要求的命令是（　　）。

A. cat　　B. more　　C. less　　D. head

（4）（　　）命令可以把f1.txt复制为f2.txt。

A. cp f1.txt | f2.txt　　B. cat f1.txt | f2.txt

C. cat f1.txt > f2.txt　　D. copy f1.txt | f2.txt

3. 操作题

（1）查看主机状态。

（2）修改主机名为FWQ-Mysql。

（3）显示系统信息。

（4）以合适的单位显示内存使用情况，并显示内存总和。

（5）以可读的格式显示文件系统磁盘使用情况。

（6）以可读的格式显示/etc/hosts文件系统的使用情况。

任务二　每天收获小进步——创建用户环境

扫一扫，看动画 

2.1　任务导入

扫一扫，看微课 

任务概述

在乐购商城云平台数据库服务器部署的过程中，完成平台选择之后，应创建服务器运行所需的用户环境。我们在服务器上需要建立专门的MySQL用户和组，组名和用户名可以自定义，作为目录和文件的拥有者。如果使用root用户启动数据库服务器，那么应将账户Mysql设置为不可以登录系统，并设置相应的环境变量。

任务分析

根据任务概述，我们需要考虑以下几点。

（1）如何在Linux服务器上规划数据库服务器的组及用户。

（2）如何在Linux服务器上创建用户及组。

（3）如何设置用户不可以登录系统。

（4）如何对用户和组进行管理。

（5）如何设置环境变量。

任务目标

根据任务分析，我们需要掌握如下知识、技能、思政、创新、课证融通目标。

（1）了解用户和组群配置文件。（知识）

（2）熟练掌握Linux用户的创建与管理的方法。（技能）

（3）熟练掌握Linux组群的创建与管理的方法。（技能）

（4）熟悉用户账户管理器的使用方法。（技能）

（5）作为系统管理员，要求具备严格保密管理用户信息的职业素养。（思政）

（6）根据乐购商城MySQL数据库服务器所需的用户环境设计其他服务器所需的用户环境。（创新）

（7）拓展“1+X云计算运维与开发”考证所涉及的知识和技能，以及红帽RHCSA认证所

涉及的知识和技能。（课证融通）

2.2 知识准备

2.2.1 用户的管理

1. 理解用户账户

Linux 是多用户多任务的操作系统，允许多个用户同时登录系统，使用系统资源。用户账户是用户的身份标识。用户通过用户账户可以登录系统，并且访问已经被授权的资源。系统依据账户来区分属于每个用户的文件、进程、任务，并给每个用户提供特定的工作环境（如用户的工作目录、Shell版本及图形化的环境配置等），使每个用户都能各自不受干扰地独立工作。

Linux 用户分为三大类。

超级用户（root）：超级用户也叫管理员用户，它的任务是对普通用户和整个系统进行管理。超级用户对系统具有绝对的控制权，能够对系统进行一切操作，如操作不当很容易对系统造成损坏。其 UID（见表 2-1）=0。

普通用户：普通用户在系统中只能进行普通工作，只能访问他们拥有的或者有权限执行的文件，由超级用员创建。其 UID 范围为 1000～65535。

虚拟用户：不允许登录，一般为系统服务或进程使用，如 bin、nobody 用户等，它的存在主要是方便系统的管理。其 UID 的范围为 1～999。

因此，即使系统只有一个用户，也应该在超级用户之外再创建一个普通用户，在用户进行普通工作时以普通用户身份登录系统。

用户的基本概念如表 2-1 所示。

表 2-1　用户的基本概念

概　　念	描　　述
用户名	用来标识用户的名称，可以是字母、数字组成的字符串，区分大小写
密码	用于验证用户身份的特殊验证码
用户标识（UID）	用来表示用户的数字标识符
用户主目录	用户的私人目录，也是用户登录系统后默认所在的目录
登录 Shell	用户登录后默认使用的 Shell 程序，默认为/bin/bash

2. 理解用户账户文件

1）/etc/passwd 文件

在 Linux 中，所创建的用户账户及其相关信息（密码除外）均放在/etc/passwd 配置文件中。用 vim 编辑器（或者使用 less/etc/passwd）打开 /etc/passwd 文件，文件内容如下：

```
root:x:0:0:root:/root:/bin/bash    //第一行
bin:x:1:1:bin:/bin:/sbin/nologin
daemon:x:2:2:daemon:/sbin:/sbin/nologin
...
Mysql:x:1002:1002::/home/user1:/bin/bash     //最后一行
```

文件中的每行代表一个用户账户的资料，可以看到第一个用户是root；然后是一些标准账户，此类账户的Shell为/sbin/nologin，代表无本地登录权限；最后一行是由管理员用户创建的普通账户Mysql。

/etc/passwd文件的每行用“：”分隔为7个域，各域的内容如下：

```
用户名:加密口令:UID:GID:用户描述信息:主目录:命令解释器(登录Shell)
```

/etc/passwd文件中各字段的含义如表2-2所示，其中少数字段的内容是可以为空的，但仍需使用“：”进行占位来表示该字段。

表2-2　/etc/passwd文件中各字段的含义

字　段	含　义
用户名	用户账户名称，用户登录时所使用的用户名
加密口令	用户口令，考虑系统的安全性，现在已经不使用该字段保存口令，而用字母“x”来填充该字段，真正的密码保存在/etc/shadow文件中
UID	用户号，唯一表示某用户的数字标识
GID	用户所属的私有组号，该数字对应group文件中的GID
用户描述信息	可选的用户全名、用户电话等描述性信息
主目录	用户的宿主目录，用户成功登录后的默认目录
命令解释器	用户所使用的Shell，默认为/bin/bash

2）/etc/shadow文件

由于所有用户对/etc/passwd文件均有读取权限，为了增强系统的安全性，用户经过加密之后的口令都存储在/etc/shadow文件中。/etc/shadow文件只有root用户具有可读权限，因而大大提高了系统的安全性。/etc/shadow文件的内容如下（用less /etc/shadow命令查看）：

```
root:$6$PQxz7W3s$Ra7Akw53/n7rntDgjPNWdCG66/5RZgjhoe1zT2F00ouf2iDM.AVvRIY
oez10hGG7kBHEaah.oH5U1t6OQj2Rf.:18654:0:99999:7:::
bin:*:17925:0:99999:7:::
daemon:*:17925:0:99999:7:::
bobby:!!:18656:0:99999:7:::
Mysql:!!:18656:0:99999:7:::
```

/etc/shadow文件保存加密之后的口令及与口令相关的一系列信息，每个用户的信息在/etc/shadow文件中占一行，并且用“：”分隔为9个域。/etc/shadow文件中各字段的含义如

表2-3所示。

表2-3 /etc/shadow文件中各字段的含义

字　段	说　明
1	用户登录名
2	加密后的用户口令，*表示非登录用户，!! 表示用户被禁用，空表示用户未设置密码
3	从1970年1月1日起，到用户最近一次口令被修改的天数
4	从1970年1月1日起，到用户可以更改密码的天数，即最短口令存活期
5	从1970年1月1日起，到用户必须更改密码的天数，即最长口令存活期
6	口令过期前几天提醒用户更改口令
7	口令过期后几天账户被禁用
8	口令禁用的具体日期（相对日期，从1970年1与1日至禁用时的天数）
9	保留域，用户功能扩展

3）/etc/login.defs 文件

建立用户账户时会根据/etc/login.defs文件的配置信息设置用户账户的某些选项。该配置文件的有效配置内容及注释如下所示：

```
MAIL_DIR        /var/spool/mail         //用户邮箱目录
MAIL_FILE      .mail
PASS_MAX_DAYS   99999            //账户密码最长有效天数
PASS_MIN_DAYS   0               //账户密码最短有效天数
PASS_MIN_LEN    5              //账户密码的最小长度
PASS_WARN_AGE   7             //账户密码过期前提前警告的天数
UID_MIN         1000     //用useradd命令创建账户时自动产生的最小UID值
UID_MAX        60000   //用useradd命令创建账户时自动产生的最大UID值
SYS_UID_MIN     201         //系统用户的最小UID值
SYS_UID_MAX     999         //系统用户的最大UID值
GID_MIN         1000  //用groupadd命令创建组群时自动产生的最小GID值
GID_MAX        60000  //用groupadd命令创建组群时自动产生的最大GID值
SYS_GID_MIN     201        //系统用户的最小GID值
SYS_GID_MAX     999        //系统用户的最大GID值
USERDEL_CMD    /usr/sbin/userdel_local
//如果定义,将在删除用户时执行,将删除相应用户的计划作业和打印作业等
CREATE_HOME     yes    //创建用户账户时是否为用户创建主目录
```

3. 理解组群

在Linux中，为了方便管理员的管理和用户工作的方便，产生了组群的概念。组群是具有相同特性的用户的逻辑集合，使用组群有利于系统管理员按照用户的特性组织和管理用户，提高工作效率。有了组群，在进行资源授权时可以把权限赋予某个组群，组群中的成员即可自动获得这种权限。组群分为系统组群（GID范围为 0～999）、普通组群（GID

范围为1000～65535）。一个用户账户可以同时作为多个组群的成员，其中某个组群为该用户的主组群（私有组群），其他组群为该用户的附属组群（标准组群）。表2-4列出了与用户和组群相关的一些基本概念。

表2-4　组群的基本概念

概　念	描　述
组群	具有相同属性的用户属于同一个组群
组群标识（GID）	用来表示组群的数字标识符

在Linux中，创建用户账户的同时也会创建一个与用户同名的组群，该组群是用户的主组群。普通组群的GID默认是从1000开始编号的。

4. 理解组群信息文件

组群账户的信息存储在/etc/group文件中，而关于组群管理的信息（组群口令、组群管理员等）则存储在/etc/gshadow文件中。

1）/etc/group文件

group文件位于/etc目录中，用于存储用户的组账户信息，对于该文件的内容任何用户都可以读取。每个组群账户在/etc/group文件中占用一行，并且用“：”分隔为4个域。每行各域的内容如下（使用cat /etc/group命令获取）：

```
组群名称:组群口令(一般为空,用x占位):GID:组群成员列表
```

/etc/group文件的内容形式如下：

```
root:x:0:
bin:x:1:
daemon:x:2:
soft:x:1011:jj,lwj
leader:x:1012:
```

可以看出，root的GID为0，没有其他组成员。/etc/group文件的组群成员列表中如果有多个用户账户属于同一个组群，那么各成员之间以“，”分隔。在/etc/group文件中，用户的主组群并不把该用户作为成员列出，只有用户的附属组群才会把该用户作为成员列出。例如，用户jj的主组群是leader，但/etc/group文件中主组群leader的成员列表中并没有用户jj，而soft附属组群列出用户jj和lwj。

2）/etc/gshadow文件

/etc/gshadow文件用于存储组群的加密口令、组管理员等信息，该文件只有root用户可以读取。每个组群账户在/etc/gshadow文件中占一行，并用“：”分隔为4个域。每行中各域的内容如下：

```
组群名称：加密后的组群口令（没有就用!）：组群的管理员：组群成员列表
```

/etc/gshadow文件的内容形式如下：

```
root:::
bin:::
daemon:::
soft:!::user1,user2
leader:!::
```

5. 管理用户账户

用户账户管理包括新建用户、设置用户账户口令和用户账户维护等内容，用户账户的管理一般都是具有管理员权限的用户来实施的。

1）新建用户

在系统新建用户时可以使用useradd或adduser命令。useradd命令的语法格式是：

```
useradd [参数选项] <username>
```

useradd命令有很多参数选项，如表2-5所示。

表2-5 useradd命令的参数选项及说明

参数选项	说　明
-c comment	用户的注释信息
-d home_dir	指定用户的主目录
-e expire_date	禁用账户的日期，格式为YYYY-MM-DD
-f inactive_days	设置账户过期多少天后用户账户被禁用。如果为0，账户过期后将立即被禁用；如果为−1，账户过期后将不被禁用
-g initial_group	用户所属主组群的组群名称或者GID
-G group-list	用户所属的附属组群列表，多个组群之间用逗号分隔
-m	若用户主目录不存在则创建
-M	不要创建用户主目录
-n	不要为用户创建用户私人组群
-p passwd	加密的口令
-r	创建UID小于1000的不带主目录的系统账户
-s shell	指定用户的登录Shell，默认为/bin/bash
-u UID	指定用户的UID，它必须是唯一的，且大于999

【例2-1】 新建用户user，用户的注释信息为计算机学院，用户的主目录为/home/user，账户永不过期，用户所属的主组群为1000，用户的登录Shell为/bin/bash，用户UID为1010。

```
[root@Mysqlserver ~]# useradd -c "计算机学院" -d /home/user -f -1 -g 1000 -s /bin/bash -u 1010 user
[root@Mysqlserver ~]# tail -n 1 /etc/passwd
user:x:1010:1000:计算机学院:/home/user:/bin/bash
```

如果新建用户已经存在，那么在执行useradd命令时，系统会提示该用户已经存在：

```
[root@Mysqlserver ~]# useradd user
useradd：用户 " user " 已存在
```

创建其他账户：

```
[root@Mysqlserver ~]# useradd user01
```

注意：useradd user01命令用于新建用户，中间没有指定其他选项，新建的用户UID，用户主目录等按照/etc/login.defs文件信息配置。

2）设置用户账户口令

（1）passwd命令。

指定和修改用户账户口令的命令是passwd。超级用户可以为自己和其他用户设置口令，而普通用户只能为自己设置口令。passwd命令的语法格式为：

```
passwd  [参数选项]  [username]
```

passwd命令的参数选项及说明如表2-6所示。

表2-6　passwd命令的参数选项及说明

参数选项	说　　明
-l	锁定（停用）用户账户
-u	口令解锁
-d	将用户口令设置为空，这与未设置口令的账户不同。未设置口令的账户无法登录系统，而口令为空的账户可以
-f	强迫用户下次登录时必须修改口令
-n	指定口令的最短存活期
-x	指定口令的最长存活期
-w	口令快要到期前提前警告的天数
-i	口令过期后多少天后停用账户
-S	显示账户口令的简短状态信息

【例2-2】假设当前用户为root，则下面的两个命令分别为root用户修改自己的口令和root用户修改user用户的口令。

```
[root@Mysqlserver ~]# passwd   //root用户修改自己的口令，直接执行passwd命令
[root@Mysqlserver ~]# passwd user   //root用户修改user用户的口令
```

需要注意的是，普通用户修改口令时，passwd命令会首先询问原来的口令，只有验证通过才可以修改。而root用户为用户指定口令时，不需要知道原来的口令。为了系统安全，用户应选择包含字母、数字和特殊符号组合的复杂口令，且口令长度应至少为8个字符。

如果密码复杂度不够，系统会提示“无效的密码：密码未通过字典检查–它基于字典单词”。这时有两种处理方法，一是再次输入刚才输入的简单密码，系统也会接受；二是更改为符合要求的密码。例如，P@ssw02d是包含大小写字母、数字、特殊符号的8位字符组合，且符合要求。

（2）chage命令。

使用chage命令可以修改年龄等信息。chage命令的参数选项及说明如表2-7所示。

表2-7　chage命令的参数选项及说明

参数选项	说　　明
-l	列出账户口令属性的各个数值
-m	指定最小密码年龄
-M	指定最大密码年龄
-W	密码要到期前提前警告的天数
-I	密码过期多少天后停用账户
-E	用户账户到期作废的日期
-d	设置密码上一次修改的日期

例如，修改用户user的年龄信息：

```
[root@Mysqlserver ~]# chage user
正在为 user 修改年龄信息
请输入新值，或者直接按回车键以使用默认值

最小密码年龄 [0]：1
最大密码年龄 [99999]：12
最近一次密码修改时间 (YYYY-MM-DD) [2022-03-28]：回车
密码过期警告 [7]：回车
密码失效 [-1]：回车
账户过期时间 (YYYY-MM-DD) [-1]：回车
```

【例2-3】设置jj用户的最短口令存活期为6天，最长口令存活期为60天，口令到期前5天提醒用户修改口令。设置完成后查看各属性值，命令如下：

```
[root@Mysqlserver ~]# chage -m 6 -M 60 -W 5 user
[root@Mysqlserver ~]# chage -l user
最近一次密码修改时间                    ：3月29，2022
密码过期时间                 ：5月28，2022
密码失效时间                 ：从不
账户过期时间                     ：从不
两次改变密码之间相距的最小天数       ：6
两次改变密码之间相距的最大天数       ：60
在密码过期之前警告的天数      ：5
```

3）维护用户账户

（1）修改用户账户。

usermod命令用于修改用户的属性，语法格式为“usermod [选项]用户名”。

前文曾反复强调，Linux中的一切内容都是文件，因此在系统中创建用户也就是修改配置文件。用户的信息保存在/etc/passwd文件中，可以直接用文本编辑器来修改其中的用户参数，也可以用usermod命令修改已经创建的用户信息，如用户的UID、基本/扩展用户组、默认终端等。usermod命令的参数选项及说明如表2-8所示。

表2-8　usermod命令的参数选项及说明

参数选项	说　明
-c	填写用户账户的备注信息
-d -m	参数-m与参数-d连用，可重新指定用户的家目录并自动把旧数据转移过去
-e	账户的到期时间，格式为YYYY-MM-DD
-g	变更用户基本组信息
-G	变更用户扩展组信息
-L	锁定用户禁止其登录系统
-U	解锁用户，允许其登录系统
-s	变更默认终端
-u	修改用户的UID

查看账户user的默认信息的命令如下：

```
[root@Mysqlserver ~]# id user
uid=1010(user)gid=1001(Mysql)组=1001(Mysql)
```

将用户user加入root用户组中，这样扩展组列表中会出现root用户组的字样，而基本组不会受到影响：

```
[root@Mysqlserver ~]# usermod -G root user
[root@Mysqlserver ~]# id user
```

提示：修改用户的时候，提示用户被进程占用，则新建用户。

接下来试试使用-u参数选项修改user用户的UID。除此之外，我们还可以用-g参数选项修改用户的基本组ID，用-G参数选项修改用户的扩展组ID。

```
[root@Mysqlserver ~]# usermod -u 8888 user
[root@Mysqlserver ~]# id user
uid=8888(user)gid=1001(Mysql)组=1001(Mysql),0(root)
```

修改用户user的主目录为/var/user，把启动Shell修改为/bin/tcsh，然后切换为用户user，看是否可以登录，最后恢复到初始状态，命令如下：

```
[root@Mysqlserver ~]# usermod -d /var/user -s /bin/tcsh user
[root@Mysqlserver ~]# tail -3 /etc/passwd
Mysql:x:1001:1001::/home/Mysql:/bin/bash
user:x:8888:1001:计算机学院:/var/user:/bin/tcsh
user01:x:1011:1011::/home/user01:/bin/bash
[root@Mysqlserver ~]# usermod -d /home/user -s /bin/bash user
```

（2）禁用和恢复用户账户。

有时需要临时禁用一个账户而不删除它。禁用用户账户可以用passwd或usermod命令实现，也可以直接修改/etc/passwd或/etc/shadow文件。

例如，暂时禁用和恢复user账户，可以使用以下三种方法实现。

方法一：使用passwd命令。

```
[root@Mysqlserver ~]# passwd -l user  //禁用user账户
锁定用户 user的密码。
passwd:操作成功
[root@Mysqlserver ~]# tail -3 /etc/shadow  //被锁定的账户密码栏前面会出现!
Mysql:!!:19080:0:99999:7:::
user:!!$6$xwF.BcMceAM8kNSf$iJKlv16f04F8cMZsQMQvdJH/8Qbexg/Rhe02nspvyupCg
TJfF9g757qCHl0vr3N1Dbgc.62c6RDz.z/6WNG0z1:19080:6:60:5:::
user01:!!:19080:0:99999:7:::
[root@Mysqlserver ~]# passwd -u user  //解除账户锁定
解锁用户 user的密码。
passwd:操作成功
```

方法二：使用usermod命令。

```
[root@Mysqlserver ~]# usermod -L user  //禁用user账户
[root@Mysqlserver ~]# usermod -U user  //解除user账户的锁定
```

方法三：直接修改用户账户配置文件。

可将/etc/passwd文件或/etc/shadow文件中关于user账户的passwd域的第一个字符前面加上一个“*”，达到禁用账户的目的，在需要恢复的时候只要删除字符“*”即可。

如果只是禁止用户账户登录系统，可以将其启动Shell设置为/bin/false或者/dev/null。

4）删除用户账户

要删除一个账户，可以直接删除/etc/passwd和/etc/shadow文件中要删除的用户所对应的行，或者用userdel命令删除。userdel命令的语法格式为：

```
userdel  [-r]  用户名
```

不加-r参数选项，userdel命令会在系统中将所有与账户有关的文件（如/etc/passwd，/etc/shadow，/etc/group）内的用户的信息全部删除。

加-r参数选项，则在删除用户账户的同时，将用户主目录及其中的所有文件和目录全部删除。另外，如果用户使用E-mail，同时也将/var/spool/mail目录下的用户文件删除。

2.2.2　组群的管理

组群的管理包括新建组群、删除组群、维护组群账户和设置组的密码、为组群添加用户等内容。

1）新建组群、维护组群账户

创建组群和删除组群的命令与创建、维护账户的命令相似。创建组群可以使用命令groupadd或addgroup，其语法格式为：

```
groupadd 组群的名称
```

例如，创建一个新的组群，组群的名称为leader，可用以下命令：

```
[root@Mysqlserver ~]# groupadd  leader
```

要删除一个组群可以用groupdel命令，例如，删除刚创建的leader组群时可用以下命令：

```
[root@Mysqlserver ~]# groupdel leader
```

需要注意的是，如果要删除的组群是某个用户的主组群，那么该组群不能被删除。

修改组群的命令是groupmod，其命令格式为：

```
groupmod  [参数选项]  组群的名称
```

groupmod命令的参数选项及说明如表2-9所示。

表2-9　groupmod命令的参数选项及说明

参数选项	说　明
-g gid	把组群的GID改成gid
-n group-name	把组群的名称改为group-name
-o	强制接受更改的组群的GID为重复的号码

2）设置组群的密码

gpasswd命令可以设置组群的密码。使用不带任何参数的useradd命令创建用户时，会同时创建一个和用户账户同名的组群，称为主组群。当一个组群中必须包含多个用户时，则需要使用附属组群。在附属组群中增加、删除用户都用gpasswd命令。gpasswd命令的语法格式为：

```
gpasswd [参数选项] [用户] [组]
```

只有root用户和组群管理员才能够使用这个命令，gpasswd 命令的参数选项及说明如表2-10所示。

表 2-10　gpasswd 命令的参数选项及说明

参数选项	说　　明
-a	将用户加入组群
-d	将用户从组群中删除
-r	取消组群的密码
-A	给组群指派管理员

例如，给组群 user01 设置密码：

```
[root@Mysqlserver ~]# gpasswd user01
正在修改user01组的密码
新密码：
请重新输入新密码：
```

例如，要把 user 用户加入 user01 组群，并指派 user 为组群管理员，可以执行下列命令：

```
[root@Mysqlserver ~]# gpasswd -a user user01
正在将用户"user"加入"user01"组群
[root@Mysqlserver ~]# gpasswd -A user user01
[root@Mysqlserver ~]# tail -3 /etc/group
teacherliao:x:1000:
Mysql:x:1001:
user01:x:1011:user
[root@Mysqlserver ~]# tail -3 /etc/gshadow
teacherliao:!::
Mysql:!::
user01:$6$ZIDHcjYG0$5Ij216O.K9e62uDvvR1Za8NUt.clrWrmH8MBkREepn1o0K477F5n
9mb950bEfXedWp2pJSiraE.MRFSr6bW00.:user:user
```

2.2.3　vim 编辑器的使用

vim 是 Vimsual Interface 的简称，它可以执行输出、删除、查找、替换、块操作等众多文本操作，而且用户可以根据自己的需求对其进行定制。这是其他编辑程序所没有的功能。vim 不是一个排版程序，它不像 Word 或 WPS 那样可以对字体、格式、段落等其他属性进行编排，它只是一个文本编辑程序。vim 是全屏幕文本编辑器，没有菜单，只有命令。

1. 启动与退出 vim

在系统提示符后输入 vim 和想要编辑（或建立）的文件名，便可进入 vim，例如：

```
[root@Mysqlserver ~]# vim myfile
```

在编辑模式下（初次进入 vim 不做任何操作就是编辑模式）可以键入如下命令执行对应操作。

：q　//不保存退出

：q!　//不保存强制退出

：w　//保存

：wq　//保存退出

：wq!　//强制保存退出

：x　//强制保存退出，功能和：wq!相同

：w　filename　//另存为 filename

：wq!　Filename　//以 filename 为文件名保存后退出

2. 熟练掌握vim的工作模式

vim有三种基本工作模式：编辑模式、插入模式和命令模式。考虑各种用户的需求不同，采用状态切换的方法实现工作模式的转换，切换只是习惯性问题，一旦能熟练地使用vim你就会觉得它很好用。

1）编辑模式

进入vim之后，首先进入的就是编辑模式。进入编辑模式后，vim等待编辑命令输入而不是文本输入。也就是说，这时输入的字母都将作为编辑命令来解释。

进入编辑模式后光标停在屏幕第一行首位，用“_”表示，其余各行的行首均有一个“～”，表示该行为空行。最后一行是状态行，显示当前正在编辑的文件名及其状态。如果是[New File]，就表示该文件是一个新建的文件；如果输入vim并带文件名，文件已在系统中存在，就在屏幕上显示该文件的内容，并且光标停在第一行的首位，在状态行显示该文件的文件名、行数和字符数。

2）插入模式

在编辑模式下执行相应的命令可以进入插入模式，这些命令包括插入命令i、附加命令a、打开命令o、修改命令c、取代命令r或替换命令s。在插入模式下，用户输入的任何字符都被vim作为文件内容保存起来，并将其显示在屏幕上。在文本输入过程中（在插入模式下），若想回到编辑模式，按“Esc”键即可。

3）命令模式

在编辑模式下，用户按“:”键即可进入命令模式。此时vim会在显示窗口的最后一行（通常也是屏幕上的最后一行）显示一个“:”作为命令模式的提示符，等待用户输入命令。多数文件管理命令都是在此模式下执行的。末行命令执行完后，vim自动回到编辑模式。

若在命令模式下输入命令的过程中改变了想法，可用“BackSpace”键将输入的命令全部删除之后，再按“BackSpace”键，即可使vim回到编辑模式。

3. 案例练习

1）本次案例练习

（1）在/tmp目录下建立一个名为mytest的目录，进入mytest目录中。

（2）将/etc/man_db.conf文件复制到上述目录中，使用vim打开 man_db.conf文件。

（3）使用vim编辑/tmp/mytest/man_db.conf，在文件的末尾加一行内容：on privileges。

2）参考步骤

（1）输入命令：mkdir /tmp/mytest；cd /tmp/mytest。

（2）输入命令：cp /etc/man_db.conf .；vim man_db.conf。

（3）输入 vim/tmp/mytest/man_db.conf 命令后进入编辑模式，输入 i 进入插入模式，当光标到文件的末尾时，按回车键，输入“on privileges”，然后按“Esc”键，再按“:”键，输入“wq”，保存并退出。

2.3 任务实施

2.3.1 任务实施步骤 1

检查 MySQL 数据库服务器对用户的要求，对用户和组的设置要求，对用户环境变量的设置要求。

如果操作系统还没有专门用于运行数据库的 Mysqld 进程的用户和组，就需要创建。创建用户 Mysql 和组 Mysql，也可以使用不同的用户名和组名，注意在相应步骤中使用正确的用户名和组名。

```
[root@Mysqlserver /]# more /etc/passwd //检查系统的用户列表,未发现Mysql用户
root:x:0:0:root:/root:/bin/bash
bin:x:1:1:bin:/bin:/sbin/nologin
daemon:x:2:2:daemon:/sbin:/sbin/nologin
adm:x:3:4:adm:/var/adm:/sbin/nologin
lp:x:4:7:lp:/var/spool/lpd:/sbin/nologin
sync:x:5:0:sync:/sbin:/bin/sync
shutdown:x:6:0:shutdown:/sbin:/sbin/shutdown
halt:x:7:0:halt:/sbin:/sbin/halt
```

2.3.2 任务实施步骤 2

创建 MySQL 数据库服务器的用户和组，并设置用户环境变量。

由于 Mysql 组只用于 MySQL 数据库相应文件和进程的属组，无须登录功能，因此创建用户时可指定该用户不可登录，然后设置目录变量 PATH，指向 MySQL 数据库安装后的 bin 目录。

```
[root@Mysqlserver /]# groupadd  Mysql       //创建组
[root@Mysqlserver /]# useradd  -r  -g Mysql -s /bin/false  Mysql       //创建用户，参数选项-r、-s 和/bin/false 的设置使该用户不可登录系统
[root@Mysqlserver /]#vi  /etc/profile     //编辑用户环境配置文件/etc/profile
```

在打开的/etc/profile文件内容的末尾加一行内容如下：

```
export PATH=$PATH:/usr/local/Mysql/bin
```

2.4　任务思考

通过知识点讲解与任务实施步骤的讲解，下面请思考如下问题：

1. 使用useradd命令新建用户的时候，会有一个同名的组出现。试问这个用户还可以加入其他组吗？一个用户是否可以属于多个组，一个组中是否可以有多个用户？

2. 用vim编辑文件的时候，光标可否快速到达文件末尾。

3. 试着思考如何配置其他类型服务器的用户环境。

2.5　知识拓展

2.5.1　其他常用账户及组管理类命令

账户及组管理命令可以在非图形化操作中对账户或组进行有效管理。

1. vipw 命令

vipw 命令用于直接编辑用户账户文件/etc/passwd，使用的默认编辑器是 vi。在对/etc/passwd文件进行编辑时将自动锁定该文件，编辑结束后对该文件进行解锁，因此保证了文件的一致性。vipw 命令等同于 vi/etc/passwd 命令，但是比直接使用 vi 命令更安全。vipw 命令如下：

```
[root@Mysqlserver ~]# vipw
```

2. vigr 命令

vigr 命令用于直接编辑组群文件/etc/group。在用 vigr 命令编辑/etc/group 文件时将自动锁定该文件，编辑结束后对该文件进行解锁，因此保证了文件的一致性。vigr 命令等同于vi/etc/group 命令，但是比直接使用vi命令更安全。vigr命令如下：

```
[root@Mysqlserver ~]# vigr
```

3. pwck 命令

pwck 命令用于验证用户账户文件认证信息的完整性，该命令用于检测/etc/passwd 文件和/etc/shadow文件中每行字段的格式和值是否正确。pwck 命令如下：

```
[root@Mysqlserver ~]#pwck
```

4. grpck 命令

grpck 命令用于验证组群文件认证信息的完整性，该命令还可以检测/etc/group 文件和/etc/gshadow 文件中每行字段的格式和值是否正确。grpck 命令如下：

```
[root@Mysqlserver ~]#grpck
```

5. id 命令

id 命令用于显示一个用户的UID和GID，以及用户所属的组。在命令行中输入id后按回车键将显示当前用户的UID和GID。id命令的语法格式为：

```
id [选项] 用户名
```

例如，显示user1用户的UID、GID的实例如下所示：

```
[root@Mysqlserver ~]# id jj
uid=8888(jj)gid=1012(jj)组=1012(jj),0(root),1011(testgroup)
```

6. chfn、chsh 命令

用户可以使用chfn和chsh命令来修改用户内容。chfn命令可以修改用户的办公地址、办公电话和住宅电话等；chsh 命令用来修改用户的启动 Shell。用户在用 chfn 和 chsh 命令修改用户信息时会被提示要输入密码。例如：

```
[Mysql@Mysqlserver ~]$ chfn
Changing finger information for user1.
Password:
Name [oneuser]:oneuser
Office []:network
Office Phone []:66773007
Home Phone []:66778888
```

用户可以直接输入chsh命令或使用-s参数选项来指定要更改的启动Shell。例如，若用户user1想把启动Shell从bash改为tcsh，则可以使用以下两种方法：

```
[Mysql@Mysqlserver ~]$ chsh
Changing shell for Mysql.
Password:
New shell [/bin/bash]:/bin/tcsh
shell changed.
```

或

```
[Mysql@Mysqlserver ~]$ chsh -s /bin/tcsh
Changing shell for Mysql.
```

7. whoami 命令

whoami 命令用于显示当前用户的名称。whoami 命令与 id -un 命令的作用相同。

whoami 命令如下：

```
[Mysql@Mysqlserver ~]$ whoami/
Mysql
```

8. newgrp 命令

newgrp 命令用于转换用户的当前组到指定的主组群，对于没有设置组群口令的组群账户，只有组群的成员才可以使用 newgrp 命令改变主组群。如果组群设置了口令，其他组群的用户只要拥有组群口令也可以改变主组群。应用实例如下：

```
[root@Mysqlserver ~]# id                    //显示当前用户的gid
uid=0(root)gid=0(root)groups=0(root),1(bin),2(daemon),3(sys),4(adm),
6(disk),10(wheel)
[root@Mysqlserver ~]# newgrp soft       //改变用户的主组群
[root@Mysqlserver ~]# id
uid=0(root)gid=500(soft)groups=0(root),1(bin),2(daemon),3(sys),4(adm),
6(disk),10(wheel)
[root@Mysqlserver ~]# newgrp
 //newgrp命令不指定组群时转换为用户的私有组群
[root@Mysqlserver ~]# id
uid=0(root)gid=0(root)groups=0(root),1(bin),2(daemon),3(sys),4(adm),6(di
sk),
10(wheel)
```

使用 groups 命令可以列出指定用户的组群，例如：

```
[root@Mysqlserver ~]# whoami
root
[root@Mysqlserver ~]# groups
root bin daemon sys adm disk wheel
```

2.5.2 课证融通练习

1. “1+X 云计算运维与开发”案例

（1）若正在使用 vi /etc/inittab 命令查看文件内容，但不小心改动了一些内容，为了避免系统出现问题，又不想保存所修改的内容，应该如何操作。（　　）

A. 在末行模式下，键入“：wq”

B. 在末行模式下，键入“：q!”

C. 在末行模式下，键入“：x!”

D. 在编辑模式下，按“ESC”键直接退出 vi 编辑器

（2）使用 useradd 命令创建用户时，与主目录相关的参数选项是（　　）。

A. p　　　　B. d　　　　C. m　　　　D. M

（3）在 Linux 中，下面哪些文件是与用户管理相关的配置文件？（　　）

A. /etc/passwd　　B. /etc/shadow　　C. /etc/group　　D. /etc/password

2. **红帽 RHCSA 认证案例**

（1）哪一项表示在最基本的层面上标识用户的编号？（　　）

A. 主要用户　　B. UID　　C. GID　　D. 用户名

（2）哪个任务或文件表示本地组信息的位置？（　　）

A. 主目录　　B. /etc/passwd　　C. /etc/GID　　D. /etc/group

（3）创建 operator1 用户，并确认它存在于系统中。

（4）创建 operators 补充组，其 GID 为 30000。

（5）将 operator1 添加到 operators 组中。

（6）将 operator1 用户的密码的最长期限设置为 90 天。

2.6　任务小结

本任务要求创建 MySQL 数据库服务器运行所需的用户环境，要求掌握用户的管理、组的管理、vim 编辑器的使用。根据所学知识点完成任务实施步骤：检查 MySQL 数据库服务器对用户的要求，设置用户和组，创建用户和组，并设置用户环境变量。通过知识拓展进行课证融通，掌握“1+X 云计算运维与开发”考证知识，及红帽 RHCSA 认证知识。

2.7　巩固与训练

1. **填空题**

（1）Linux 用户账户分为三大类：________、________和________。

（2）root 用户的 UID 为________，普通用户的 UID 可以在创建时由管理员用户指定，如果不指定，用户的 UID 默认从________开始顺序编号，虚拟用户不允许登录系统，一般为系统服务或进程使用，其 UID 的范围为________。

（3）在 Linux 中，创建用户账户的同时也会创建一个与用户同名的组群，该组群是用户的________。普通组群的 GID 默认从________开始编号。

（4）一个用户账户可以同时是多个组群的成员，其中某个组群是该用户的__________（私有组群），其他组群为该用户的________（标准组群）。

（5）在 Linux 中，所创建的用户账户及其相关信息（密码除外）均放在____________配置文件中。

（6）由于所有用户对/etc/passwd文件均有________权限，为了增强系统的安全性，用户经过加密之后的口令都存储在________文件中。

（7）组群账户的信息存储在________文件中，而关于组群管理的信息（组群口令、组群管理员等）则存储在________文件中。

2. 选择题

（1）（　　）目录用于存储用户密码信息。

A. /etc　　B. /var　　C. /dev　　D. /boot

（2）（　　）命令可创建用户ID是2000、组ID是3000、用户主目录是/home/user01的用户账户。

A. useradd -u：2000 -g：3000 -h：/home/user01 user01

B. useradd -u=2000 -g=3000 -d=/home/user01 user01

C. useradd -u 2000 -g 3000 -d /home/user01 user01

D. useradd -u 2000 -g 3000 -h /home/user01 user01

（3）用户登录系统后首先进入（　　）。

A. /home　　B. /root的主目录　　C. /usr　　D. 用户自己的家目录

（4）在使用了shadow口令的系统中，/etc/passwd和/etc/shadow两个文件的权限正确的是（　　）。

A. -rw-r-----，-r--------　　B. -rw-r--r--，-r--r--r—

C. -rw-r--r--，----------　　D. -rw-r--rw-，-r-----r—

（5）（　　）命令可以删除一个用户并同时删除用户的主目录。

A. rmuser-r　　B. deluser-r　　C. userdel-r　　D. usermgr-r

（6）在/etc/group文件中有一行信息students：：1200：z3，14，w5，这表示有（　　）个用户在student组里。

A. 3　　B. 4　　C. 5　　D. 不确定

（7）（　　）命令可以用来查看用户lisa的信息。

A. finger lisa　　B. grep lisa /etc/passwd

C. find lisa /etc/passwd　　D. who lisa

3. 操作题

假设用户账户信息如下所示，该如何创建用户并进行相关设置？

账户名称	账户全名	支持次要群组	是否可登录主机	口令
myuser1	1st user	mygroup1	可以	Password
myuser2	2nd user	mygroup1	可以	Password
myuser3	3rd user	无额外支持	不可以	Password

任务三　细节决定成败——创建存储空间和文件系统

扫一扫，看动画 

3.1　任务导入

扫一扫，看微课 

任务概述

在乐购商城云平台数据库服务器的部署中创建完服务器运行所需的用户环境之后，接下来需要创建存储空间和文件系统。

所有的文件都存储在磁盘中，因此磁盘管理非常重要。MySQL数据库服务器对设备存储空间有一定的要求，并且要求安装文件和数据所使用的目录分开存储，要求使用单独的文件系统。我们应掌握在Linux中配置和管理磁盘的操作步骤，以及磁盘分区工具和磁盘管理工具的使用。

任务分析

根据任务概述，需要考虑以下几点。

（1）如何规划MySQL数据库服务器的存储空间。

（2）选择什么类型的文件系统。

（3）选择什么技术进行磁盘管理，如何进行磁盘管理。

（4）如何加强磁盘文件的安全性。

任务目标

根据任务分析，需要掌握如下知识、技能、思政、创新、课证融合目标。

（1）了解硬盘分区的划分知识和文件系统的特点。（知识）

（2）熟练掌握在Linux中使用LVM（逻辑卷管理器）技术进行磁盘管理的方法。（技能）

（3）熟悉掌握在Linux中管理文件权限的技巧。（技能）

（4）注意细节，多积累，多实践，培养精益求精的工匠精神。（思政）

（5）要求合理运用文件权限，不进行违法行为。（思政）

（6）根据乐购商城云平台数据库服务器的存储空间和文件系统的设计要求，设计其他

类型服务器的存储空间和文件系统。（创新）

（7）拓展“1+X 云计算运维与开发”考证所涉及的知识和技能及红帽 RHCSA 认证所涉及的知识和技能。（课证融通）

3.2　知识准备

3.2.1　硬盘分区划分和文件系统

1. 硬盘分区划分

在学习Linux系统管理和配置过程中，给硬盘分区是每个初学者的一个难点。虽然，现在各种发行版本的Linux系统已经提供了友好的图形交互界面，但是很多人还是感觉无从下手。原因是很多人不清楚Linux的分区规定，以及分区工具fdisk的使用方法。

硬盘的分区主要分为基本分区（Primary Partion）和扩展分区（Extension Partion）两种，基本分区和扩展分区的数量之和不能大于4，且基本分区可以马上被使用但不能再分区。扩展分区必须再进行分区后才能使用，也就是说它必须还要进行二次分区。二次分区的结果是逻辑分区（Logical Partion），逻辑分区没有数量上的限制。

对于习惯使用DOS或Windows系统的用户来说，有几个分区就有几个驱动器，并且每个分区都会获得一个字母标识符，然后就可以选用这个字母标识符来指定在这个分区上的文件和目录，其文件结构都是独立的。而对Linux用户来说，无论有几个分区，分给哪个目录使用，归根结底就只有一个根目录，一个独立且唯一的文件结构。Linux中每个分区都是整个文件系统的一部分，因为它采用了一种叫“载入”的处理方法，它的整个文件系统中包含了一整套的文件和目录，且将一个分区和一个目录联系起来。

在安装Linux系统时，其中有一个步骤是进行磁盘分区。在分区之前，首先应规划分区，以20GB硬盘为例，如果安装时在“存储配置”选项选择“自动”，那么系统的自动分区方式是，1GB的/dev/nvme0n1p1分区挂载在/boot目录下，另外还有19GB的/dev/nvme0n1p2分区（其中包含17GB的/dev/mapper/rhel-root和2GB的/dev/mapper/rhel-swap，分别称为根分区和交换分区）；如果安装时在“存储配置”选项选择“自定义”，就可以做如下规划：

- /boot分区大小为1GB；
- swap分区大小为2GB；
- /分区大小为10GB；
- /usr分区大小为2GB；
- /home分区大小为2GB；
- /var分区大小为2GB；

● /tmp 分区大小为 1GB。

在分区时可以采用 Disk Druid、RAID 和 LVM 等方式进行分区。除此之外，在 Linux 中还有 fdisk、cfdisk、parted 等分区工具。

> 注意：下面所有的命令，都以新增一个 NVMe 硬盘为前提，新增的硬盘为/dev/nvme0n2 分区。请在开始本任务前在虚拟机中增加该硬盘，然后启动系统。

fdisk 命令的语法格式如下：

```
fdisk [参数选项] <磁盘>              更改分区表
fdisk [参数选项] -l [<磁盘>]         列出分区表
```

fdisk 磁盘分区工具在 DOS、Windows 和 Linux 系统中都有相应的应用程序。在 Linux 中，fdisk 是基于菜单的命令，这个命令需要具备管理员权限的用户才可以执行。可以使用 fdisk-l 命令查看磁盘设备信息。

```
[teacherliao@Mysqlserver ~]$ fdisk -l          //普通用户没有权限
fdisk：打不开 /dev/nvme0n1：权限不够
fdisk：打不开 /dev/nvme0n2：权限不够
fdisk：打不开 /dev/mapper/rhel-root：权限不够
fdisk：打不开 /dev/mapper/rhel-swap：权限不够
[teacherliao@Mysqlserver ~]$ su - root
密码：
[root@Mysqlserver ~]# fdisk -l          //查看磁盘设备
Disk /dev/nvme0n1：20 GiB，21474836480 字节，41943040 个扇区
单元：扇区 / 1 * 512 = 512 字节
扇区大小（逻辑/物理）：512 字节 / 512 字节
I/O大小（最小/最佳）：512 字节 / 512 字节
磁盘标签类型：dos
磁盘标识符：0xb901ef3e

设备              启动    起点     末尾       扇区       大小    Id     类型
/dev/nvme0n1p1    *       2048     2099199    2097152    1G      83     Linux
/dev/nvme0n1p2            2099200 41943039    39843840   19G 8e  Linux  LVM
```

> 注意：/dev/nvme0n1p1 分区是启动分区（带有“*”），起点扇区是 2048，末尾扇区为 2099199，扇区大小为 512 字节。默认从第 2048 块扇区开始是因为，由于 EFI（Extensible Firmware Interface（可扩展固件接口），英特尔公司推出的一种在未来的类 PC 的平台上替代 BIOS 的升级方案）的兴起，要给 EFI 代码预留磁盘最开始的 1MB 空间，用于引导代码，即 2048×512/（1024×1024）=1MB。

对磁盘进行分区时，可以在 fdisk 命令后面直接加上要分区的磁盘作为参数。例如，对新增加的第二个大小为 2GB 的 /dev/nvme0n2 磁盘进行分区的操作命令如下：

```
[root@Mysqlserver ~]# fdisk /dev/nvme0n2
欢迎使用fdisk (util-Linux 2.32.1)。
更改将停留在内存中，直到您决定将更改写入磁盘中。
使用写入命令前请三思。
设备不包含可识别的分区表。
创建了一个磁盘标识符为0xac971637 的新DOS磁盘标签。
命令（输入m获取帮助）:
```

在command提示后面输入相应的命令来执行相应的操作，如输入“m”表示列出所有可用命令。fdisk命令选项如图3-1所示。

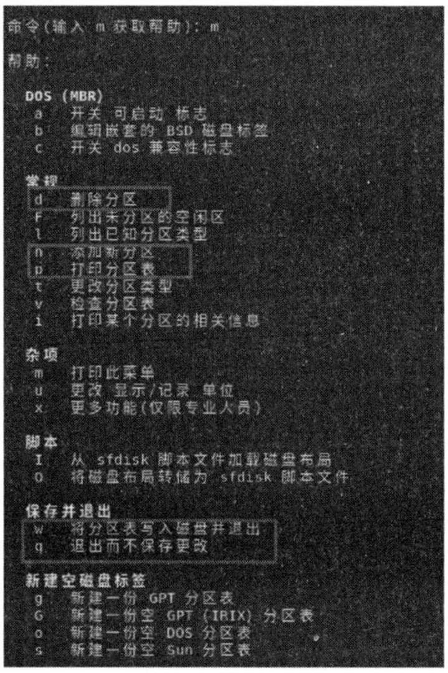

```
命令(输入 m 获取帮助): m

帮助:

  DOS (MBR)
   a   开关 可启动 标志
   b   编辑嵌套的 BSD 磁盘标签
   c   开关 dos 兼容性标志

  常规
   d   删除分区
   F   列出未分区的空闲区
   l   列出已知分区类型
   n   添加新分区
   p   打印分区表
   t   更改分区类型
   v   检查分区表
   i   打印某个分区的相关信息

  杂项
   m   打印此菜单
   u   更改 显示/记录 单位
   x   更多功能(仅限专业人员)

  脚本
   I   从 sfdisk 脚本文件加载磁盘布局
   O   将磁盘布局转储为 sfdisk 脚本文件

  保存并退出
   w   将分区表写入磁盘并退出
   q   退出而不保存更改

  新建空磁盘标签
   g   新建一份 GPT 分区表
   G   新建一份空 GPT (IRIX) 分区表
   o   新建一份空 DOS 分区表
   s   新建一份空 Sun 分区表
```

图3-1　fdisk命令选项

下面以在/dev/nvme0n2磁盘上创建大小为1000MB的/dev/nvme0n2p1主分区为例，讲解fdisk命令的用法。

（1）打开fdisk操作界面的命令如下：

```
[root@Mysqlserver ~]# fdisk /dev/nvme0n2
欢迎使用fdisk (util-Linux 2.32.1)。
更改将停留在内存中，直到您决定将更改写入磁盘中。
使用写入命令前请三思。
设备不包含可识别的分区表。
创建了一个磁盘标识符为0xac971637 的新DOS磁盘标签。
命令（输入m获取帮助）:
```

（2）在fdisk操作界面中输入“p”，可查看当前分区表。从命令执行结果可以看到，/dev/nvme0n2磁盘并无任何分区。

```
命令（输入m获取帮助）: p
Disk /dev/nvme0n2: 2 GiB, 2147483648 字节, 4194304 个扇区
单元: 扇区 / 1 * 512 = 512 字节
扇区大小（逻辑/物理）: 512 字节 / 512 字节
I/O大小（最小/最佳）: 512 字节 / 512 字节
磁盘标签类型: dos
磁盘标识符: 0x10414448

设备          启动    起点    末尾    扇区   大小   Id   类型
```

注意：p命令执行结果显示了/dev/nvme0n2磁盘的参数和分区情况。/dev/nvme0n2磁盘大小为2GB，2147483648字节，4194304个扇区。最后一行是分区情况，依次是分区名、是否为启动分区、起点扇区、末尾扇区、该分区的扇区数、分区大小，分区ID、文件系统类型。

（3）在fdisk操作界面中输入“n”，可创建一个新分区。输入“p”，创建主分区（创建扩展分区输入“e”，创建逻辑分区输入“l”）；输入数字1，创建第一个主分区；输入此

分区的起点、末尾扇区，以确定当前分区的大小。也可以使用+sizeM或+sizeK方式指定分区大小。命令如下：

```
命令（输入m获取帮助）：n                    //利用n命令创建新分区
分区类型
   p   主分区（0个主分区，0个扩展分区，4空闲）
   e   扩展分区（逻辑分区容器）
选择（默认p）：p                           //输入p，以创建主分区
分区号（1-4，默认  1）：                     //此处选1，由于默认为1，按回车键即可
第一个扇区（2048-4194303，默认2048）：       //默认从2048扇区开始，按回车键即可
上个扇区，+sectors或 +size{K, M, G, T, P}（2048-4194303，默认4194303）：+1000M
创建了一个新分区1，类型为“Linux”，大小为1000 MiB。
```

（4）利用剩余的磁盘空间创建扩展分区/dev/nvme0n2p2，然后创建两个逻辑分区/dev/nvme0n2p5（600MB）和/dev/nvme0n2p6（剩余的磁盘空间都留给这个分区）。

```
最终分区情况如下：
 设备              启动    起点      末尾      扇区      大小    Id    类型
/dev/nvme0n2p1            2048   2050047   2048000   1000M    83    Linux
/dev/nvme0n2p2         2050048   4194303   2144256     1G      5    扩展
/dev/nvme0n2p5         2052096   3280895   1228800    600M    83    Linux
/dev/nvme0n2p6         3282944   4194303    911360    445M    83    Linux
```

创建两个逻辑分区/dev/nvme0n2p5和/dev/nvme0n2p6的过程如图3-2～图3-4所示。

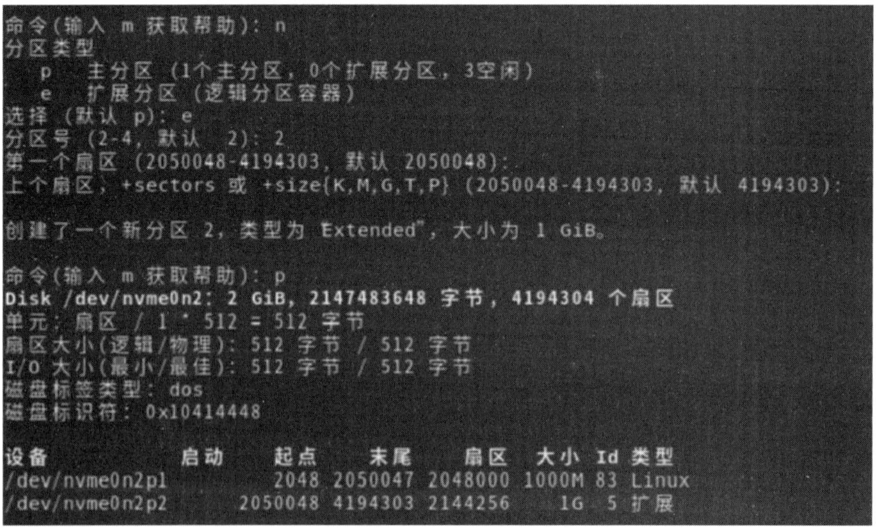

```
命令(输入 m 获取帮助): n
分区类型
   p   主分区 (1个主分区, 0个扩展分区, 3空闲)
   e   扩展分区 (逻辑分区容器)
选择 (默认 p): e
分区号 (2-4, 默认  2): 2
第一个扇区 (2050048-4194303, 默认 2050048):
上个扇区, +sectors 或 +size{K,M,G,T,P} (2050048-4194303, 默认 4194303):

创建了一个新分区 2, 类型为 Extended", 大小为 1 GiB。

命令(输入 m 获取帮助): p
Disk /dev/nvme0n2: 2 GiB, 2147483648 字节, 4194304 个扇区
单元: 扇区 / 1 * 512 = 512 字节
扇区大小(逻辑/物理): 512 字节 / 512 字节
I/O 大小(最小/最佳): 512 字节 / 512 字节
磁盘标签类型: dos
磁盘标识符: 0x10414448

设备            启动    起点    末尾    扇区   大小 Id 类型
/dev/nvme0n2p1          2048 2050047 2048000 1000M 83 Linux
/dev/nvme0n2p2       2050048 4194303 2144256    1G  5 扩展
```

图3-2　新建一个扩展分区

注意：图3-2是创建扩展分区/dev/nvme0n2p2的过程，大小为1GB。

```
命令(输入 m 获取帮助): n
所有主分区的空间都在使用中。
添加逻辑分区 5
第一个扇区 (2052096-4194303, 默认 2052096):
上个扇区，+sectors 或 +size{K,M,G,T,P} (2052096-4194303, 默认 4194303):

创建了一个新分区 5，类型为"Linux"，大小为 600 MiB。

命令(输入 m 获取帮助): N

命令(输入 m 获取帮助): p

Disk /dev/nvme0n2: 2 GiB, 2147483648 字节, 4194304 个扇区
单元: 扇区 / 1 * 512 = 512 字节
扇区大小(逻辑/物理): 512 字节 / 512 字节
I/O 大小(最小/最佳): 512 字节 / 512 字节
磁盘标签类型: dos
磁盘标识符: 0x10414448

设备             启动    起点    末尾    扇区  大小 Id 类型
/dev/nvme0n2p1          2048 2050047 2048000 1000M 83 Linux
/dev/nvme0n2p2       2050048 4194303 2144256    1G  5 扩展
/dev/nvme0n2p5       2052096 3280895 1228800  600M 83 Linux
```

图3-3　新建一个逻辑分区

注意：从图3-3可以看出，输入大写的N无效，说明RHEL 8系统中的fdisk命令严格区分大小写。此图是创建逻辑分区/dev/nvme0n2p5的过程，大小为600MB。

```
命令(输入 m 获取帮助): n
所有主分区的空间都在使用中。
添加逻辑分区 6
第一个扇区 (3282944-4194303, 默认 3282944):
上个扇区，+sectors 或 +size{K,M,G,T,P} (3282944-4194303, 默认 4194303):

创建了一个新分区 6，类型为"Linux"，大小为 445 MiB。

命令(输入 m 获取帮助): p
Disk /dev/nvme0n2: 2 GiB, 2147483648 字节, 4194304 个扇区
单元: 扇区 / 1 * 512 = 512 字节
扇区大小(逻辑/物理): 512 字节 / 512 字节
I/O 大小(最小/最佳): 512 字节 / 512 字节
磁盘标签类型: dos
磁盘标识符: 0x10414448

设备             启动    起点    末尾    扇区  大小 Id 类型
/dev/nvme0n2p1          2048 2050047 2048000 1000M 83 Linux
/dev/nvme0n2p2       2050048 4194303 2144256    1G  5 扩展
/dev/nvme0n2p5       2052096 3280895 1228800  600M 83 Linux
/dev/nvme0n2p6       3282944 4194303  911360  445M 83 Linux
```

图3-4　新建另一个逻辑分区

注意：图3-4是建立逻辑分区/dev/nvme0n2p6的过程，大小为以上分区操作后剩余的磁盘空间。

（5）分区结束后，输入“w”，将分区信息写入硬盘分区表中并退出，如图3-5所示。

```
命令(输入 m 获取帮助): w
分区表已调整。
将调用 ioctl() 来重新读分区表。
正在同步磁盘。
```

图3-5　将分区信息写入硬盘分区表中

如果磁盘分区划分错误，需要删除磁盘分区，在fdisk操作界面中输入“d”，并选择相应的磁盘分区即可。删除后重新创建分区，最后输入“w”，可保存操作后退出。

```
//删除/dev/nvme0n2p6分区，并保存退出
命令（输入m获取帮助）：d
```

```
分区号（1，2，5，6，默认  6）：6
分区 6 已删除。
```

2. 文件系统

操作系统通过文件系统管理文件及数据，而磁盘或分区需要创建文件系统之后，才能被操作系统所使用。创建文件系统的过程又被称为格式化。没有文件系统的设备称为裸设备，某些环境会需要裸设备，如安装Oracle软件时。

常见的文件系统有fat32、NTFS、ext2、ext3、ext4、xfs、HFS等。其中，fat32和NTFS是Windows的文件系统，ext2、ext3、ext4、xfs、HFS是Linux的文件系统。NTFS是当今Windows主流的文件系统，ext3、ext4是Linux主流的文件系统。

不同文件系统之间的区别主要体现为是否带有日志、支持的分区大小、支持的单个文件大小、性能等。

Linux的常见文件系统有ext2、ext3、ext4、xfs、fat（msdos）、vfat、nfs、iso9660（光盘文件系统）、proc（虚拟文件系统）、gfs（全局文件系统）、jfs（带日志的文件系统）等，不同发行版本的Linux系统，支持的文件系统略有不同。

1）mkfs命令

硬盘分区后，下一步的工作就是创建文件系统。在硬盘分区上创建文件系统会覆盖分区上的数据，并且不可恢复，因此在创建文件系统之前要确认分区上的数据不再使用。创建文件系统的命令是mkfs，其语法格式如下：

```
mkfs  [参数选项]  文件系统
```

mkfs命令常用的参数选项如下所示。

-t：指定要创建的文件系统类型。

-V：输出要创建的文件系统的详细信息。

【例3-1】在/dev/nvme0n2p6分区中创建xfs类型的文件，命令如下：

```
[root@Mysqlserver ~]# mkfs -t xfs /dev/nvme0n2p6
mkfs.xfs:/dev/nvme0n2p6 appears to contain an existing filesystem(xfs).
mkfs.xfs:Use the -f option to force overwrite.
```

> 注意：以上命令也可以写成mkfs.xfs /dev/nvme0n2p6，从以上命令的执行结果可以看出，NVMe磁盘分区之后默认是xfs文件系统。

【例3-2】在/dev/nvme0n2p5上创建ext4类型的文件系统，并显示详细信息，命令如下：

```
[root@Mysqlserver ~]# mkfs -t ext4 -V /dev/nvme0n2p5
mkfs，来自util-Linux 2.32.1
mkfs.ext4 /dev/nvme0n2p5
mke2fs 1.44.6 (5-Mar-2019)
 /dev/nvme0n2p5 有一个xfs文件系统
```

```
Proceed anyway? (y, N) y
创建含有153600 个块（每块4k）和38400 个inode的文件系统
文件系统UUID：5272bc2c-d26f-435c-a11d-7f18ef0a693b
超级块的备份存储于下列块中：
 32768, 98304

正在分配组表：完成
正在写入inode表：完成
创建日志（4096 个块）完成
写入超级块和文件系统账户统计信息：已完成
```

2）lsblk 命令

若完成了存储设备的分区和格式化操作，则可以先用lsblk 命令以树形格式列出块设备的相关信息，其用法如下所示。

【例3-3】以树形格式列出所有块设备的相关信息，命令如下：

```
[root@Mysqlserver cdrom]# lsblk
NAME          MAJ：MIN RM  SIZE RO TYPE MOUNTPOINT
sr0            11：0    1  7.3G  0 rom  /mnt/cdrom
nvme0n1       259：0    0   20G  0 disk
├─nvme0n1p1   259：1    0    1G  0 part /boot
└─nvme0n1p2   259：2    0   19G  0 part
  ├─rhel-root 253：0    0   17G  0 lvm  /
  └─rhel-swap 253：1    0    2G  0 lvm  [SWAP]
nvme0n2       259：3    0    2G  0 disk
├─nvme0n2p1   259：4    0 1000M  0 part
├─nvme0n2p2   259：5    0    1K  0 part
├─nvme0n2p5   259：6    0  600M  0 part
└─nvme0n2p6   259：7    0  445M  0 part
```

3）mount 命令与 umount 命令

在磁盘上创建文件系统后，还需要将创建的文件系统挂载到系统上才能使用，这个过程称为挂载。步骤：首先创建一个用于挂载设备的挂载点目录，然后使用mount 命令将存储设备与挂载点进行关联。

Linux 中提供了/mnt 目录和/media 目录两个专门的挂载点。一般而言，挂载点应该是一个空目录，否则目录中原来的文件将被系统隐藏。通常将光盘和软盘挂载到/media/cdrom（或者/mnt/cdrom）目录和/media/floppy（或者/mnt/floppy）目录中，其对应的设备文件名分别为/dev/cdrom和/dev/fd0。

文件系统在系统引导过程中可以自动挂载，也可以手动挂载，手动挂载文件系统的命令是mount 命令，该命令的语法格式如下：

```
mount  参数选项   设备  挂载点
```

mount命令的主要选参数项如下。

-t：指定要挂载的文件系统的类型。

-r：如果不想修改要挂载的文件系统，可以使用该参数选项以只读方式挂载。

-w：以可写的方式挂载文件系统。

-a：挂载/etc/fstab文件中记录的设备。

命令示例如下：

```
[root@Mysqlserver mnt]# mount    //用于显示所有设备的挂载情况
```

【例3-4】 将文件系统类型为xfs的磁盘分区/dev/nvme0n2p6挂载到/data目录下，可以使用如下命令：

```
[root@Mysqlserver ~]# mkdir /data
[root@Mysqlserver ~]# mount /dev/nvme0n2p6 /data
```

【例3-5】 将文件系统类型为ext4的磁盘分区/dev/nvme0n2p5挂载到/media/目录下，可以使用如下命令：

```
[root@Mysqlserver ~]# mount /dev/nvme0n2p5 /media
```

使用df命令来查看挂载状态和硬盘使用信息：

```
[root@Mysqlserver ~]# df -ihT
文件系统              类型        Inode   已用（I）  可用（I）  已用（I）%   挂载点
devtmpfs              devtmpfs    242K    420      241K      1%          /dev
tmpfs                 tmpfs       246K    1        246K      1%          /dev/shm
tmpfs                 tmpfs       246K    911      245K      1%          /run
tmpfs                 tmpfs       246K    17       246K      1%   /sys/fs/cgroup
/dev/mapper/rhel-root  xfs        8.5M    122K     8.4M      2%          /
/dev/nvme0n1p1        xfs         512K    300      512K      1%          /boot
tmpfs                 tmpfs       246K    20       246K      1%     /run/user/42
tmpfs                 tmpfs       246K    35       246K      1%   /run/user/1000
/dev/nvme0n2p6        xfs         223K    3        223K      1%          /data
/dev/nvme0n2p5        ext4        38K     11       38K       1%          /media
```

挂载光盘可以使用下列命令：

```
[root@Mysqlserver ~]# mkdir /mnt/cdrom
[root@Mysqlserver ~]# mount -t iso9660 /dev/cdrom  /mnt/cdrom
```

文件系统可以被挂载也可以被卸载。卸载文件系统的命令是umount，该命令的语法格式为：

```
umount 设备 挂载点
```

【例3-6】 卸载光盘和软盘可以使用如下命令：

```
[root@Mysqlserver ~]# umount /mnt/cdrom
```

注意：

（1）光盘在没有卸载之前，无法从驱动器中弹出。正在使用的文件系统不能被卸载。

（2）使用mount命令挂载只是临时生效，重启就失效了，要想永久生效，需使用自动挂载方式。

4）文件系统的自动挂载

如果要实现每次开机都能自动挂载文件系统，可以通过编辑/etc/fstab文件来实现。在/etc/fstab文件中列出了引导系统时需要挂载的文件系统以及文件系统的类型和挂载参数。引导系统过程中会读取/etc/fstab文件，并根据该文件的配置参数挂载相应的文件系统。/etc/fstab文件内容如下：

```
[root@Mysqlserver ~]# vi /etc/fstab

#
# /etc/fstab
# Created by anaconda on Tue Sep  1 12:08:45 2020
#
# Accessible filesystems,by reference,are maintained under '/dev/ disk/'.
# See man pages fstab(5),findfs(8),mount(8)and/or blkid(8)for more info.
#
# After editing this file,run 'systemctl daemon-reload' to update systemd
# units generated from this file.
#
/dev/mapper/rhel-root   /                         xfs     defaults        0 0
UUID=e5f77934-cc0d-4a55-938d-df925bdcf144   /boot  xfs defaults        0 0
/dev/mapper/rhel-swap   swap                      swap    defaults        0 0
```

/etc/fstab文件中的每行内容代表一个文件系统，每行又包含6列，这6列内容的名称如下：

```
fs_spec  fs_file  fs_vfstype  fs_mntops  fs_freq  fs_passno
```

以上名称的具体含义如下所示。

fs_spec：将要挂载的设备文件。

fs_file：文件系统的挂载点。

fs_vfstype：文件系统的类型。

fs_mntops：挂载选项，决定传递给mount命令时将如何挂载，各选项之间用逗号隔开。

fs_freq：由dump程序决定文件系统是否需要备份，0表示不备份，1表示备份。

fs_passno：由fsck程序决定引导时是否检查磁盘及次序，取值可以为0、1、2。

【例 3-7】 如果要实现每次开机时都自动将文件系统类型为xfs的分区/dev/nvme0n2p6自动挂载到/data目录下，需要在/etc/fstab文件中添加如下内容。

```
/dev/nvme0n2p6          /data       xfs     defaults         0  0
```

3.2.2 LVM磁盘管理

标准磁盘管理的缺点是磁盘配置后就无法再修改，分区的空间被使用完以后，无法在线调整分区大小，只能创建一个更大的分区，将数据复制进去，但是LVM就可以在线调整文件系统的大小。

1. LVM的基本概念

LVM（Logical Volume Manager，逻辑卷管理器），一种非常普及的磁盘管理技术。LVM可以允许用户对磁盘分区进行动态调整。LVM是在磁盘分区和文件系统之间添加了一个逻辑层，它提供了一个抽象的卷组，可以把多个磁盘进行卷组合并。这样一来，用户不必关心物理硬盘设备的底层架构和布局，就可以实现对磁盘分区的动态调整。

物理卷处于LVM的最底层，可以将其理解为物理磁盘、磁盘分区或者RAID磁盘阵列。卷组建立在物理卷之上，一个卷组可以包含多个物理卷，而且在卷组创建之后也可以继续向其中添加新的物理卷。逻辑卷是用卷组中空闲的资源创建的，并且逻辑卷在创建后可以动态地扩大或缩小空间。

相关的概念如下：

PV（Physical Volume）：物理卷，处于LVM的最底层，是指一个物理磁盘或分区，将一个物理磁盘创建为PV。

VG（Volume Group）：卷组，由多个PV组成的逻辑盘。卷组的大小就是所有PV的大小之和。

LV（Logical Volume）：逻辑卷，类似VG的一个分区，它的大小是从VG中分出来的一部分空间，文件系统就是在LV中创建的。

PE（Physical Extent）：物理区域，LVM中最小的存储单位，一个VG是由多个PE组成的。假如VG的大小是1024MB，PE的大小是4MB，那么PE的数量为1024/4=256MB。

动态调整大小：创建LV，即分配多少个PE给LV，LV的大小是PE的数量乘以PE的大小，当LV空间不足，就可以从VG中调整更多的PE分配给LV，然后扩容LV中的文件系统，这就实现了在线调整文件系统的大小。

2. 部署逻辑卷

一般而言，在生产环境中无法精确地评估每个磁盘分区在日后的使用情况，因此会导致原先分配的磁盘分区不够用。例如，伴随着业务量的增加，用于存储交易记录的数据库所占内存也随之增加。另外，还存在需对较大的硬盘分区进行精简缩容的情况。

可以通过部署LVM来解决上述问题。部署LVM时，需要逐个配置物理卷、卷组和逻辑卷。常用的LVM部署命令如表3-1所示。

表3-1　常用的LVM部署命令

功能/命令	物理卷管理	卷组管理	逻辑卷管理
扫描	pvscan	vgscan	lvscan
建立	pvcreate	vgcreate	lvcreate
显示	pvdisplay	vgdisplay	lvdisplay
删除	pvremove	vgremove	lvremove
扩容	—	vgextend	lvextend
缩容	—	vgreduce	lvreduce

为了避免多个任务之间的冲突，请自行将虚拟机还原到初始状态，并在虚拟机中添加三个新的硬盘，然后重启计算机，如图3-6所示。

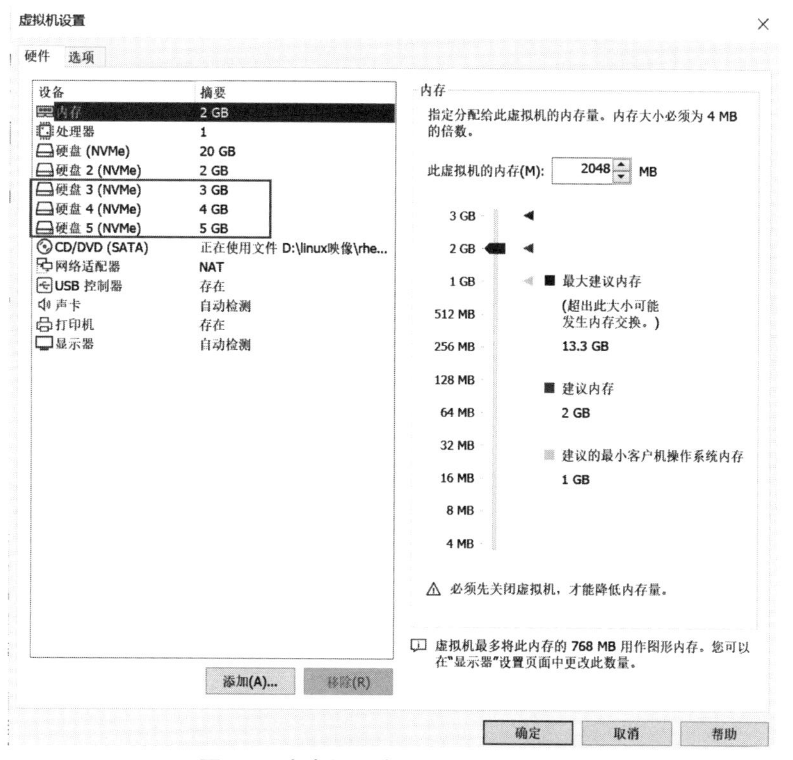

图3-6　在虚拟机中添加三个新的硬盘

在虚拟机中添加多个新的硬盘的目的，是更好地展示LVM理念中用户无须关心底层物理硬盘的特性。我们先对其中添加的两个新的硬盘进行创建物理卷的操作，可以将该操作简单理解成使硬盘支持LVM技术，或者理解成将硬盘加入LVM技术可用的硬件资源池，然后对这两个硬盘进行卷组合并，卷组的名称可以由用户自定义。接下来，根据需求将合并后的卷组切割出一个约为150MB的逻辑卷设备，最后把这个逻辑卷设备格式化成EXT4文件系统后挂载使用。下面是详细步骤。

（1）使新添加的两个硬盘支持LVM技术，命令如下：

```
[root@Mysqlserver ~]# pvcreate /dev/nvme0n3 /dev/nvme0n4
  Physical volume "/dev/nvme0n3" successfully created.
  Physical volume "/dev/nvme0n4" successfully created.
```

（2）将两个硬盘加入storage卷组中，然后查看卷组的状态，命令如下：

```
[root@Mysqlserver ~]# vgcreate storage /dev/nvme0n3 /dev/nvme0n4
  Volume group "storage" successfully created
[root@Mysqlserver ~]# vgdisplay
  --- Volume group ---
  VG Name               storage
  System ID
  Format                lvm2
  Metadata Areas        2
  Metadata Sequence No  1
  VG Access             read/write
  VG Status             resizable
  MAX LV                0
  Cur LV                0
  Open LV               0
  Max PV                0
  Cur PV                2
  Act PV                2
  VG Size               6.99 GiB
  PE Size               4.00 MiB
  Total PE              1790
  Alloc PE / Size       0 / 0
  Free  PE / Size       1790 / 6.99 GiB
  VG UUID               wKvdLg-c4f3-JYLE-Lk42-Z3e5-IY0Q-fWsLtZ

  --- Volume group ---
  VG Name               rhel
  System ID
  Format                lvm2
  Metadata Areas        1
  Metadata Sequence No  3
  VG Access             read/write
  VG Status             resizable
  MAX LV                0
  Cur LV                2
```

```
    Open LV               2
    Max PV                0
    Cur PV                1
    Act PV                1
    VG Size               <19.00 GiB
    PE Size               4.00 MiB
    Total PE              4863
    Alloc PE / Size       4863 / <19.00 GiB
    Free  PE / Size       0 / 0
    VG UUID               C45xHt-JjaM-O3F6-Av1H-u3BB-3oSN-5i04fF
```

（3）从storage卷组中切割出一个约为150MB的逻辑卷，命令如下：

```
   [root@Mysqlserver ~]# lvcreate -n vo -L 150M storage    //或者lvcreate -
n vo -l 37 storage
    Rounding up size to full physical extent 152.00 MiB
    Logical volume "vo" created.
  [root@Mysqlserver ~]# lvdisplay
    --- Logical volume ---
    LV Path                /dev/storage/vo
    LV Name                vo
    VG Name                storage
    LV UUID                ZreRre-FiAK-CZCj-F6uS-Fmjc-wPgt-ee7NiH
    LV Write Access         read/write
    LV Creation host,time Mysqlserver,2021-09-16 16:09:52 +0800
    LV Status               available
    # open                 0
    LV Size                152.00 MiB
    Current LE              38
    Segments               1
    Allocation              inherit
    Read ahead sectors      auto
    - currently set to      8192
    Block device            253:2

    --- Logical volume ---
    LV Path                /dev/rhel/swap
    LV Name                swap
    VG Name                rhel
    LV UUID                sGHRc3-1D7s-rNvT-SeJy-icrF-P4p9-0I5cAF
    LV Write Access         read/write
    LV Creation host,time localhost,2020-09-01 12:08:38 +0800
    LV Status               available
    # open                 2
```

```
  LV Size                2.00 GiB
  Current LE             512
  Segments               1
  Allocation             inherit
  Read ahead sectors     auto
  - currently set to     8192
  Block device           253:1

  --- Logical volume ---
  LV Path                /dev/rhel/root
  LV Name                root
  VG Name                rhel
  LV UUID                wSP3qy-GraP-wJiI-MAkk-uJiL-MSkb-WZRbsb
  LV Write Access        read/write
  LV Creation host,time localhost,2020-09-01 12:08:39 +0800
  LV Status              available
  # open                 1
  LV Size                <17.00 GiB
  Current LE             4351
  Segments               1
  Allocation             inherit
  Read ahead sectors     auto
  - currently set to     8192
  Block device           253:0
```

这里需要注意切割单位。在对逻辑卷进行切割时有两种计量单位：第一种以容量为单位，所使用的参数选项为-L，例如，使用“-L 150M”生成一个大小为150MB的逻辑卷；第一种以基本单元的个数为单位，所使用的参数选项为-l，每个基本单元的大小默认为4MB，例如，使用“-l 37”可以生成一个大小为37×4=148MB的逻辑卷。

（4）将切割出的逻辑卷进行格式化，然后挂载使用，命令如下：

```
[root@Mysqlserver ~]# mkfs.ext4 /dev/storage/vo
mke2fs 1.44.6 (5-Mar-2019)
创建含有155648 个块（每块1k）和38912 个inode的文件系统
文件系统UUID：3e6234e9-1a8c-482f-ac70-529e99c9698b
超级块的备份存储于下列块中：
 8193, 24577, 40961, 57345, 73729

正在分配组表：完成
正在写入inode表：完成
创建日志（4096 个块）完成
写入超级块和文件系统账户统计信息：已完成
```

```
[root@Mysqlserver ~]# mkdir /Mysqldata
[root@Mysqlserver ~]# mount /dev/storage/vo /Mysqldata
```

注意：Linux会把LVM中的逻辑卷存储在/dev目录中（实际上是对其做了一个符号链接），同时会以卷组的名称来建立一个目录，其中保存了逻辑卷的设备映射文件（/dev/卷组名称/逻辑卷名称）。

（5）查看挂载状态，并将挂载状态写入配置文件，使其永久生效，命令如下：

```
[root@Mysqlserver ~]# df -h
文件系统                容量    已用    可用    已用%  挂载点
devtmpfs                966M    0       966M    0%     /dev
tmpfs                   983M    0       983M    0%     /dev/shm
tmpfs                   983M    9.7M    973M    1%     /run
tmpfs                   983M    0       983M    0%     /sys/fs/cgroup
/dev/mapper/rhel-root   17G     4.3G    13G     26%    /
/dev/nvme0n2p6          440M    26M     415M    6%     /data
/dev/nvme0n1p1          1014M   161M    854M    16%    /boot
/dev/nvme0n2p5          575M    912K    532M    1%     /media
tmpfs                   197M    1.2M    196M    1%     /run/user/42
tmpfs                   197M    4.6M    192M    3%     /run/user/1000
/dev/sr0                7.4G    7.4G    0       100%   /run/media/teacherliao/
RHEL-8-1-0-BaseOS-x86_64
/dev/mapper/storage-vo  144M 1.6M  132M   2% /Mysqldata
[root@Mysqlserver ~]# vim /etc/fstab     //在文件末尾写上下面这行内容，并保存退出。或者用echo " /dev/storage/vo /Mysqldata ext4 defaults 0 0" >>/etc/fstab命令写入文件
/dev/storage/vo /Mysqldata ext4 defaults 0 0
```

3. 给逻辑卷扩容

在前面的任务中，卷组是由两个硬盘组成的。用户在使用存储设备时感觉不到设备底层的架构和布局，更不用关心底层是由多少个硬盘组成的，只要卷组中有足够的资源，就可以一直为逻辑卷扩容。扩容前请一定要记得卸载设备和挂载点的关联，命令如下：

```
[root@Mysqlserver ~]# umount /Mysqldata
```

（1）增加新的物理卷到卷组中。

当卷组中没有足够的空间分配给逻辑卷时，可以用给卷组增加物理卷的方法来增加卷组的空间。以下命令先增加/dev/nvme0n5磁盘，并使其支持LVM技术，再将/dev/nvme0n5磁盘加入storage卷组中，命令如下：

```
[root@Mysqlserver ~]# pvcreate /dev/nvme0n5
  Physical volume "/dev/nvme0n5" successfully created.
```

```
[root@Mysqlserver ~]# vgextend storage /dev/nvme0n5
  Volume group " storage " successfully extended
[root@Mysqlserver ~]# vgdisplay
  --- Volume group ---
  VG Name               storage
  System ID
  Format                lvm2
  Metadata Areas         3
  Metadata Sequence No  3
  VG Access             read/write
  VG Status             resizable
  MAX LV                0
  Cur LV                1
  Open LV               0
  Max PV                0
  Cur PV                3
  Act PV                3
  VG Size               <11.99 GiB
  PE Size               4.00 MiB
  Total PE              3069
  Alloc PE / Size        38 / 152.00 MiB
  Free  PE / Size       3031 / <11.84 GiB
VG UUID               C45xHt-JjaM-O3F6-Av1H-u3BB-3oSN-5i04fF
```

（2）将上面任务中的逻辑卷 vo 的大小扩容至 7GB，命令如下：

```
[root@Mysqlserver ~]# lvextend -L 7G /dev/storage/vo
  Size of logical volume storage/vo changed from 152.00 MiB(38 extents)to
7.00 GiB(1792 extents).
  Logical volume storage/vo successfully resized.
```

（3）检查硬盘完整性，并重置硬盘容量，命令如下：

```
[root@Mysqlserver ~]# fsck -t ext4 /dev/storage/vo    //检查硬盘完整性，检查
各种文件系统
fsck，来自 util-Linux 2.32.1
e2fsck 1.44.6 (5-Mar-2019)
/dev/mapper/storage-vo：没有问题，11/38912 文件，10567/155648 块
[root@Mysqlserver ~]# e2fsck -f /dev/storage/vo   //或者用 e2fsck -f /dev/
storage/vo 命令进行强制检查，此命令一般用于 ext2、ext3、ext4 文件系统的检查
e2fsck 1.44.6 (5-Mar-2019)
第 1 步：检查 inode、块和大小
第 2 步：检查目录结构
第 3 步：检查目录连接性
第 4 步：检查引用计数
```

```
第5步：检查组概要信息
/dev/storage/vo：11/38912 文件（0.0%为非连续的），10567/155648 块
[root@Mysqlserver ~]# resize2fs /dev/storage/vo    //重置硬盘容量
resize2fs 1.44.6 (5-Mar-2019)
将 /dev/storage/vo上的文件系统调整为7340032 个块（每块1k）
/dev/storage/vo上的文件系统现在为7340032 个块（每块1k）
```

注意：resize2fs命令是ext2/ext3/ext4文件系统的调整命令，给硬盘扩容或缩容都支持。

xfs_growfs命令是xfs文件系统的调整命令，只支持给硬盘扩容。如非要给硬盘缩容，只能在缩容后将逻辑分区重新通过mkfs.xfs命令格式化才能挂载到硬盘上，这样逻辑分区上原来的数据就丢失了。

（4）重新挂载硬盘设备并查看挂载状态，命令如下：

```
[root@Mysqlserver ~]# mount -a
mount:/Mysqldata:/dev/mapper/storage-vo already mounted or mount point busy.
[root@Mysqlserver ~]# df -h
文件系统                  容量    已用    可用    已用%  挂载点
devtmpfs                  966M    0       966M     0%   /dev
tmpfs                     983M    0       983M     0%   /dev/shm
tmpfs                     983M    9.7M    973M     1%   /run
tmpfs                     983M    0       983M     0%   /sys/fs/cgroup
/dev/mapper/rhel-root     17G     4.3G    13G     26%   /
/dev/nvme0n2p6            440M    26M     415M     6%   /data
/dev/nvme0n1p1            1014M   161M    854M    16%   /boot
/dev/nvme0n2p5            575M    912K    532M     1%   /media
tmpfs                     197M    1.2M    196M     1%   /run/user/42
tmpfs                     197M    4.6M    192M     3%   /run/user/1000
/dev/sr0                  7.4G    7.4G    0       100%  /run/media/
teacherliao/RHEL-8-1-0-BaseOS-x86_64
/dev/mapper/storage-vo    6.8G    3.0M    6.5G     1%   /Mysqldata
```

4. 给逻辑卷缩容

相比给逻辑卷扩容，给逻辑卷缩容之前必须要备份数据。另外Linux系统中规定，在对LVM逻辑卷进行缩容操作之前，要先检查文件系统的完整性（因为在进行缩容操作时，其丢失数据的风险更大，所以在生产环境中执行相应操作时，一定为要进行数据备份）。在执行缩容操作前记得先卸载文件系统，命令如下：

```
[root@Mysqlserver ~]# umount /Mysqldata
```

（1）检查文件系统的完整性，命令如下：

```
[root@Mysqlserver ~]# e2fsck -f /dev/storage/vo
e2fsck 1.44.6 (5-Mar-2019)
第 1 步：检查 inode、块和大小
第 2 步：检查目录结构
第 3 步：检查目录连接性
第 4 步：检查引用计数
第 5 步：检查组概要信息
/dev/storage/vo：11/460560 文件（0.0%为非连续的），53380/1839104 块
```

（2）将逻辑卷vo缩容到150MB，命令如下：

```
[root@Mysqlserver ~]# resize2fs /dev/storage/vo 150M
resize2fs 1.44.6 (5-Mar-2019)
将 /dev/storage/vo上的文件系统调整为38400 个块（每块4k)。
/dev/storage/vo上的文件系统现在为38400 个块（每块4k)。

[root@Mysqlserver ~]# lvreduce -L 150M /dev/storage/vo
Rounding size to boundary between physical extents:152.00 MiB.
WARNING:Reducing active logical volume to 152.00 MiB.
THIS MAY DESTROY YOUR DATA(filesystem etc.)
Do you really want to reduce storage/vo? [y/n]:y
Size of logical volume storage/vo changed from <7.02 GiB(1796 extents) to 152.00 MiB(38 extents).
Logical volume storage/vo successfully resized.
```

（3）重新挂载文件系统并查看系统状态，命令如下：

```
[root@Mysqlserver ~]# mount -a
mount:/Mysqldata:/dev/mapper/storage-vo already mounted or mount point busy.
[root@Mysqlserver ~]# df -h
文件系统                容量    已用    可用    已用%   挂载点
devtmpfs                966M    0       966M    0%      /dev
tmpfs                   983M    0       983M    0%      /dev/shm
tmpfs                   983M    9.7M    973M    1%      /run
tmpfs                   983M    0       983M    0%      /sys/fs/cgroup
/dev/mapper/rhel-root   17G     4.3G    13G     26%     /
/dev/nvme0n2p6          440M    26M     415M    6%      /data
/dev/nvme0n1p1          1014M   161M    854M    16%     /boot
/dev/nvme0n2p5          575M    912K    532M    1%      /media
tmpfs                   197M    1.2M    196M    1%      /run/user/42
tmpfs                   197M    4.6M    192M    3%      /run/user/1000
/dev/sr0                7.4G    7.4G    0       100%    /run/media/
```

```
teacherliao/RHEL-8-1-0-BaseOS-x86_64
   /dev/mapper/storage-vo  83M     7.1M     65M    10%     /Mysqldata
```

5. 删除逻辑卷

若要重新部署LVM或者不再需要LVM时，则需要执行LVM的删除操作。为此，需要提前备份重要的数据，然后依次删除逻辑卷、卷组、物理卷，此操作顺序不可改变。

（1）取消逻辑卷与目录的挂载关联，删除配置文件中永久生效的设备参数，命令如下：

```
[root@Mysqlserver ~]# umount /Mysqldata
[root@Mysqlserver ~]# vim /etc/fstab
...
/dev/storage/vo /Mysqldata ext4 defaults 0 0    //删除，或者在前面加上"#"
```

（2）删除逻辑卷，需要输入“y”来确认操作，命令如下：

```
[root@Mysqlserver ~]# lvremove /dev/storage/vo
Do you really want to remove active logical volume storage/vo? [y/n]:y
  Logical volume "vo" successfully removed
```

（3）删除卷组，此处只需输入卷组名称即可，不需要输入卷组的绝对路径，命令如下：

```
[root@Mysqlserver ~]# vgremove storage
  Volume group "storage" successfully removed
```

（4）删除物理卷，命令如下：

```
[root@Mysqlserver ~]# pvremove /dev/nvme0n3 /dev/nvme0n4 /dev/nvme0n5
  Labels on physical volume "/dev/nvme0n3" successfully wiped.
  Labels on physical volume "/dev/nvme0n4" successfully wiped.
  Labels on physical volume "/dev/nvme0n5" successfully wiped.
```

在上述操作正确执行完毕之后，再执行lvdisplay、vgdisplay、pvdisplay命令来查看LVM的信息时，就不会再看到逻辑卷、卷组、物理卷相关的信息了。

3.2.3 文件权限管理

文件权限管理是指对不同的用户设置不同的文件访问权限。

Linux系统中的每个文件或目录的访问者有三种：所有者、所属组、其他用户。每个用户对文件或目录有访问权限，这些访问权限决定了谁能访问和如何访问这些文件或目录。最常见的文件访问权限有三种：读权限、写权限和执行权限。

可以使用ls -l命令或ll命令来查看文件的权限信息，例如，查看/root目录中initial-setup-ks.cfg文件的详细信息，命令如下：

```
[root@ Mysqlserver ~]# ls -l initial-setup-ks.cfg
-rw-r--r--. 1 root root 1547 8月  28 06：09 initial-setup-ks.cfg
```

从命令的执行结果可以看出：initial-setup-ks.cfg 文件的所有者 root 用户对该文件具有读权限和写权限（rw-），所属组（root 组）中的用户对该文件只有读权限（r--），其他用户对该文件也只有读权限（r--）。

1. 权限的作用

1）权限对文件的作用

（1）用户对文件有读权限，表示可以读取文件中的数据，可以通过 cat、more、less、head、tail 等命令查看文件。

（2）用户对文件有写权限，表示可以修改文件中的数据，可以通过 vim 命令修改文件。注意，用户对文件有写权限，并不表示可以删除文件，如果要删除文件，需要对文件的上级目录拥有写权限。

（3）用户对文件有执行权限，表示可以执行（运行）文件。在 Linux 系统中，只要文件有执行权限，这个文件就是执行文件。

对文件来说，执行权限是最高权限。

2）权限对目录的作用

（1）用户对目录有读权限，表示可以查看目录中有哪些文件和子目录，可以在目录中执行 ls 命令来查看数据。

（2）用户对目录有写权限，表示可以修改目录中的数据，即可以在目录中新建、删除、复制、剪切文件或子目录，通过 touch、rm、cp、mv 等命令实现。

（3）用户对目录有执行权限，表示可以进入目录，通过 cd 命令实现。

对目录来说，写权限是最高权限。

2. chmod 命令

chmod 命令是修改权限命令，其语法格式如下：

```
chmod  [参数选项] 权限模式  文件或目录名
```

使用-R 参数选项，表示递归设置权限，也就是给目录中的所有文件设定权限。

其中，权限模式有两种表示方法：字符表示法和数字表示法。

1）字符表示法

在权限模式的字符表示法中，涉及三个层面的表示，分别是用户身份、权限、权限赋予方式的表示。

（1）用户身份用 4 个字母来表示。

u：代表所有者（user）；

g：代表所属组（group）；

o：其他用户（other）；

a：代表全部身份（all）。

（2）权限用三个字母表示。

r：读权限（read）；

w：写权限（write）；

x：执行权限（execute）。

（3）赋予方式的表示。

+：加入权限；

-：减去权限；

=：设置权限。

下面为几个权限模式采用字符表示法时，使用chmod命令设置权限的例子。

【例3-8】给当前目录中的file文件的所有者加入执行权限，命令如下：

```
[root@Mysqlserver project]# ls -l file
-rw-r--r--. 1 root root 14 8月  31 10:12 file
[root@Mysqlserver project]# chmod u+x file
[root@Mysqlserver project]# ls -l file
-rwxr--r--. 1 root root 14 8月  31 10:12 file
```

【例3-9】给【例3-8】中的文件所属组和其他用户同时加入写权限，命令如下：

```
[root@Mysqlserver project]# chmod g+w,o+w file
[root@Mysqlserver project]# ls -l file
-rwxrw-rw-. 1 root root 14 8月  31 10:12 file
```

【例3-10】给【例3-9】中的文件所有者减去执行权限，给文件所属组和其他用户减去写权限，命令如下：

```
[root@Mysqlserver project]# chmod u-x,g-w,o-w file
[root@Mysqlserver project]# ls -l file
-rw-r--r--. 1 root root 14 8月  31 10:12 file
```

【例3-11】给【例3-10】中的文件所有者设置“rwx”权限，给文件所属组和其他用户设置“rw”权限，命令如下：

```
[root@Mysqlserver project]# chmod u=rwx,g=rw,o=rw file
[root@Mysqlserver project]# ls -l file
-rwxrw-rw-. 1 root root 14 8月  31 10:12 file
```

2）数字表示法

数字表示法是将读权限（r）、写权限（w）、执行权限（x）分别以4、2、1来表示，没有设置权限的部分就为0，然后把所设置的权限相加。

例如，一个文件的权限属性为rwxr-xr-x，在用数字表示法表示时，该文件所有者的权限为421，文件所属组的权限为401，其他用户的权限为401，从而得到该文件的权限模式为（4+2+1）（4+0+1）（4+0+1），即 755。

【例3-12】 采用数字表示法，给【例 3-11】中的文件所有者设置“rw-”权限，给文件所属组设置“rw-”权限，给其他用户设置“r--”权限。

根据要求，文件设置后的权限属性为 rw-rw-r--，用数字表示法为（4+2+0）（4+2+0）（4+0+0）=664，命令如下：

```
[root@Mysqlserver project]# chmod 664 file
[root@Mysqlserver project]# ls -l file
-rw-rw-r--. 1 root root 14 8月  31 10:12 file
```

3. chown 命令

chown 命令用于修改文件所有者与所属组，其语法格式如下：

```
chown [参数选项] 所有者:所属组 文件列表
```

使用-R 参数选项，表示递归设置，更改目录的所有者或所属组时会同时更改子目录中所有文件的所有者或所属组信息。

【例3-13】 将当前目录中的 file 文件的所有者改为 test 用户，命令如下：

```
[root@Mysqlserver project]# ls -l file
-rw-rw-r--. 1 root root 14 8月  31 10:12 file
[root@Mysqlserver project]# chown test file
[root@Mysqlserver project]# ls -l file
-rw-rw-r--. 1 test root 14 8月  31 10:12 file
```

【例3-14】 将当前目录中的 laozhao 文件的所有者和所属组均改为 test 用户。

```
[root@Mysqlserver project]# ls -l laozhao
-rw-r--r--. 1 root root 22 9月   1 05:35 laozhao
[root@Mysqlserver project]# chown test:test laozhao
[root@Mysqlserver project]# ls -l laozhao
-rw-r--r--. 1 test test 22 9月   1 05:35 laozhao
```

4. chgrp 命令

chgrp 命令用于修改文件所属组，其语法格式如下：

```
chgrp [参数选项] 所属组 文件列表
```

使用-R 参数选项，表示递归设置，更改目录的所属组时会一起更改子目录中所有文件的所属组信息。

【例3-15】 将【例 3-14】中的 laozhao 文件的所属组改为 root 用户，命令如下：

```
[root@Mysqlserver project]# ls -l laozhao
-rw-r--r--. 1 test test 22 9月   1 05:35 laozhao
```

```
[root@Mysqlserver project]# chgrp  root  laozhao
[root@Mysqlserver project]# ls -l laozhao
-rw-r--r--. 1 test root 22 9月  1 05:35 laozhao
```

5. umask 文件预设权限

umask文件预设权限是Linux系统文件权限中的一种，主要用于使Linux系统中的新建文件和目录拥有默认初始权限。

1）查看umask值

通过umask命令来查看umask值：

```
[root@Mysqlserver ~]# umask
0022
[root@Mysqlserver ~]# su - test
[test@Mysqlserver ~]$ umask
0002
```

从以上命令的执行结果可以看出，root用户的umask值默认是0022，普通用户的umask值默认是0002。

umask值由4位八进制数组成，其中，第一位代表文件所具有的特殊权限，后三位用来设置文件或目录的初始权限。

2）计算文件或目录的初始权限

虽然umask值用于设置文件或目录的初始权限，但并不是直接将umask值作为文件或目录的初始权限。

文件或目录的初始权限的计算规则：

文件或目录的初始权限=文件或目录的最大默认权限−umask值

在Linux系统中，新建文件的默认最大权限是666，没有执行权限（x）。新建目录的默认最大权限是777。

例如，如果以root用户的身份新建一个文件，文件的默认权限最大只能是666，用字符表示就是rw-rw-rw-；而umask值的后三位是022，换算成字符表示就是----w--w-。将这两个字符权限相减，得到的就是新建文件的初始权限为（rw-rw-rw-）−（----w--w-）=（rw-r--r--），从以下命令的执行结果可以验证：

```
[root@Mysqlserver ~]# touch f1
[root@Mysqlserver ~]# ll f1
-rw-r--r--. 1 root root 0 9月  1 07：36 f1
```

如果以root用户的身份新建一个目录，目录的默认权限最大是777，用字符表示就是rwxrwxrwx；而umask值的后三位是022，用字符表示就是----w--w-。将这两个字符权限相减，得到的就是新建目录的初始权限：（rwxrwxrwx）−（----w--w-）=（rwxr-xr-x），从以下命令的执行结果可以验证：

```
[root@Mysqlserver ~]# mkdir aa
[root@Mysqlserver ~]# ll -d aa
drwxr-xr-x. 2 root root 6 9月   1 07:37 aa
```

3）修改umask值

修改umask值可以使用umask命令直接修改。

【例3-16】将umask值修改为033，命令如下：

```
[root@Mysqlserver ~]# umask
0022
[root@Mysqlserver ~]# umask 033
[root@Mysqlserver ~]# umask
0033
```

注意：通过umask命令修改的umask值只能临时生效，一旦重启或重新登录系统就会失效。若要使修改后的umask值永久生效，则需修改环境变量配置文件/etc/profile中的对应值。

3.3 任务实施

3.3.1 任务实施步骤1

MySQL数据库服务器要求安装文件和数据分开存储，那么如何实现数据读写的最优化？

为了避免I/O繁忙和操作系统的数据读写竞争，建议将数据库服务器的数据单独存储，可以提高数据读写的效率，也方便管理数据。

查看当前文件系统的情况，命令如下：

```
[root@Mysqlserver]# df -h    //查看当前文件系统
Filesystem               Size    Used    Avail  Use%   Mounted on
devtmpfs                 1.9G    0       1.9G    0%    /dev
tmpfs                    1.9G    0       1.9G    0%    /dev/shm
tmpfs                    1.9G    10M     1.9G    1%    /run
tmpfs                    1.9G    0       1.9G    0%    /sys/fs/cgroup
/dev/mapper/rhel-root    36G     7.7G    28G    22%    /
/dev/sda1                1014M   169M    846M   17%    /boot
tmpfs                    376M    16K     376M    1%    /run/user/42
tmpfs                    376M    3.4M    373M    1%    /run/user/0
```

3.3.2 任务实施步骤2

创建MySQL数据库服务器使用的存储空间。

首先创建卷组、逻辑卷、文件系统，设置目录读写权限时使用LVM技术进行管理，然后创建/Mysqldata目录用来保存MySQL数据库的数据。

（1）单击【编辑虚拟机设置】→【硬盘】→【下一步】按钮，添加硬盘，指定存储目录，增加虚拟机设备，大小为10GB，如图3-7～图3-9所示。

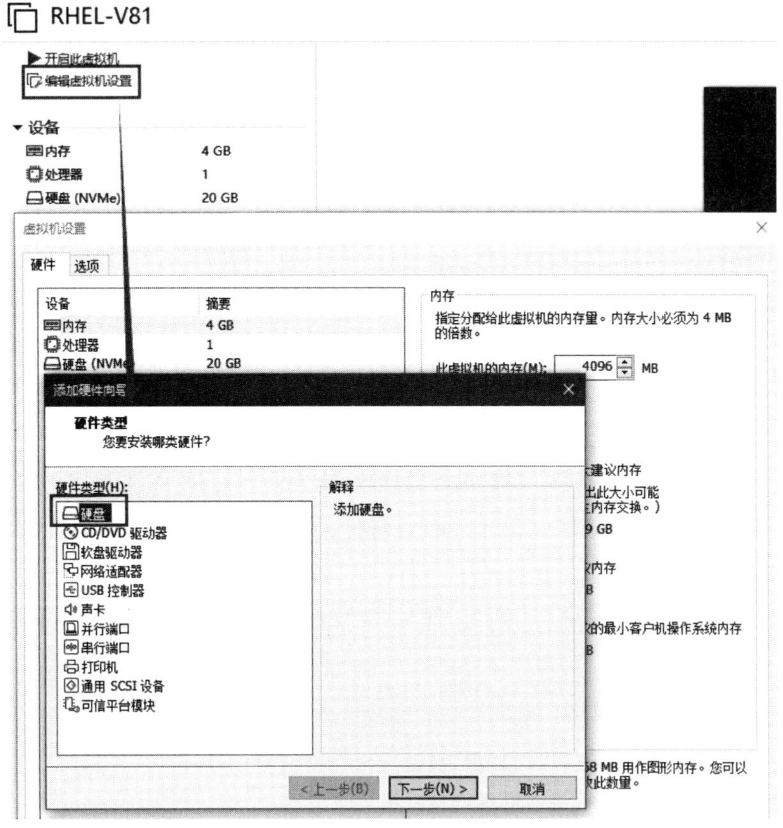

图3-7　添加硬件向导

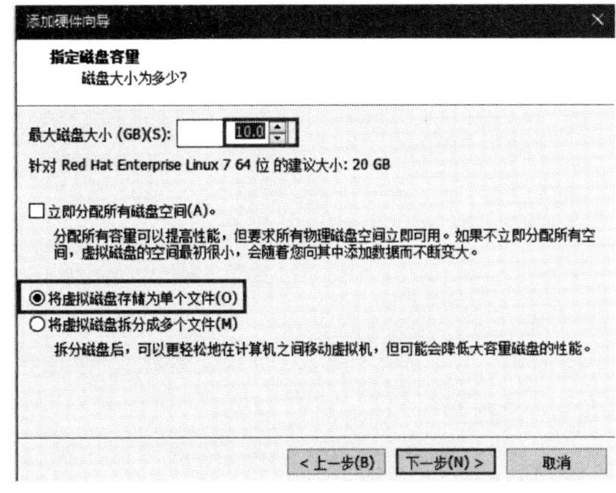

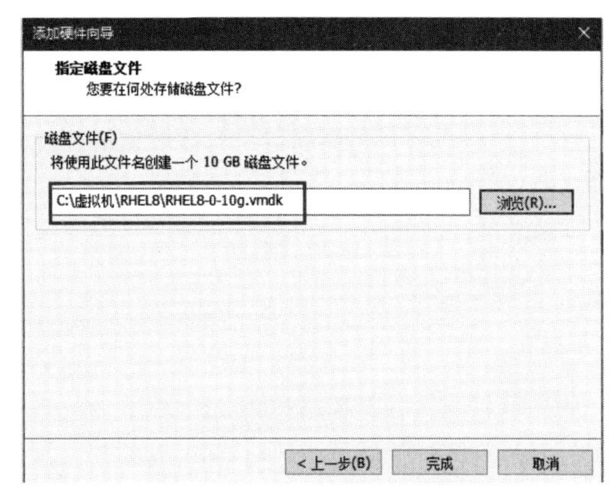

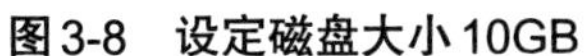

图3-8　设定磁盘大小10GB　　　　图3-9　指定磁盘文件位置

（2）查看虚拟机当前的硬盘，找到了新增加的硬盘为/dev/ nvme0n2，命令如下：

```
[root@Mysqlserver /]cd /dev
[root@Mysqlserver /dev]# ls -l|grep nvme
ls -l|grep nvme
crw-------. 1 root root   242,0 Aug 11 04:54 nvme0
brw-rw----. 1 root disk   259,0 Aug 11 04:54 nvme0n1
brw-rw----. 1 root disk   259,1 Aug 11 04:54 nvme0n1p1
brw-rw----. 1 root disk   259,2 Aug 11 04:54 nvme0n1p2
brw-rw----. 1 root disk   259,3 Aug 11 04:54 nvme0n2
```

（3）对新加的硬盘/dev/nvme0n2 进行分区。划分三个主分区（每个 1GB），一个扩展分区（剩余空间），在扩展分区中划分出一个逻辑分区（1GB），命令如下：

```
[root@Mysqlserver /dev]#fdisk /dev/nvme0n2
Welcome to fdisk(util-Linux 2.32.1).
Changes will remain in memory only,until you decide to write them.
Be careful before using the write command.
Command(m for help):
```

输入“n”，创建一个新分区；输入“p”，选择创建主分区；按回车键；按回车键；输入“+1G”，创建一个 1GB 的主分区（按照此步骤再创建两个 1GB 的主分区）。

输入“n”，创建一个新分区；输入“e”，选择创建扩展分区，将剩余的空间分配给扩展分区。

输入“n”，创建一个新分区；输入“l”，选择创建逻辑分区；将 1GB 的空间分配给这个逻辑分区。

输入“t”，修改分区类型为 8e。

输入“p”，显示分区情况，命令如下：

```
command(m for help):p
Disk /dev/nvme0n2:10 GiB,10737418240 bytes,20971520 sectors
Units:sectors of 1 * 512 = 512 bytes
Sector size(logical/physical):512 bytes / 512 bytes
I/O size(minimum/optimal):512 bytes / 512 bytes
Disklabel type:dos
Disk identifier:0x1447eb72
Device          Boot   Start     End    Sectors  Size  Id    Type
/dev/nvme0n2p1           2048  2099199  2097152   1G   8e  Linux LVM
/dev/nvme0n2p2        2099200  4196351  2097152   1G   8e  Linux LVM
/dev/nvme0n2p3        4196352  6293503  2097152   1G   8e  Linux LVM
/dev/nvme0n2p4        6293504 20971519 14678016  7G   5   Extended
/dev/nvme0n2p5        6295552  8392703  2097152   1G   8e  Linux LVM
```

划分好的分区如上面所示，一共 4 个分区（除了扩展分区）/dev/nvme0n2p1、nvme0n2p2、nvme0n2p3、nvme0n2p5，大小一致为 1GB，类型 ID 为 8e。

（4）创建卷组、逻辑卷和文件系统，挂载文件系统。

创建卷组，命令如下：

```
[root@Mysqlserver /]#vgcreate -s 16 datavg /dev/nvme0n2p1 /dev/nvme0n2p2
/dev/nvme0n2p3 /dev/nvme0n2p5
  Physical volume "/dev/nvme0n2p1" sucessfully created
  Physical volume "/dev/nvme0n2p2" sucessfully created
  Physical volume "/dev/nvme0n2p3" sucessfully created
  Physical volume "/dev/nvme0n2p5" sucessfully created
  Volume group "datavg" successfully created
```

创建逻辑卷，命令如下：

```
[root@Mysqlserver /]#lvcreate -n datalv -L 3072M /dev/datavg
   Rounding up size to full physical extent 3.0GiB

  Logical volume "datalv" created
```

创建文件系统，命令如下：

```
[root@Mysqlserver /]#mkfs -t ext4 /dev/datavg/datalv
   mke2fs 1.44.3(10-July-2018)
   Creating filesystem with 786432 4k blocks and 196608 inodes
   Filesystem UUID:35a4dee4-374e-4695-be78-336d1bfd5968
   Superblock backups stored on blocks:
          32768,98304,16384,229376,294912
   Allocating group tables:done
   Creating journal(16384 blocks):done
  Writing superblocks and filesystem accounting information:done
```

创建/Mysqldata目录并挂载文件系统，命令如下：

```
[root@Mysqlserver /]#mkdir /Mysqldata
[root@Mysqlserver /]#mount -t ext4 /dev/datavg/datalv  /Mysqldata
```

将/Mysqldata目录设置为自动挂载，命令如下：

```
[root@Mysqlserver /]# vi  /etc/fstab
```

在/etc/fstab 文件内容的末尾增加一行内容如下：

```
/dev/mapper/datavg-datalv /Mysqldata   ext4 defaults 0 0
```

查看现有的文件系统，命令如下：

```
[root@Mysqlserver /]df -h
Filesystem                    Size   Used   Avail  Use% Mounted on
```

```
    devtmpfs                    1.9G    0       1.9G    0%  /dev
    tmpfs                       1.9G    0       1.9G    0%  /dev/shm
    tmpfs                       1.9G    10M     1.9G    1%  /run
    tmpfs                       1.9G    0       1.9G    0%  /sys/fs/cgroup
    /dev/mapper/rhel-root       17G     7.7G    9G      22% /
    /dev/nvme0n1p1              1014M   169M    846M    17% /boot
    tmpfs                       376M    16K     376M    1%  /run/user/42
    tmpfs                       376M    3.4M    373M    1%  /run/user/0
    /dev/sr0                    6.7G    6.7G    0 100%  /run/media/root/RHEL-
8-0-0-BaseOS-x86_64
    /dev/mapper/datavg-datalv  3.0G  184M  2.6G   7% /Mysqldata
```

修改/Mysqldata目录的用户属主和权限，设置为组Mysql和用户Mysql所有，并且读写权限为750，命令如下：

```
[root@Mysqlserver /]#chown  Mysql: Mysql   /Mysqldata
[root@Mysqlserver /]#chmod  750  /Mysqldata
```

3.4 任务思考

通过任务知识点的讲解与任务步骤的实施，下面发挥创新思维，思考如下问题。

1. 在Windows系统中有分区C盘、D盘、E盘的说法，那么在Linux系统中如何查看磁盘的分区以及如何分区呢？

2. 添加一个硬盘，大小为3GB，对硬盘进行分区，创建一个1GB的主分区，创建两个逻辑分区，大小分别为1GB和1GB。

3. 除了fdisk命令可以用于硬盘分区，还有其他命令可以实现吗？

4. 现在硬盘容量越来越大，超过2TB很常见，对于超过2TB的硬盘，需要采用parted分区模式，请思考parted命令的使用方法。

5. 若以超级管理员身份登录Linux系统，新建的文件需授权同组群的用户共同编辑，umask值该如何设置？

3.5 知识拓展

3.5.1 RAID磁盘保护技术

1. RAID 技术简介

RAID（Redundant Arrays of Independent Disks，磁盘阵列），有“独立磁盘构成的具有

冗余能力的阵列”之意，由很多个独立的磁盘组成一个容量巨大的磁盘组，利用个别磁盘提供数据所产生的加强效果来提升整个磁盘系统的效能。这项技术将数据切割成许多区段，分别存储在各个磁盘上。

磁盘阵列还能利用同位检查（Parity Check）技术，当任意一个磁盘发生故障时，仍可读出数据。在数据重构时，可将数据经计算后重新置入新磁盘。

RAID是将相同的数据存储在多个磁盘的不同地方。通过把数据存储在多个磁盘中，I/O操作能以平衡的方式同时工作，改良性能。因为多个磁盘增加了平均故障间隔时间（MTBF），存储冗余数据也增加了容错。

2. RAID技术的功能

RAID技术主要有以下三个基本功能。

（1）通过对磁盘上的数据进行条带化，实现成块存取数据，减少磁盘的机械寻道时间，提高了数据存取速度。

（2）通过对一个阵列中的几个磁盘同时读取，减少了磁盘的机械寻道时间，提高了数据存取速度。

（3）通过镜像或者存储奇偶校验信息的方式，实现了对数据的冗余保护。

3. RAID的分类

磁盘阵列的模式有三种，一是外接式磁盘阵列柜、二是内接式磁盘阵列卡，三是利用软件仿真的模式。

外接式磁盘阵列柜最常用于大型服务器上，具有可热交换（Hot Swap）的特性，不过这类产品的价格都很贵。

内接式磁盘阵列卡，虽然价格便宜，但需要较高的安装技术，适合技术人员使用。内接式磁盘阵列卡能够提供在线扩容、动态修改阵列级别、自动数据恢复、驱动器漫游、超高速缓冲等功能。它能提供性能、数据保护、可靠性、可用性和可管理性的解决方案。

利用软件仿真的模式，是指通过网络操作系统自身提供的磁盘管理功能将连接的普通NVME卡上的多个磁盘配置成逻辑盘，组成阵列。软件阵列可以提供数据冗余功能，但是磁盘子系统的性能会有所降低，有的降低幅度还比较大，达30%左右。因此会降低机器的运行速度，不适合大数据流量的服务器。

4. RAID技术的特点

（1）RAID技术可以提高传输速率。RAID技术通过在多个磁盘上同时写入和读取数据来大幅提高存储系统的数据吞吐量（Throughput）。RAID技术可以使磁盘驱动器同时传输数据，而这些磁盘驱动器在逻辑上又是一个磁盘驱动器，所以使用RAID技术可以达到单个磁盘驱动器几倍、几十倍甚至上百倍的速率。这也是RAID技术最初想要解决的问题。因为当时CPU的速度增长很快，而磁盘驱动器的数据传输速率无法大幅提高，所以需要有一种方案解决二者之间的矛盾。

（2）通过数据校验提供容错功能。普通磁盘驱动器无法提供容错功能，RAID 容错是建立在每个磁盘驱动器的硬件容错功能之上的，所以它能提供更高的安全性。在很多RAID 模式中都有较为完备的相互校验/恢复的措施，甚至是直接相互的镜像备份，从而大大提高了系统的稳定冗余性。

5. RAID 的级别

RAID 的级别分别是 RAID JBOD、RAID0、RAID1、RAID0+1、RAID2、RAID3、RAID4、RAID5、RAID6、RAID7、RAID10、RAID53、RAID5E、RAID5EE。最常用的是RAID0、RAID1、RAID3、RAID5 这 4 个级别。

RAID 每个级别代表一种实现方法和技术，等级之间并无高低之分。在实际应用中，应当根据用户的数据应用特点，综合考虑可用性、性能和成本来选择合适的 RAID 级别，以及具体的实现方式。

RAID0：RAID0 将多个磁盘合并成一个大的磁盘，不具有冗余，并行 I/O，速度最快。RAID0 也称为带区集，它是将多个磁盘并列起来，成为一个大磁盘。在存储数据时，RAID0 将数据按磁盘的个数来进行分段，然后同时将这些数据写入这些磁盘中。

在所有的级别中，RAID0 的运行速度是最快的。但是 RAID0 没有冗余功能，如果一个磁盘（物理盘）损坏，那么所有的数据都无法使用。

RAID1：RAID1 把磁盘阵列中的硬盘分成相同的两组，互为镜像，当任一磁盘介质出现故障时，可以利用其镜像上的数据进行恢复，从而提高系统的容错能力。RAID1 对数据的操作仍采用分块后并行传输方式。所有 RAID1 不仅提高了读/写速度，还加强了系统的可靠性，其缺点是硬盘的利用率低，只有 50%。

RAID3：RAID3 存储数据的原理和 RAID0、RAID1 不同。RAID3 是以一个磁盘来存储数据的奇偶校验位，数据则分段存储于其余磁盘中。它像 RAID0 一样以并行的方式来存储数据，但速度没有 RAID0 快。如果磁盘（物理盘）损坏，只要将坏的磁盘换掉，RAID 控制系统会根据校验盘的数据校验位在新的磁盘中重建坏盘上的数据。不过，如果校验盘（物理盘）损坏，那么全部数据将无法使用。利用单独的校验盘来保护数据虽然没有镜像的安全性高，但是磁盘利用率得到了很大的提高，为 $n-1$。其中 n 为使用 RAID3 的磁盘总数量。

RAID5：RAID5 向阵列中的磁盘写入数据，奇偶校验数据存储在阵列中的各个磁盘上，允许单个磁盘出错。RAID5 也是以数据的校验位来保证数据的安全，但它不是以单独磁盘来存储数据的校验位，而是将数据段的校验位交互存储于各个磁盘上。这样任何一个磁盘损坏，都可以根据其他磁盘上的校验位来重建损坏的数据。RAID5 阵列所有磁盘容量必须一样大，当容量不同时，会以最小的容量为准。RAID5 阵列所有磁盘最好转速也一样，否则会影响性能，RAID5 可用空间为 n（磁盘数）-1，硬盘的利用率为（$n-1$）/n。

RHEL支持软件RAID，而在Linux系统中可以用软件RAID和硬件RAID这两种技术。硬件RAID包括基于主机的硬件RAID和基于阵列的硬件RAID，基于主机的硬件RAID通常是将专用RAID控制器安装在主机上，并且所有磁盘驱动器都与主机相连，有的制造商还将RAID控制器集成到主板上。软件RAID是使用基于主机的软件提供RAID功能，是在操作系统上实现的，与硬件RAID相比，软件RAID具有成本低廉和简单直观的优点。由于现在的服务器一般都带有RAID阵列卡，并且RAID阵列卡也很廉价，并且由于软件RAID的自身缺陷（不能用于启动分区、使用CPU实现、降低CPU利用率），因此在实际生产环境中并不适用。建立软件RAID可以使用mdadm工具建立和管理RAID设备。

6. 创建与挂载RAID设备

下面以4个硬盘/dev/nvme0n2、/dev/nvme0n3、/dev/nvme0n4、/dev/nvme0n5为例来讲解RAID5的创建方法。此处利用VMware虚拟机，提前添加4个NVMe硬盘，如图3-10所示。

图3-10　在VMware虚拟机中添加4个硬盘

（1）查看硬盘是否上线，命令如下：

```
[root@localhost ~]# ll /dev/nvme*
crw-------. 1 root root 242,0 9月  25 09:34 /dev/nvme0
```

```
brw-rw----. 1 root disk 259,0 9月  25 09:34 /dev/nvme0n1
brw-rw----. 1 root disk 259,1 9月  25 09:34 /dev/nvme0n1p1
brw-rw----. 1 root disk 259,2 9月  25 09:34 /dev/nvme0n1p2
brw-rw----. 1 root disk 259,3 9月  25 09:34 /dev/nvme0n2
brw-rw----. 1 root disk 259,4 9月  25 09:34 /dev/nvme0n3
brw-rw----. 1 root disk 259,5 9月  25 09:34 /dev/nvme0n4
brw-rw----. 1 root disk 259,6 9月  25 09:34 /dev/nvme0n5
```

（2）使用mdadm工具创建RAID5。

mdadm是Linux系统中用于管理软件RAID的工具。mdadm命令常用选项如下。

-a：检测设备名称/添加磁盘。

-A：加入一个以前定义的阵列。

-n：指定设备数量。

-l：指定RAID级别。

-C：创建一个新的阵列。

-v：显示过程。

-f：模拟设备损坏。

-r：移除设备。

-Q：查看摘要信息。

-D：打印一个或多个 md device 详细信息。

-S：停止RAID磁盘阵列。

-x或--spare-devices：指定阵列中备用磁盘的数量。

-c或--chunk：设定阵列的块chunk块大小，单位为KB，默认为64。

-s：扫描配置文件/etc/mdadm/mdadm.conf或/proc/mdstat以搜寻丢失的信息。

使用 mdadm 命令创建 RAID5 的命令如下：

```
[root@localhost ~]# mdadm -C -v /dev/md5 -l 5 -n 3 -x 1 -c32 /dev/nvme0n{2,3,4,5}          //创建RAID5,添加1个热备盘,指定chunk大小为32KB
mdadm:layout defaults to left-symmetric
mdadm:layout defaults to left-symmetric
mdadm:size set to 1046528K
mdadm:Defaulting to version 1.2 metadata
mdadm:array /dev/md5 started.
[root@localhost ~]# mdadm -D /dev/md5     //查看/dev/md5详细信息
/dev/md5:
          Version:1.2
    Creation Time:Sat Sep 25 15:19:23 2021
       Raid Level:raid5
       Array Size:2093056(2044.00 MiB 2143.29 MB)
    Used Dev Size:1046528(1022.00 MiB 1071.64 MB)
```

```
        Raid Devices:3
       Total Devices:4
         Persistence:Superblock is persistent

         Update Time:Sat Sep 25 15:19:29 2021
               State:clean
      Active Devices:3
     Working Devices:4
      Failed Devices:0
       Spare Devices:1

       Layout:left-symmetric
          Chunk Size:32K

       Consistency Policy:resync

       Name:localhost.localdomain:5(local to host localhost. localdomain)
       UUID:ac827834:847c75f5:d82d72d9:1a3e2f86
       Events:18

      Number   Major   Minor   RaidDevice State
         0      259      3        0      active sync   /dev/nvme0n2
         1      259      4        1      active sync   /dev/nvme0n3
         4      259      5        2      active sync   /dev/nvme0n4

         3      259      6        -      spare    /dev/nvme0n5
```

（3）RAID5 成功创建后保存配置文件，命令如下：

```
[root@localhost ~]# mdadm -Ds > /etc/mdadm.conf   //保存配置文件
[root@localhost ~]# ls -l /etc/mdadm.conf       //查看文件
-rw-r--r--. 1 root root 107 9月  25 15: 22 /etc/mdadm.conf
[root@localhost ~]# cat /etc/mdadm.conf       //查看文件内容
ARRAY /dev/md5 metadata=1.2 spares=1 name=localhost.localdomain: 5 UUID=ac827834: 847c75f5: d82d72d9: 1a3e2f86
```

（4）模拟设备故障，热备盘自动上线，更换磁盘，命令如下：

```
[root@localhost ~]# mdadm /dev/md5 -f /dev/nvme0n3    //模拟/dev/nvme0n3设备故障
mdadm: set /dev/nvme0n3 faulty in /dev/md5
[root@localhost ~]# mdadm -D /dev/md5       //查看/dev/md5 信息，可以看到/dev/nvme0n3被/dev/nvme0n5替换
/dev/md5:
    ...
```

```
    Number   Major   Minor   RaidDevice State
       0      259      3        0      active sync   /dev/nvme0n2
       3      259      6        1      active sync   /dev/nvme0n5
       4      259      5        2      active sync   /dev/nvme0n4

       1      259      4        -      faulty   /dev/nvme0n3
```

（5）剔除坏盘，命令如下：

```
[root@localhost ~]# mdadm /dev/md5 -r /dev/nvme0n3   //剔除坏盘
mdadm: hot removed /dev/nvme0n3 from /dev/md5
[root@localhost ~]# mdadm -D /dev/md5
/dev/md5:
...
            Layout: left-symmetric
    Number   Major   Minor   RaidDevice State
       0      259      3        0      active sync   /dev/nvme0n2
       3      259      6        1      active sync   /dev/nvme0n5
       4      259      5        2      active sync   /dev/nvme0n4
```

（6）将新的/dev/nvme0n3再次添加，实际生产环境中需要手动更换，命令如下：

```
[root@localhost ~]# mdadm /dev/md5 -a /dev/nvme0n3   //添加磁盘
mdadm: added /dev/nvme0n3
[root@localhost ~]# mdadm -D /dev/md5     //查看
/dev/md5:
        ...
    Number   Major   Minor   RaidDevice State
       0      259      3        0      active sync   /dev/nvme0n2
       3      259      6        1      active sync   /dev/nvme0n5
       4      259      5        2      active sync   /dev/nvme0n4

       5      259      4        -      spare   /dev/nvme0n3
```

（7）挂载/dev/md5目录，命令如下：

```
[root@localhost ~]# mkfs.xfs /dev/md5     //创建文件系统
meta-data=/dev/md5               isize=512    agcount=8, agsize=65400 blks
         =                       sectsz=512   attr=2, projid32bit=1
         =                       crc=1        finobt=1, sparse=1, rmapbt=0
         =                       reflink=1
data     =                       bsize=4096   blocks=523200, imaxpct=25
         =                       sunit=8      swidth=16 blks
naming   =version 2              bsize=4096   ascii-ci=0, ftype=1
log      =internal log           bsize=4096   blocks=2560, version=2
         =                       sectsz=512   sunit=0 blks, lazy-count=1
```

```
realtime =none                extsz=4096   blocks=0, rtextents=0
[root@localhost ~]# mkdir /mnt/md5     //创建挂载目录
[root@localhost ~]# mount /dev/md5 /mnt/md5      //挂载目录
[root@localhost ~]# df -Th           //查看文件系统
文件系统                类型        容量     已用      可用    已用% 挂载点
devtmpfs                devtmpfs    966M     0         966M    0%   /dev
tmpfs                   tmpfs       983M     0         983M    0%   /dev/shm
tmpfs                   tmpfs       983M     9.7M      973M    1%   /run
tmpfs                   tmpfs       983M     0         983M    0%   /sys/fs/cgroup
/dev/mapper/rhel-root   xfs         17G      4.3G      13G     26%  /
/dev/nvme0n1p1          xfs         1014M    161M      854M    16%  /boot
tmpfs                   tmpfs       197M     1.2M      196M    1%   /run/user/42
tmpfs                   tmpfs       197M     4.6M      192M    3%   /run/user/1000
/dev/md5                xfs         2.0G     47M       2.0G    3%   /mnt/md5
```

7. 磁盘阵列的启动和关闭

（1）关闭磁盘阵列前需保存配置信息，命令如下：

```
[root@localhost ~]# mdadm -Dsv > /etc/mdadm.conf
[root@localhost ~]# cat /etc/mdadm.conf
ARRAY /dev/md5 level=raid5 num-devices=3 metadata=1.2 spares=1 name=localhost.localdomain:5 UUID=ac827834:847c75f5:d82d72d9:1a3e2f86
   devices=/dev/nvme0n2,/dev/nvme0n3,/dev/nvme0n4,/dev/nvme0n5
```

（2）查看/dev/md5 的详细信息，命令如下：

```
[root@localhost ~]# mdadm -D /dev/md5
...
Consistency Policy: resync

            Name : localhost.localdomain:5 (local to host localhost.localdomain)
            UUID: ac827834:847c75f5:d82d72d9:1a3e2f86
            Events: 39

    Number   Major   Minor   RaidDevice State
       0      259      3        0      active sync   /dev/nvme0n2
       3      259      6        1      active sync   /dev/nvme0n5
       4      259      5        2      active sync   /dev/nvme0n4

       5      259      4        -      spare   /dev/nvme0n3
```

（3）停止、启动磁盘阵列，命令如下：

```
[root@localhost ~]# umount /mnt/md5     //停止前需要停止挂载，或者kill占用进程
```

```
[root@localhost ~]# mdadm -S /dev/md5     //停止磁盘阵列
mdadm: stopped /dev/md5
[root@localhost ~]# mdadm -As /dev/md5     //启动磁盘阵列
mdadm: /dev/md5 has been started with 3 drives and 1 spare.
[root@localhost ~]# mdadm -D /dev/md5      //查看/dev/md5 的详细信息
...
Consistency Policy:resync

          Name:localhost.localdomain:5(local to host localhost.localdomain)
          UUID:ac827834:847c75f5:d82d72d9:1a3e2f86
          Events:39

    Number   Major   Minor   RaidDevice State
       0      259       3        0      active sync   /dev/nvme0n2
       3      259       6        1      active sync   /dev/nvme0n5
       4      259       5        2      active sync   /dev/nvme0n4

       5      259       4        -      spare   /dev/nvme0n3
```

3.5.2 文件特殊权限

前面学习了文件的权限，即读、写、执行（r、w、x）三种权限，下面介绍文件特殊权限。

1. 三种文件特殊权限

1）SetUID（SUID）特殊权限

在文件所有者权限的x权限位，出现了s权限，此种权限通常称为SetUID，简称SUID特殊权限。

SUID特殊权限仅适用于可执行文件，功能：只要用户对设有SUID特殊权限的文件有执行权限，那么当用户执行此文件时，会以文件所有者的身份去执行。

例如，passwd命令文件/usr/bin/passwd的详细信息如下：

```
[root@RHEL8-1 ~]# ll /usr/bin/passwd
-rwsr-xr-x. 1 root root 34512 8月  12 2018 /usr/bin/passwd
```

/usr/bin/passwd 文件是一个可执行文件，是 passwd 命令对应的二进制文件。可以看到，在/usr/bin/passwd文件的所有者权限的x权限位上，出现了s权限，即passwd命令拥有SUID特殊权限，而且其他用户对此文件也有执行权限，那么任何一个用户都可以用文件所有者的身份执行passwd命令。

正是因为passwd命令文件拥有SUID特殊权限，普通用户才可以使用passwd命令修改密码。

SUID特殊权限具有如下特点：

（1）只有可执行文件才能设定SUID特殊权限；

（2）用户要对该文件拥有x（执行）权限；

（3）用户在执行该文件时，会以文件所有者的身份执行；

（4）SUID特殊权限只在文件执行过程中有效。

2）SetGID（SGID）特殊权限

在文件所属组权限的x权限位上，出现了s权限，此种权限通常称为SetGID，简称SGID特殊权限。SGID特殊权限既可以对文件进行配置，也可以对目录进行配置。

例如，locate命令文件/usr/bin/locate的详细信息如下：

```
[root@RHEL8-1 ~]# ll /usr/bin/locate
-rwx--s--x. 1 root slocate 47128 8月  12 2018 /usr/bin/locate
```

/usr/bin/locate文件是一个可执行文件，是locate命令对应的二进制文件。可以看到，在/usr/bin/locate文件的所属组权限的x权限位上，出现了s权限，即locate命令拥有SGID特殊权限。SGID特殊权限用于将文件所属组的权限赋给用户。

对文件来说，SGID特殊权限具有如下几个特点：

（1）SGID特殊权限只针对可执行文件有效；

（2）用户需要对此可执行文件有x权限；

（3）用户在执行具有SGID特殊权限的可执行文件时，用户的群组身份会变为文件所属群组；

（4）SGID特殊权限只在可执行文件运行过程中有效。

当一个目录设定了SGID特殊权限后，将具有如下功能：

（1）用户若对此目录具有r与x权限时，该用户能够进入此目录；

（2）用户在此目录中的有效组群（Effective Group）将会变成该目录的组群，就会使得用户在创建文件（或目录）时，该文件（或目录）的所属组将不再是用户的所属组，而使用的是目录的所属组。

3）Sticky BIT（SBIT）特殊权限

Sticky BIT（SBIT）特殊权限仅对目录有效。如果一个目录在其他用户权限的x权限位上出现了t权限，就表示此目录拥有SBIT特殊权限。

例如，/tmp目录的详细信息如下：

```
[root@RHEL8-1 ~]# ll -d /tmp
drwxrwxrwt. 22 root root 4096 9月   3 09：05 /tmp
```

可以看到，在/tmp目录的其他用户权限的x权限位上出现了t权限，即/tmp目录拥有SBIT特殊权限。

一旦目录设定了SBIT权限，则用户在此目录中创建的文件或目录，就只有自己和

root用户才有权限修改或删除该文件。

2. 文件特殊权限的设置

SUID、SGID、SBIT特殊权限，需要数字表示法或字符表示法来设置。

1）用数字表示法来设置文件特殊权限

数字表示法的权限模式为三个数字的组合。要想设置特殊权限，需要在这三个数字之前再加上一个数字，这个数字用来表示特殊权限，其中4表示SUID，2表示SGID，1表示SBIT。

【例3-17】将/project/file1文件的权限设置为-rwsr-xr-x，命令如下：

```
[root@RHEL8-1 project]# chmod  4755  file1
[root@RHEL8-1 project]# ll file1
-rwsr-xr-x. 1 test root 14 8月  31 10:12 file
```

【例3-18】将/project/dir1目录的权限设置为-rwxr-xr-t，命令如下：

```
[root@RHEL8-1 project]# chmod  1755  dir1
[root@RHEL8-1 project]# ll -d dir1
-rwxr-xr-t. 2 root root 6 9月   3 09:44 dir1
```

2）用字符表示法来设置文件特殊权限

设置SUID特殊权限用u+s选项，SGID特殊权限用g+s选项，SBIT特殊权限用o+t选项。

【例3-19】将/project/file2文件的权限设置为-rws--x--x，命令如下：

```
[root@RHEL8-1 project]# chmod  u=rwxs,go=x  file2
[root@RHEL8-1 project]# ll file2
-rws--x--x. 1 root root 15 9月   3 09:49 file2
```

【例3-20】给/project/dir2目录增加SGID、SBIT特殊权限，命令如下：

```
[root@RHEL8-1 project]# chmod  g+s,o+t  dir2
[root@RHEL8-1 project]# ll -d dir2
drwxr-sr-t. 2 root root 6 9月   3 09:50 dir2
```

3.5.3 课证融通练习

1. “1+X云计算运维与开发”案例

（1）在 UNIX系统中执行chmod（“/usr/test/sample”，0753）命令之后该文件的访问权限为（　　）？

A. 拥有者可读、写、执行，同组用户可写可执行，其他用户可读可执行

B. 拥有者可读、写、执行，同组用户可读、写，其他用户可读可执行

C. 拥有者可读、写、执行，同组用户可读可执行，其他用户可写可执行

D. 拥有者可读、写、执行，同组用户可读可执行，其他用户可读写

（2）8个300GB的硬盘设置RAID6后的容量为（　　）。

A. 1200GB　　B. 1.8TB　　C. 2.1TB　　D. 2400GB

（3）下面有关ext2和ext3文件系统的描述，错误的是（　　）？

A. ext2/ext3使用索引节点来记录文件信息，包含了一个文件的长度、创建及修改时间、权限、所属关系、磁盘中的位置等信息

B. ext3增加了日志功能，即使在非正常关机后，系统也不需要检查文件系统

C. ext3能够极大地提高文件系统的完整性，避免了意外宕机对文件系统的破坏

D. ext3支持1EB的文件系统及16TB的文件

2. 红帽RHCSA认证案例

（1）使用chmod命令，为consultants组添加写权限。（提示：/home/consultants）

（2）使用chmod命令，禁止其他人访问/home/consultants目录中的文件。

（3）使用chmod命令设置/home/techdocs目录的组权限。对/home/techdocs目录配置所有者和所属组具有读、写、执行权限（7），其他用户则没有权限（0）。

（4）划分一个大小为500MB的新分区，作为交换空间，将分区类型设置为Linux swap。

① 使用parted创建分区。由于磁盘使用了GPT分区方案，因此需要为分区设置名称，将它命名为myswap。

② 通过列出/dev/sda分区，验证分区结果。

③ 执行udevadm settle命令。此命令会等待系统注册新分区，并在完成后返回。

3.6　任务小结

本任务要求创建乐购商城云平台服务器运行所需的存储空间和文件系统，要求熟练掌握硬盘分区划分和文件系统、LVM磁盘管理、文件权限管理等。通过任务实施步骤及知识拓展，了解RAID磁盘保护技术、文件特殊权限。

3.7　巩固与训练

1. 填空题

（1）文件的三种基本权限：________、________、________。

（2）用来设置用户对文件的权限的命令是________________。

（3）想要让用户拥有filename文件的读权限，但又不知道该文件原来的权限是什么，此时，应该执行________________________________命令。

（4）如果umask值设置为022，那么默认创建的文件的权限为________________。

（5）LVM（Logical Volume Manager）的中文全称是________，最早应用在IBM AIX系统上。它的主要作用是________及调整磁盘分区大小，并且可以让多个分区或者物理硬盘作为________来使用。

2. 选择题

（1）系统中有用户test1和test2，同属于users组。在test1用户目录下有一个文件file1，它拥有644权限，如果test2用户想修改test1用户目录下的file1文件，file1应拥有（　　）权限。

A. 744　　B. 664　　C. 644　　D. 646

（2）如果执行chmod 746 file.txt 命令，那么该文件的权限是（　　）。

A. rwxr--rw-　　B. rwxrw-r--　　C. rw-rw-rw　　D. rwxr--r--

（3）如果用户对/temp目录有x权限，那么该用户可以进行的操作为（　　）。

A. 删除/temp目录　　B. 对/temp目录进行改名

C. 列出/temp目录下的文件　　D. 进入/temp目录

（4）若想要改变一个文件的拥有者，可通过（　　）命令来实现。

A. chmod　　B. chown　　C. usermod　　D. file

（5）若想在一个新分区上建立文件系统，则应该使用（　　）命令。

A. fdisk　　B. makefs　　C. mkfs　　D. format

（6）Linux文件系统的目录结构是一棵倒挂的树，文件都按其作用分门别类地存放在相关的目录中。现有一个外部设备文件，应该将其存放在（　　）目录中。

A. /bin　　B. /etc　　C. /dev　　D. lib

3. 操作题

（1）在Linux系统中添加新的磁盘5GB。在新磁盘上，创建一个名为backup的2GB分区。由于难以设置准确的容量空间，因此介于1.8GB和2.2GB之间的空间容量都是可以接受的。为该分区设置正确的文件系统类型，以托管xfs文件系统。

① 添加新的磁盘。

② 使用lsblk命令来标识新磁盘，这些磁盘应该还没有进行任何分区。

③ 进行分区。

④ 建立文件系统。

⑤ 手动挂载/backup目录并验证，确认挂载是否成功。

（2）使用pvcreate命令添加两个新分区作为PV。

（3）使用vgcreate 命令创建由两个PV构建的名为server_01_vg的新VG。

（4）使用lvcreate命令在server_01_vg VG中创建一个名为server_01_lv的400MiB 的 LV。

任务四　坚持就是胜利——软件包管理

扫一扫，看动画 

4.1　任务导入

扫一扫，看微课 

任务概述

在创建完成乐购商城云平台数据库服务器所需的存储空间和文件系统之后，接下来是安装MySQL数据库服务器所依赖的操作系统软件包。

安装软件包之前首先查询本机是否已经安装该软件包，如果没有安装，就要下载软件包，并进行解压，然后安装。安装软件包之后还需要掌握如何升级及卸载软件包。

任务分析

根据任务概述，需要考虑以下几点。

（1）如何安装MySQL数据库服务器所依赖的操作系统软件包。

（2）如何对软件包进行打包、压缩和解压缩。

任务目标

根据任务分析，我们需要掌握如下知识、技能、思政、创新、课证融通目标。

（1）了解Linux软件包。（知识）

（2）熟练掌握软件包安装和管理工具RPM。（技能）

（3）熟练掌握软件包安装和管理工具yum。（技能）

（4）熟练掌握打包、压缩和解压缩工具的使用。（技能）

（5）熟悉源代码的编译和安装方法。（技能）

（6）要求系统管理员具备职业责任感，具备遵纪守法、爱岗敬业、诚实守信、开拓创新的职业品格和行为习惯。（思政）

（7）根据乐购商城云平台MySQL数据库服务器所依赖的操作系统软件包的安装方法，掌握其他服务器所依赖软件包的安装方法。（创新）

（8）拓展“1+X云计算运维与开发”考证所涉及的知识和技能及红帽RHCSA认证所涉及的知识和技能。（课证融通）

4.2 知识准备

4.2.1 Linux软件包

Linux 软件包众多，几乎都是经 GPL 授权、免费开源的，即软件包提供原始程序代码，并且可以自行修改程序源码，以满足个人需求。

Linux 软件包分为两种，分别是 Linux 源码包和 Linux 二进制包。

1. Linux 源码包

源码包就是源代码程序，是由程序员按照特定的语法格式编写的。计算机只能识别机器语言，也就是二进制语言，所以源码包的安装需要用到编译器。“编译”指的是从源代码到直接被计算机（或虚拟机）执行的目标代码的翻译过程，编译器的功能就是把源代码翻译为二进制代码，让计算机识别并运行。

由于源码包的安装需要把源代码编译为二进制代码，而源码包的编译花费时间较长，因此源码包的安装时间较长。例如，我们以源码包安装的方式在 Linux 系统中安装 MySQL 数据库，需要 30 分钟左右（根据硬件配置不同，略有差异）。

源码包一般包含多个文件，为了方便发布，通常会将源码包进行打包压缩，Linux 系统中最常用的打包压缩格式为“tar.gz”，因此源码包又被称为 Tarball。

源码包中通常包含以下内容：

（1）源代码文件；

（2）配置和检测程序（如 configure 或 config 等）；

（3）软件安装说明和软件说明（如 INSTALL 或 README）。

使用源码包安装软件具有以下几点好处：

（1）开源，可以修改源代码；

（2）可以自由选择所需的功能；

（3）因为软件是编译安装的，所以更加稳定，效率更高；

（4）卸载方便。

但是，使用源码包安装软件也有几点不足之处：

（1）安装过程步骤较多，尤其是在安装较大的软件包时；

（2）编译时间较长，所以安装时间比安装二进制包时间要长；

（3）因为软件是编译安装的，所以在安装过程中一旦报错，问题可能会比较棘手。

2. Linux 二进制包

二进制包，是源码包经过成功编译之后产生的包。由于二进制包在发布之前就已经完成了编译工作，因此，用户安装二进制包的速度较快，并且安装过程报错率大大降低。

二进制包是 Linux 系统中默认的软件安装包，因此二进制包又被称为默认安装软件包。目前主要有两大主流的二进制包管理系统：RPM 软件包管理系统和DPKG软件包管理系统。它们的原理和形式大同小异，本任务主要讲解RPM二进制包。

使用RPM软件包安装软件具有以下好处：

（1）RPM软件包的管理较简单，只通过几个命令就可以实现包的安装、升级、查询和卸载等；

（2）安装速度比源码包更快。

与此同时，使用RPM软件包安装软件时有如下不足：

（1）源码包已经经过编译，不能看到源代码；

（2）功能选择不如源码包灵活；

（3）需要记录该软件安装时必须具备的依赖属性软件，安装时要按照依赖属性依次安装。例如，在安装软件包a时需要先安装b和c，而在安装b时需要先安装d和e。这就需要先安装d和e，再安装b和c，最后才能安装a。这就是软件包安装的依赖性。

4.2.2 RPM软件包管理工具

RPM的全名是“RedHat Package Manager”，是由Red Hat开发的。RPM是以一种数据库记录的方式将所需要的软件安装到Linux系统中的一套软件包管理机制。

1. RPM 软件包的命名规则

RPM 软件包的命名需遵守统一的命名规则，用户通过名称就可以直接获取这类包的版本、适用平台等信息。

RPM软件包命名的一般格式如下：

软件包名-版本号-发布次数.软件发行商适合的硬件平台.包扩展名

例如，有一个RPM 软件包的名称是vsftpd-3.0.3-28.el8.x86_64.rpm，其中各部分含义如下。

vsftpd：软件包名。这里需要注意，vsftpd是软件包名，而vsftpd-3.0.3-28.el8.x86_64.rpm通常称为包全名，软件包名和包全名是不同的，因为在Linux系统命令中，有些命令（如包的安装和升级）使用的是包全名，而有些命令（包的查询和卸载）使用的是包名。

3.0.3：版本号，版本号的格式通常为主版本号.次版本号.修正号。

28：软件包发布的次数，表示此RPM 软件包是第几次编译生成的。

el8：软件发行商，el8表示此包是由Red Hat发布的，适合在RHEL 8.x（Red Hat Enterprise Unix）和CentOS 8.x 系统上使用。

x86_64：表示此软件包适合的硬件平台。目前的RPM 软件包支持的硬件平台如表4-1所示。

rpm：RPM 软件包的扩展名，表明这是编译好的二进制包，可以使用rpm命令直接安装。

表 4-1　RPM 软件包支持的硬件平台

平台名称	适用平台信息
i386	i386 以上的计算机都可以安装
i586	i586 以上的计算机都可以安装
i686	奔腾 II 以上的计算机都可以安装，目前所有的CPU是奔腾 II 以上的，所以这个软件版本居多
x86_64	64 位 CPU 可以安装
noarch	没有硬件要求

2. RPM 软件包的安装、卸载和升级

1）RPM 软件包的默认安装路径

通常情况下，RPM 软件包采用系统默认的安装路径，所有安装文件都会按照类别分散安装到如表 4-2 所示的目录中。

表 4-2　RPM 软件包的默认安装路径

安装路径	含　义
/etc/	配置文件安装目录
/usr/bin/	可执行的命令安装目录
/usr/lib/	程序所使用的函数库保存位置
/usr/share/doc/	基本的软件使用手册保存位置
/usr/share/man/	帮助文件保存位置

2）RPM 软件包的安装

安装 RPM 软件包的命令的语法格式为：

```
rpm -ivh 包全名
```

注意，一定要用包全名。涉及包全名的命令，一定要注意软件包文件所在路径，若软件包在光盘中，则需提前做好设备的挂载工作。

此命令中各参数选项的含义如下。

-i：安装；

-v：显示更详细的信息；

-h：打印一行“#”，显示安装进度。

【例 4-1】 利用安装镜像文件，安装 telnet 软件包。

操作步骤如下：

（1）先挂载安装会用到的镜像文件；

（2）使用 mount 命令查看挂载目录；

（3）进入安装包所在目录；

（4）执行安装命令如下：

```
[root@Mysqlserver Packages]# rpm -ivh telnet-0.17-73.el8.x86_64.rpm
```

```
    警 告 :telnet-0.17-73.el8.x86_64.rpm: 头 V3  RSA/SHA256  Signature, 密 钥 ID
fd431d51:NOKEY
    Verifying...
    #################################### [100%]
    准备中……                                                    (100%)
    #################################### [100%]
    正在升级/安装……
      1:telnet-1:0.17-73.el8
    #################################### [100%]
```

3）RPM软件包的依赖性

若安装Linux系统时采用了最基础的安装方式，则gcc这个软件是没有安装的，需要手动安装。因此使用rpm命令安装gcc软件的RPM软件包时，就会发生依赖性错误。

以下是使用rpm命令安装gcc软件时出现的提示信息：

```
    [root@Mysqlserver Packages]# rpm -ivh gcc-8.2.1-3.5.el8.x86_64.rpm
    警告:gcc-8.2.1-3.5.el8.x86_64.rpm:头V3 RSA/SHA256 Signature,密钥ID fd431d51:
NOKEY
    错误:依赖检测失败:
     cpp = 8.2.1-3.5.el8 被gcc-8.2.1-3.5.el8.x86_64 需要
     glibc-devel >= 2.2.90-12 被gcc-8.2.1-3.5.el8.x86_64 需要
     libisl.so.15()(64bit)被gcc-8.2.1-3.5.el8.x86_64 需要
```

注意：报错信息提示，如果要安装gcc，就需要先安装cpp、glibc-devel和libisl三个软件，这体现的就是RPM软件包的依赖性。

在安装RPM软件包时，如果不清楚该软件包是否具有依赖性，可以使用test选项测试该软件包是否可以安装到当前的Linux环境中，找出该软件包的依赖性，命令如下：

```
    [root@Mysqlserver Packages]# rpm -ivh vsftpd-3.0.3-28.el8.x86_64.rpm --test
    警 告 :vsftpd-3.0.3-28.el8.x86_64.rpm: 头 V3  RSA/SHA256  Signature, 密 钥 ID
fd431d51:NOKEY
    Verifying...                                                      (1
    #################################### [100%]
    准备中……                                                    (100%
    #################################### [100%]
```

以上命令的执行结果表示vsftpd软件包不存在依赖性，它可以安装到当前Linux环境中。

4）RPM软件包的卸载

RPM软件包的卸载命令的语法格式为：

```
    rpm -e 软件包名
```

-e参数选项表示卸载。

【例4-2】卸载telnet软件包，命令如下：

```
[root@Mysqlserver Packages]# rpm -e telnet
```

5）RPM 软件包的升级与更新

RPM 软件包的升级与更新用-Uvh或-Fvh参数选项，该命令的语法格式为：

```
rpm -Uvh 包全名
```

或

```
rpm -Fvh 包全名
```

-U：若该软件没安装则直接安装；若已安装则升级至最新版本。

-F：若该软件没有安装则不会安装，必须安装时已安装较低版本才能进行升级。

3. 查询软件包

rpm命令还可用来对RPM软件包做查询操作，具体包括：

（1）查看软件包是否已安装；

（2）查看系统中所有已安装的软件包；

（3）查看软件包的详细信息；

（4）查看软件包的文件列表；

（5）查看某系统文件属于哪个RPM 软件包；

（6）查看软件包的依赖关系。

1）查看软件包是否已安装

使用rpm命令查看软件包是否已安装的命令的语法格式为：

```
rpm -q 软件包名
```

-q参数选项表示查看信息。

【例4-3】查看Linux系统中是否已安装tree软件包，命令如下：

```
[root@Mysqlserver ~]# rpm -q tree
tree-1.7.0-15.el8.x86_64
```

以上命令执行结果表明系统里已安装tree软件包。

【例4-4】查看Linux系统中是否已安装pam-devel软件包，命令如下：

```
[root@Mysqlserver ~]# rpm -q pam-devel
未安装 pam-devel 软件包
```

以上命令执行结果表明系统里未安装 pam-devel 软件包。

> 注意：这里使用的是软件包名，而不是包全名。因为已安装的软件包只需给出软件包名，系统就可以成功识别（使用包全名反而无法识别）。

2）查看系统中所有已安装的软件包

使用rpm命令查询Linux系统中所有已安装软件包的命令为：

```
rpm -qa
```

【例4-5】查看系统中一共安装了多少个RPM软件包，命令如下：

```
[root@Mysqlserver ~]# rpm -qa|wc -l
1319
```

上例还可以使用管道符查找需要的内容，例如，要查找Linux系统中所有已安装的软件包中软件包名包含tree的，可以使用以下命令：

```
[root@Mysqlserver ~]# rpm  -qa|grep  tree
ostree-libs-2018.8-2.el8.x86_64
ostree-2018.8-2.el8.x86_64
rpm-ostree-libs-2018.8-2.el8.x86_64
tree-1.7.0-15.el8.x86_64
```

3）查看软件包的详细信息

通过rpm命令可以查看软件包的详细信息，该命令的语法格式如下：

```
rpm -qi 软件包名
```

-i参数选项表示显示软件包信息。

【例4-6】查看tree软件包的详细信息，可以使用如下命令：

```
[root@Mysqlserver ~]# rpm -qi tree
Name        :tree
Version     :1.7.0
Release     :15.el8
Architecture:x86_64
Install Date:2021年08月18日 星期三11时58分40秒
Group       :Unspecified
Size        :111611
License     :GPLv2+
Signature   :RSA/SHA256,2018 年 11 月 07 日  星 期 三 12 时 20 分 51 秒 ,Key  ID
199e2f91fd431d51
Source RPM  :tree-1.7.0-15.el8.src.rpm
Build Date  :2018年11月07日 星期三11时49分35秒
Build Host  :x86-vm-10.build.eng.bos.redhat.com
Relocations :(not relocatable)
Packager    :Red Hat,Inc. <http://bugzilla.redhat.com/bugzilla>
Vendor      :Red Hat,Inc.
URL         :http://mama.indstate.edu/users/ice/tree/
Summary     :File system tree viewer
```

```
Description:
The tree utility recursively displays the contents of directories in a
tree-like format.  Tree is basically a UNIX port of the DOS tree
utility.
```

注意：以上命令执行结果中依次包含软件包名、版本、发行版本、硬件平台、安装日期、组、软件包大小、许可协议、数字签名、源 RPM 软件包文件名、建立日期、建立主机、重新定位、包装者、销售公司、网址、说明、描述。

查询未安装软件包的详细信息，需使用“绝对路径+包全名”的方式。例如，查询未安装的 gcc 软件包的详细信息的命令如下：

```
[root@Mysqlserver Packages]# rpm -qi gcc-8.2.1-3.5.el8.x86_64.rpm
```

4）查看软件包的文件列表

使用 rpm 命令可以查看已安装软件包中包含的所有文件及各自的安装路径，该命令的语法格式为：

```
rpm -ql 软件包名
```

-l 参数选项表示列出软件包中所有文件的安装目录。

【例 4-7】查看 tree 软件包中所有文件以及各自的安装路径，可使用如下命令：

```
[root@Mysqlserver ~]# rpm -ql tree
/usr/bin/tree
/usr/lib/.build-id
/usr/lib/.build-id/50
/usr/lib/.build-id/50/ae300877a586b9e7b87f19dfe58d303a887fb9
/usr/share/doc/tree
/usr/share/doc/tree/LICENSE
/usr/share/doc/tree/README
/usr/share/man/man1/tree.1.gz
```

5）查看系统文件属于哪个 RPM 软件包

rpm 命令还支持反向查看，即查看某系统文件属于哪个 RPM 软件包，该命令的语法格式为：

```
rpm -qf 系统文件名
```

-f 参数选项用于查看系统文件属于哪个软件包。

【例 4-8】在/etc 目录中有很多配置文件，可以查看某个配置文件属于哪个软件包，如查看 passwd 配置文件，可使用如下命令：

```
[root@Mysqlserver ~]# rpm -qf /etc/passwd
setup-2.12.2-1.el8.noarch
```

【例4-9】查看/etc目录中的terminfo文件属于哪个软件包，命令如下：

```
[root@Mysqlserver ~]# rpm -qf /etc/terminfo
ncurses-base-6.1-7.20180224.el8.noarch
```

【例4-10】查看系统中的mount命令是由哪个软件包安装提供的，命令如下：

```
[root@Mysqlserver ~]# rpm -qf /bin/mount
util-Linux-2.32.1-8.el8.x86_64
```

自行创建的文件不属于任何软件包，例如，创建一个文件file1，然后查看它属于哪个软件包，命令如下：

```
[root@Mysqlserver ~]# touch file1
[root@Mysqlserver ~]# rpm -qf file1
文件 /root/file1 不属于任何软件包
```

6）查看软件包的依赖关系

使用rpm命令安装RPM软件包时，还要考虑与其他类型RPM软件包的依赖关系。查看软件包的依赖关系的命令的语法格式为：

```
rpm -qR 软件包名
```

-R参数选项表示查看软件包的依赖性。

查看tree软件包的依赖性，可执行以下命令：

```
[root@Mysqlserver ~]# rpm -qR tree
```

若要实现查找未安装的软件包的依赖性，则需使用“绝对路径+包全名”的方式才能确定软件包。

4.2.3　yum软件包管理工具

yum，全称“Yellow dog Updater，Modified”，是一个专门为了解决包的依赖关系而存在的软件包管理器。

yum是改进型的RPM软件包管理器，很好地解决了RPM软件包所面临的依赖问题。yum在服务器上保存了所有的RPM软件包，并将各个软件包之间的依赖关系记录在文件中，当管理员使用yum工具安装RPM软件包时，yum会先从服务器端下载软件包的依赖性文件，通过分析此文件，再从服务器上一次性下载所有相关的RPM软件包并进行安装。

使用yum安装软件包之前，需指定好yum下载RPM软件包的位置，此位置称为yum源。换句话说，yum源指的就是安装包的来源。yum源既可以使用网络yum源，也可以将本地光盘作为yum源。

搭建yum源需要先配置yum源配置文件，该文件是一个后缀为.repo的文件，配置文件的存储位置为/etc/yum.repos.d。下面分别介绍本地yum源和网络yum源的创建方式。

1. 创建yum源

1）创建本地yum源

Linux系统的ISO映像文件中就含有常用的RPM 软件包，在ISO 镜像文件的AppStream/Packages子目录和BaseOS/Packages子目录中含有几乎所有常用的RPM 软件包，因此，可以使用Linux系统的 ISO 镜像文件来创建本地yum源。

【例4-11】使用Linux系统的 ISO 镜像文件来创建本地yum源。

操作步骤如下：

（1）挂载Linux系统的ISO映像文件。

将ISO镜像文件连接到虚拟机上，可以使用以下命令：

```
[root@Mysqlserver ~]# mount /dev/cdrom /media
mount:/media:WARNING:device write-protected,mounted read-only.
```

（2）编辑yum源配置文件。

在/etc/yum.repos.d目录中新建一个yum源配置文件rhel.repo，命令如下：

```
[root@Mysqlserver ~]# cd /etc/yum.repos.d/
[root@Mysqlserver yum.repos.d]# vim rhel.repo
```

编辑配置文件rhel.repo的内容如下：

```
[name-OS]
name=iso-BaseOS
baseurl=file:///media/BaseOS
enabled=1
gpgcheck=0
[name-APP]
name=iso-App
baseurl=file:///media/AppStream
enabled=1
gpgcheck=0
```

注意：[name-OS]和[name-APP]是yum源容器的名称，名称放在[]里，可以根据需要随意选择，但是不能存在两个相同的yum源容器名称，否则yum会不知道到哪个容器中查找相关软件。

“name=”后面是yum源的描述，可以随意定义。

“baseurl=”指定yum源服务器的地址。这里分别指定yum源系统软件的位置/media/BaseOS和应用软件的位置/media/AppStream。

“enabled=”指定此yum源容器是否生效。1表示生效，0表示不生效，省略则表示默认生效。

“gpgcheck=”指定RPM的数字证书是否生效。1表示生效，0表示不生效。

2）创建网络 yum 源

创建网络 yum 源部分将在任务五中详细阐述。

2. yum 命令的使用

1）安装软件包

使用yum命令安装软件包的语法格式为：

```
yum -y install 软件包名
```

install参数选项表示安装软件包。

-y参数选项表示安装时会自动显示 yes。如果不加-y，安装时需要手动选择 y/n 选项。

【例4-12】使用yum命令安装gcc软件包。

前面已经创建了yum源，下面直接用yum命令进行安装即可，命令如下：

```
[root@Mysqlserver yum.repos.d]# yum install  gcc
Updating Subscription Management repositories.
Unable to read consumer identity
This system is not registered to Red Hat Subscription Management. You can use subscription-manager to register.
iso-App                                     2.8 MB/s | 5.3 MB     00:01
iso-BaseOS                                   24 MB/s | 2.2 MB     00:00
上次元数据过期检查：0：00：01 前，执行于2021年08月24日 星期二13时03分22秒。
依赖关系解决。
...
已安装：
  gcc-8.2.1-3.5.el8.x86_64              cpp-8.2.1-3.5.el8.x86_64
  isl-0.16.1-6.el8.x86_64               glibc-devel-2.28-42.el8.x86_64
  glibc-headers-2.28-42.el8.x86_64      kernel-headers-4.18.0-80.el8.x86_64
  libxcrypt-devel-4.1.1-4.el8.x86_64

完毕！
```

gcc是C语言的编译器，该软件包涉及的依赖包较多，建议使用yum命令安装。

2）查询软件包

使用yum命令对软件包执行查询操作，常用的有以下几种查询命令。

（1）yum list：查询所有已安装和可安装的软件包。

（2）yum list 软件包名：查询指定软件包的安装情况。

（3）yum list updates：查询可进行升级的软件包。

（4）yum search 关键字：从yum源服务器上查找与关键字相关的所有软件包。

（5）yum info 软件包名：查询指定软件包的详细信息。

【例4-13】使用yum命令查询tree包的详细信息，命令如下：

```
[root@Mysqlserver ~]# yum info tree
Updating Subscription Management repositories.
Unable to read consumer identity
This system is not registered to Red Hat Subscription Management. You can use subscription-manager to register.
上次元数据过期检查:0:03:11 前，执行于2021年08月25日 星期三03时50分20秒。
已安装的软件包
名称       :tree
版本       :1.7.0
发布       :15.el8
架构       :x86_64
大小       :109 k
源         :tree-1.7.0-15.el8.src.rpm
仓库       :@System
来自仓库   :anaconda
小结       :File system tree viewer
URL        :http://mama.indstate.edu/users/ice/tree/
协议       :GPLv2+
描述       :The tree utility recursively displays the contents of directories
           :in a tree-like format.  Tree is basically a UNIX port of the DOS
           :tree utility.
```

【例4-14】使用yum命令查询gcc包的安装情况，命令如下：

```
[root@Mysqlserver ~]# yum list gcc
Updating Subscription Management repositories.
Unable to read consumer identity
This system is not registered to Red Hat Subscription Management. You can use subscription-manager to register.
上次元数据过期检查：0:12:11 前，执行于2021年08月25日 星期三03时50分20秒。
已安装的软件包
gcc.x86_64                    8.2.1-3.5.el8
```

3）升级软件包

使用yum命令升级软件包的语法格式为：

```
yum  -y  update  软件包名
```

4）卸载软件包

使用yum命令卸载软件包的语法格式为：

```
yum  remove  软件包名
```

【例4-15】使用yum命令卸载已经安装的gcc包，命令如下：

```
[root@Mysqlserver ~]# yum remove gcc
Updating Subscription Management repositories.
Unable to read consumer identity
This system is not registered to Red Hat Subscription Management. You can use subscription-manager to register.
依赖关系解决。
...
已移除:
  gcc-8.2.1-3.5.el8.x86_64              cpp-8.2.1-3.5.el8.x86_64
  glibc-devel-2.28-42.el8.x86_64        glibc-headers-2.28-42.el8.x86_64
  isl-0.16.1-6.el8.x86_64               kernel-headers-4.18.0-80.el8.x86_64
  libxcrypt-devel-4.1.1-4.el8.x86_64
完毕!
```

4.2.4 打包、压缩和解压缩工具

在Linux系统中，对文件或目录进行打包、压缩和解压缩，是每个初学者需要掌握的基本技能之一。

打包指的是将多个文件和目录归档存储在一个大文件中；而压缩指的是利用算法对文件进行处理，将一个大文件变成一个占用内存小的文件，从而达到缩减占用磁盘空间的目的。

以下是Linux中常见的压缩文件的后缀。

.Z：使用compress程序压缩的文件。

.bz2：使用bzip2程序压缩的文件。

.gz：使用gzip程序压缩的文件。

.tar：使用tar程序打包的数据，没有压缩。

.tar.gz或tgz：使用tar程序打包并经过gzip程序压缩的文件。

.tar.bz2：使用tar程序打包并经过bzip2程序压缩的文件。

.zip：使用zip程序压缩的文件。

.rar：使用rar程序压缩的文件。

下面介绍几个常用的打包、压缩和解压缩命令。

1. gzip命令

gzip是Linux系统中经常用来对文件进行压缩和解压缩的命令。通过此命令压缩得到的新文件，其后缀通常标记为“.gz”。

gzip命令的语法格式如下：

```
gzip [参数选项] 源文件
```

gzip 命令常用参数选项及说明如表 4-3 所示。

表 4-3　gzip 命令常用参数选项及说明

常用参数选项	说　明
-c	压缩时保留原始文件，若参数选项后没有指定生成的压缩文件名，则压缩时将数据输出到标准输出中
-k	压缩时保留原始文件
-d	参数选项后的源文件应标记为以.gz 为后缀的压缩文件
-v	显示被压缩文件的压缩比或解压时的信息
-r	递归压缩指定目录下及子目录下的所有文件
-数字	压缩等级，-1 表示压缩等级最低，压缩比最小；-9 表示压缩等级最高，压缩比最大

【例 4-16】假设有目录/project，已经备份了一个 passwd 文件到/project 目录中，要求对/project/passwd 文件进行压缩，可以执行以下命令：

```
[root@Mysqlserver project]# gzip passwd
-rw-r--r--. 1 root root 1002 8月  18 12:04 passwd.gz
```

可以看到，命令执行后，在/project 目录中生成了压缩文件 passwd.gz，源文件 passwd 没有保留。

【例 4-17】对例【4-16】生成的压缩文件/project/passwd.gz 进行解压缩，可以执行以下命令：

```
[root@Mysqlserver project]# gzip -d passwd.gz
-rw-r--r--. 1 root root 2481 8月  18 12:04 passwd
```

命令执行后可以看到/project 目录中没有了压缩文件 passwd.gz，又出现了源文件 passwd。

> 注意：如果在压缩时需要保留源文件，可以用-c 参数选项，还可以对源文件进行指定等级的压缩。

以下两条命令分别是对/project/passwd 文件进行 1 等级的压缩和 9 等级的压缩，且压缩时保留源文件，压缩时将数据分别输出到 passwd1.gz 和 passwd2.gz 文件中：

```
[root@Mysqlserver project]# gzip -1 -c passwd > passwd1.gz
//进行 1 等级压缩，生成的压缩文件为 passwd1.gz，且保留源文件
[root@Mysqlserver project]# gzip -9 -c passwd > passwd2.gz
//进行 9 等级压缩，生成的压缩文件为 passwd2.gz，且保留源文件
```

压缩等级不同，产生的压缩文件的大小不同，以上命令执行后的结果如下：

```
-rw-r--r--. 1 root root 2481 8月  18 12:04 passwd
-rw-r--r--. 1 root root 1055 8月  21 12:19 passwd1.gz
-rw-r--r--. 1 root root 1003 8月  21 12:19 passwd2.gz
```

使用-v参数选项可以在压缩文件时显示被压缩文件的压缩比或解压时的信息，例如：

```
[root@Mysqlserver project]# gzip -v passwd
passwd:   60.6% -- replaced with passwd.gz
```

注意：gzip命令只能用来压缩文件，不能压缩目录，即使指定了目录，也只能压缩该目录及子目录下的所有文件，且此时要用到-r参数选项，这里就不再举例了，读者可以自己尝试操作。

2. bzip2命令

bzip2命令与gzip命令类似，用于对文件进行压缩（或解压缩），压缩后会生成一个以“.bz2”为后缀的压缩文件。

bzip2 命令的语法格式如下：

```
bzip2  [参数选项]  源文件
```

bzip2命令常用参数选项及说明如表4-4 所示。

表4-4　bzip2命令常用参数选项及说明

常用参数选项	说　　明
-k	压缩时保留原始文件
-d	解压缩，参数选项后的源文件应为标记为以.bz2为后缀的压缩文件
-v	显示被压缩文件的压缩比或解压缩时的信息
-数字	-1表示压缩等级最低，压缩比最小；-9表示压缩等级最高，压缩比最大

【例4-18】对/project/passwd文件进行压缩，生成一个以“.bz2”为后缀的压缩文件，可以执行以下命令：

```
[root@Mysqlserver project]# bzip2 passwd
-rw-r--r--. 1 root root 1027 8月  18 12：04 passwd.bz2
```

以上命令执行后，在/project目录中生成了压缩文件passwd.bz2，源文件passwd没有保留。

解压缩passwd.bz2文件的命令如下：

```
[root@Mysqlserver project]# bzip2  -d  passwd.bz2
```

如果压缩/project/passwd文件时想保留源文件，命令如下：

```
[root@Mysqlserver project]# bzip2  -k  passwd
```

bzip2 命令中没有-r参数选项，不支持压缩目录下的文件。

3. tar命令

tar命令用于对文件进行打包或解压缩。打包是把一系列的文件归档到一个大文件中；解压缩是从归档文件中还原源文件，解压缩是打包的相反过程。

tar 命令的语法格式如下：

```
tar [参数选项] [-f 包文件名] 源文件或目录
```

tar 命令常用参数选项及说明如表 4-5 所示。

表 4-5　tar 命令常用参数选项及说明

常用参数选项	说　明
-c	对文件进行打包，生成包文件
-f	指定包文件名
-v	打包或解压缩时列出打包或解压缩的详细过程
-z	以 gzip 格式压缩或解压缩文件
-j	以 bzip2 格式压缩或解压缩文件
-x	对文件进行解压缩
-t	不对文件进行解压缩，只是查看包中有哪些文件
--exclude file	打包时不将 file 文件放进去

1）打包文件

使用 tar 命令打包生成的包文件称为 tar 包，tar 包通常会用“.tar”作为后缀名，下面来看两个打包文件的例子。

【例 4-19】 把/project 目录中的 file1 文件打包为 file1.tar，命令如下：

```
[root@Mysqlserver project]tar -cvf file1.tar file1
```

【例 4-20】 把/project 目录中的 file1 文件和 test 目录打包为 file1-test.tar，命令如下：

```
[root@Mysqlserver project]tar -cvf file1-test.tar file1 test
```

> 注意：以上两个例子使用 tar 命令加-cvf 参数选项对文件进行打包，生成的包文件是无压缩的。
>
> 在-cvf 参数选项组合中，其中，v 参数选项可以不用，如果不用 v 参数选项，在打包过程中不会显示打包的过程信息；f 参数选项要放在-cvf 参数选项组合的最后，f 参数选项后跟生成的包文件名。
>
> 在对文件进行打包的时候，如果希望生成压缩包，就要使用 z 或 j 参数选项，z 参数选项用来生成“.gz”格式的压缩包，j 参数选项用来生成“.bz2”格式的压缩包。

【例 4-21】 把 file1 文件和 test 目录打包并压缩，生成压缩包，命令如下：

```
[root@Mysqlserver project]# tar -zcvf file1-test.tar.gz file1 test
//生成 file1-test.tar.gz 压缩包（“.gz”格式）
[root@Mysqlserver project]# tar -jcvf file1-test.tar.bz2 file1 test
//生成 file1-test.tar.bz2 压缩包（“.bz2”格式）
```

压缩包生成后，要查看压缩包中包含哪些文件，可以用t参数选项。

【例4-22】分别查看【例4-21】生成的file1-test.tar.gz和file1-test.tar.bz2压缩包中包含哪些文件，命令如下：

```
[root@Mysqlserver project]# tar  -ztvf  file1-test.tar.gz
#查看 file1-test.tar.gz 压缩包
[root@Mysqlserver project]# tar  -jtvf  file1-test.tar.bz2
#查看 file1-test.tar.bz2 压缩包
```

2）解压缩文件

解压缩是把压缩包解开，以恢复源文件。

例如，把【例4-19】生成的压缩包file1.tar进行解压缩，命令如下：

```
[root@Mysqlserver project]# tar  -xvf  file1.tar
```

把【例4-22】生成的压缩包file1-test.tar.gz和file1-test.tar.bz2解压缩，命令如下：

```
[root@Mysqlserver project]# tar  -zxvf  file1-test.tar.gz
#对 file1-test.tar.gz 解压缩操作
[root@Mysqlserver project]# tar  -jxvf  file1-test.tar.bz2
#对 file1-test.tar.bz2 解压缩操作
```

注意：如果对不含压缩文件的压缩包进行解压缩，用-xvf参数选项组合即可；如果对包含压缩文件的压缩包进行解压缩，还要根据压缩包的格式选择z或j参数选项，例如，要解压缩“.gz”格式的压缩包，用-zxvf参数选项组合；要解压缩“.bz2”格式的压缩包，用-jxvf参数选项组合。同样，在这些参数选项组合中，v参数选项可以省略；f参数选项要放在参数选项组合的最后，f参数选项后跟包文件名。

4.3　任务实施

4.3.1　任务实施步骤1

检查系统中是否已安装MySQL数据库服务器所依赖的文件及操作系统程序包。

根据Oracle官方网站文档“MySQL 8.0 Reference Manual Including MySQL NDB Cluster 8.0”第109页，MySQL客户端启动时需要安装/lib64/libtinfo.so.6文件，以及操作系统程序包ncurses，命令如下：

```
  Oracle Linux 8 /Red Hat8 ( EL8 : ): These platforms by default do not
install the file /lib64/libtinfo.so.5, which is requied by the Mysql client
bin/Mysql for packages Mysql-VERSION-ehl7-x86_64.tar.gz and Mysql-VERSION-
Linux-glibc2.12-x85_64.tar.xz. to work around this issue , install the
```

```
ncurses-compat-libs package.
   [root@Mysqlserver /]# rpm  -qa|grep libaio
   libaio-0.3.110-12.el8.x86_64
   [root@Mysqlserver /]#cd  /lib64
   [root@Mysqlserver /lib64]#ls -l|grep libtinfo
   lrwxrwxrwx. 1 root root  15 Jan 16  2019 libtinfo.so.6 -> libtinfo.so.6.1
   -rwxr-xr-x. 1 root root  208616 Jan 16  2019 libtinfo.so.6.1
```

4.3.2 任务实施步骤2

安装MySQL数据库服务器所依赖的操作系统程序包，以及设置MySQL服务器。

1. 解压缩软件压缩包

将下载好的软件压缩包进行解压缩，命令如下：

```
   [root@Mysqlserver opt]#pwd
   /opt
   [root@Mysqlserver opt]#ls -l
   -rw-r—r--. 1 root root 896219776 Jun18 11:26  Mysql-8.0.25-Linux-qlibc2.
12-x86_64.tar.xz
   [root@Mysqlserver opt]# tar xvf /opt/ Mysql-8.0.25-Linux-qlibc2.12-x86_
64.tar.xz  -C /usr/local
```

2. 链接目录

软件压缩包解压缩后生成的目录名比较长，不方便使用，可以将该目录进行链接，使用较短的目录名指向该软件压缩包，链接后使用/usr/local/Mysql目录指向/usr/local/Mysql-8.0.25-Linux-glibc2.12-x86_64，命令如下：

```
   [root@Mysqlserver  opt]#cd   /usr/local
   [root@Mysqlserver  local]#ln  -s  /usr/local/Mysql-8.0.25-Linux-glibc2.12-
x86_64
    Mysql
```

创建数据库所需的其他目录和指定目录属性，命令如下：

```
   [root@Mysqlserver local]#cd /usr/local/Mysql
   [root@Mysqlserver Mysql]# mkdir Mysql-files
   [root@Mysqlserver Mysql]# chown Mysql：Mysql  Mysql-files
   [root@Mysqlserver Mysql]# chmod 750 Mysql-files
```

3. 安装系统程序包

（1）将操作系统程序包ISO文件挂载到虚拟机的虚拟光盘上，重新装载cdrom设备，命令如下：

```
[root@Mysqlserver /]#umount /dev/sr0
[root@Mysqlserver /]#mount -t iso9660 /dev/sr0 /mnt
```

（2）编辑配置文件/etc/yum.repos.d/redhat.repo，命令如下：

```
[root@Mysqlserver /]#vi /etc/yum.repos.d/redhat.repo
```

/etc/yum.repos.d/redhat.repo配置文件的内容如下：

```
[server]
name=server
baseurl=file:///mnt
enable=1
gpgcheck=0
```

（3）使用yum命令安装操作系统程序包ncurses。

在/lib64目录中只能找到libtinfo.so.6.1文件，找不到libinfo.so5文件，检查/lib64/libtinfo.so.6.1文件属于哪个程序包，命令如下：

```
[root@Mysqlserver /]# rpm -qf /lib64/libtinfo.so.6.1
ncurses-libs-6.1-7.20180223.el8.x86_64
```

以上命令执行结果可以看到/lib64/libtinfo.so.6.1文件属于ncurses操作系统程序包，使用yum命令安装ncurses：

```
[root@Mysqlserver /]#yum install ncurses
[root@Mysqlserver /]#rpm -qa|grep ncurses
ncurses-base-6.1-7.20180223.el8.noarch
ncurses-libs-6.1-7.20180223.el8.x86_64
[root@Mysqlserver /]#cd /lib64
[root@Mysqlserver lib64]#ls -l|grep libtinfo
lrwxrwxrwx. 1 root root        15 Jan 16 2019
  libtinfo.so.6→libtinfo.so.6.1
-rwxrwxrwx. 1 root root    208616 Jan 16 2019 libtinfo.so.6.1
```

4. 初始化数据库

指定用户为Mysql，数据存储目录为/Mysqldata，命令如下：

```
[root@Mysqlserver /]#mysqld --initialize --user=Mysql
 --basedir=/usr/local/Mysql --datadir=/Mysqldata
[root@Mysqlserver yum.repos.d]#mysqld --initialize --user=Mysql --
basedir=/usr/local/Mysql --datadir=/Mysqldata
2021-08-11T08:40:42.695854z0[system][MY-013169][server]/usr/local/mysql-
8.0.25-linux-gllbc2.12-x86_64/bin/mysqla(mysqld 8.0.25)initializing of
server in progress as process 3471
2021-08-11T08:40:42.706257z 1 [system][My-013576][InnoDB]InnoDB
```

```
initialization has started.
    2021-08-11T08:40:43.584656z 1 [system][My-013577][InnoDB]InnoDB
initialization has ended.
    2021-08-11T08:40:44.450389z 6 [Note][My-010454][Server]A temporary
password is generated for root@loocalhost:pp9tx!Y?Ied<
    [root@mysqlserver yum.repos.d]
```

以上命令的执行结果显示连接数据库报错，需要libtinfo.so.5文件，但系统的文件版本为libtinfo.so.6.1，因此需链接新版本的文件，命令如下：

```
    [root@Mysqlserver /]#mysql  -uroot  -p
    [root@Mysqlserver yum.repos.d]#mysql -uroot -p
    Mysql:error  while  loading  shared  libraries:libtinfo.so.5:cannot  open
shared object file:No such file or directory
    [root@Mysqlserver    yum.repos.d]#ln    -s    /usr/lib64/libtinfo.so.6.1
/usr/lib64/libtinfo.so.5
    [root@Mysqlserver /]#ln  -s  /usr/lib64/libtinfo.so.6.1
    /usr/lib64/libtinfo.so.5
```

5. 启动数据库，指定用户、基本目录和数据目录

启动数据库，指定用户、基本目录和数据目录的命令如下：

```
    [root@Mysqlserver /]#Mysqld_safe  --user=Mysql  --basedir=/usr/local/Mysql
--datadir=Mysqldata &
```

6. 登录数据库和修改密码

登录数据库和修改密码的命令如下：

```
    [root@Mysqlserver /]#Mysql  -root  -p
    Mysql>alter  user  'root'@'localhost'  IDENTIFIED BY  'sqlserver';
    Mysql>flush privileges;
```

7. 查看数据库

查看数据库的命令如下：

```
    Mysql>use Mysql
    Mysql>show tables;
```

8. 关闭数据库

关闭数据库的命令如下：

```
    [root@Mysqlserver /]#Mysqladmin  -u root  -p  shutdown
```

9. 编辑数据库配置文件，指定用户、端口、基本目录、数据目录

编辑数据库配置文件，指定用户、端口、基本目录、数据目录的命令如下：

```
[root@Mysqlserver /]#vi  /etc/my.cnf
```

/etc/my.cnf配置文件的内容如下：

```
[Mysqld]
user = Mysql
port = 3306
basedir = /usr/local/Mysql
datadir = /Mysqldata
[client]
port = 3306
```

4.4　任务思考

对于后缀名为“.tar.gz”和“.tar.bz2”的压缩包，在进行解压缩时，既可以一步解压缩，也可以分步解压缩（先解压，再解压缩包），尝试分别写出对当前目录中的压缩包file1-test.tar.gz一步解压缩的命令和分步解压缩的命令。

4.5　知识拓展

4.5.1　查看压缩文件的内容

前面介绍了使用cat命令可以查看纯文本文件的内容，如果对文本文件进行压缩生成了压缩包，那还能不能使用cat命令来查看该压缩包的内容呢，答案是否定的。

“.gz”格式和“.bz2”格式的压缩包可以不解压缩直接查看压缩包的内容，这时可以使用zcat命令或bzcat命令。zcat命令用来查看“.gz”格式的压缩包，bzcat命令用来查看“.bz2”格式的压缩包。

例如，查看压缩包passwd.gz的内容，命令如下：

```
[root@Mysqlserver project]# zcat  passwd.gz
```

例如，查看压缩包passwd.bz2的内容，命令如下：

```
[root@Mysqlserver project]# bzcat  passwd.bz2
```

4.5.2　其他解压缩命令

1. gunzip命令

gunzip命令用于解压缩“.gz”格式的压缩包（文件后缀名为.gz）。

gunzip 命令的语法格式如下：

```
gunzip [参数选项] 文件名
```

gunzip 命令常用参数选项及说明如表 4-6 所示。

表 4-6 gunzip 命令常用参数选项及说明

常用参数选项	说　明
-r	递归处理，解压缩指定目录及子目录中的所有文件
-c	将解压缩后的文件输出到标准输出设备上
-v	显示命令执行过程信息

例如，解压缩/project/passwd.gz 文件，命令如下：

```
[root@Mysqlserver project]# gunzip passwd.gz
```

2. bunzip2 命令

bunzip2 命令用于解压缩“.bz2”格式的压缩包（文件后缀名为.bz2）。

bunzip2 命令的语法格式如下：

```
bunzip2 [参数选项] 文件名
```

bunzip2 命令常用参数选项及说明如表 4-7 所示。

表 4-7 bunzip2 命令常用参数选项及说明

常用参数选项	说　明
-k	解压缩时保留源压缩包
-v	显示命令执行过程信息

例如，解压缩/project/passwd.bz2 文件，命令如下：

```
[root@Mysqlserver project]# bunzip2 passwd.bz2
```

4.5.3 课证融通练习

1. “1+X 云计算运维与开发”案例

当前有一个/opt 目录，该目录中存在 iaas 目录，请问如何配置 local.repo 文件，使得可以使用 iass 目录中的软件包安装软件。请将 local.repo 文件的内容以文本形式写出来。

2. 红帽 RHCSA 认证案例

（1）使用 ssh 命令，以 student 用户身份登录 servera 服务器。

（2）查看 rhsm-icons-1.26.16-1.el8.noarch.rpm 软件包的信息，并列出其中的文件。另外，查看在安装或卸载软件包时运行的脚本文件。

（3）安装 rhsm-icons-1.26.16-1.el8.noarch.rpm 软件包。使用 sudo 命令获取超级用户的

特权，以便安装软件包。

（4）从servera服务器中退出。

4.6　任务小结

想要在Linux中安装MySQL数据库服务器，首先要检查MySQL数据库服务器所依赖的操作系统软件包，然后安装这些软件包。所以在Linux的使用和管理过程中，软件包的安装和卸载是常用操作，必须要熟练掌握。本任务主要介绍了RPM软件包的安装、yum方式安装以及源代码安装的方法，并对tar包管理的基本知识和操作命令做了相应介绍。

4.7　巩固与训练

1. 填空题

（1）Linux系统的软件包可分为两种，分别是________和________。

（2）查看系统是否已安装httpd服务的命令是________________________。

（3）显示系统安装的所有软件包列表的命令是________________________。

（4）yum源配置文件的后缀为________________________。

（5）yum源配置文件的存储目录为________________________。

（6）在Linux系统中，压缩文件后生成后缀为“.bz2”的文件的命令是________。

（7）将多个文件和目录归档存储在一个大文件中的操作称为________。

（8）通过gzip命令压缩得到的压缩包，其后缀通常为________。

2. 选择题

（1）如果需要找出/etc/my.conf文件属于哪个软件包，可以执行（　　）命令。

A. rqm -q /etc/my.conf　　B. rqm -requires /etc/my.conf

C. rqm -qf /etc/my.conf　　D. rqm -q | grep /etc/my.conf

（2）安装dhcp.3.0pl1-23.i386.rpm 软件包的命令是（　　）。

A. rpm dhcp.3.0pl1-23.i386.rpm　　B. rpm -ivh dhcp.3.0pl1-23.i386.rpm

C. setup dhcp　　D. rpm -qvh dhcp.3.0pl1-23.i386.rpm

（3）使用rpm命令卸载一个软件包时，应使用的参数选项是（　　）。

A. -i　　B. -e　　C. –q　　D. -V

（4）若要将当前目录中的myfile.txt文件压缩成myfile.txt.tar.gz文件，则命令为（　　）。

A. tar -cvf myfile.txt myfile.txt.tar.gz

B. tar -zcvf myfile.txt myfile.txt.tar.gz

C. tar -zcvf myfile.txt.tar.gz myfile.txt

D. tar -cvf myfile.txt.tar.gz myfile.txt

（5）若要将当前目录中的myfile.txt.tar.gz文件解压缩，则命令为（　　）。

A. tar -tvf myfile.txt.tar.gz

B. tar -zxvf myfile.txt.tar.gz

C. tar -jxvf myfile.txt.tar.gz

D. tar -xvf myfile.txt.tar.gz

3. 操作题

请在Linux系统中执行以下操作：

（1）查询系统中有没有安装samba软件包samba-4.9.1-8.el8.x86_64.rpm，若没有则安装；

（2）查看samba软件包的详细信息；

（3）卸载samba软件包。

模块二　实施篇

任务五　实践出真知——乐购商城云平台数据库服务器的部署

扫一扫，看动画

5.1　任务导入

扫一扫，看微课

任务概述

在掌握了模块一基础篇4个任务的知识和技能之后，接下来就是项目的具体实施过程，本任务为安装并部署乐购商城云平台数据库服务器。任务实施过程涉及Linux操作系统的安装配置、重置root密码、快照与克隆、网络配置、SecureCRT的安装配置、MySQL数据库服务器的安装配置等。

任务分析

根据任务概述，需要考虑以下几点。

（1）如何安装和配置 Linux 操作系统。

（2）如何进行MySQL数据库服务器的安装和配置。

（3）如何进行Oracle数据库服务器的安装和配置。

（4）MySQL和Oracle数据库服务器各自的应用场景及特点。

任务目标

根据任务分析，需要掌握如下知识、技能、思政、课证融通目标。

（1）了解Linux系统的安装与配置方法。（知识）

（2）熟悉重置root密码、快照与克隆方法。（知识）

（3）掌握网络配置、网络连接工具的使用方法。（技能）

（4）熟练掌握MySQL数据库服务器的安装和配置方法。（技能）

（5）了解 Oracle数据库服务器的安装和配置方法。（技能）

（6）要学会举一反三，综合运用所学知识，完成项目的开发与实施。（思政）

（7）掌握MySQL和Oracle数据库服务器的配置方法和特点。（知识）

（8）拓展“1+X 云计算运维与开发”考证所涉及的知识与技能及红帽 RHCSA 认证

所涉及的知识与技能。（课证融通）

5.2 知识准备

5.2.1 配置网络服务

Linux 主机要与网络中其他主机进行通信，首先要进行正确的网络配置。

1. 主机名

主机名（hostname），又称节点名称（nodename），为连接网络时特定设备使用的名称。在进行通信时，主机名可以用来识别某个设备，如万维网、电子邮件、Usenet 中都使用主机名来区别。在互联网中，主机名被附在域名系统（DNS）的域名之后，形成完整域名。

可以使用 hostnamectl 命令来查看、设置主机名，该命令的语法格式为：

```
hostnamectl [参数选项]
```

常用的参数选项有以下几个。

-H：操作远程主机。

status：显示当前主机名设置。

set-hostname：设置系统主机名。

hostnamectl 命令示例如下。

（1）查看主机名，命令如下：

```
[root@RHEL8-1 ~]# hostnamectl status
   Static hostname:  rhel8-1
         Icon name:  computer-vm
           Chassis:  vm
        Machine ID:  151f9a74cd1c48ec98ac40645937521d
           Boot ID:  a93df1b4f7d44c8abe6d6db9408ae972
    Virtualization:  vmware
  Operating System:  Red Hat Enterprise Linux 8.1(Ootpa)
       CPE OS Name:  cpe:/o:redhat:enterprise_Linux:8.1:GA
            Kernel:  Linux 4.18.0-147.el8.x86_64
      Architecture:  x86-64
```

（2）设置新的主机名，命令如下：

```
[root@RHEL8-1 ~]# hostnamectl set-hostname my.smile.com
```

2. 网络配置

在RHEL 8中，有如下4种网络配置的方法。

方法一：使用网络配置界面进行网络配置。

单击桌面右上角的网络连接图标，打开网络配置界面，逐步完成网络信息查询和网络配置。具体过程如图5-1～图5-4所示。

设置完成后，单击“应用”按钮回到如图5-2所示的界面。注意网络连接应该设置为“打开”状态，如果处于“关闭”状态，请进行修改。注意，有时需要重启系统配置才能生效。

图5-1　单击【有线设置】

图5-2　网络配置：打开激活连接、单击齿轮进行配置

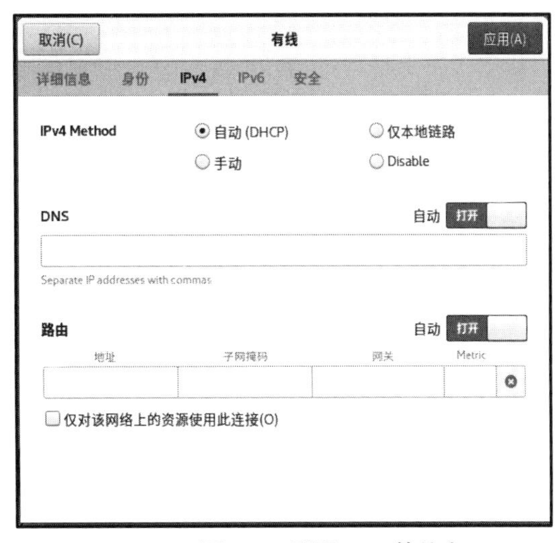

图5-3　配置有线连接信息

图5-4　配置IPv4等信息

注意：首选使用系统菜单配置网络。因为从RHEL 8开始，图形界面已经非常完善，所以在Linux桌面中，依次单击“显示应用程序”→“设置”→“网络”，同样可以打开网络配置界面。

方法二：通过网卡配置文件进行网络配置。

除了图形化界面，也可以通过网卡配置文件来配置网络。在 RHEL 8 中，网卡配置文件的前缀以 ifcfg 开始，加上网卡名称共同组成了网卡配置文件名称，如 ifcfg-ens160。

现在有一个名称为 ifcfg-ens160 的网卡，需将其配置为开机自动启动，并且 IP 地址、子网、网关等信息要手动指定，其操作步骤如下。

（1）切换到/etc/sysconfig/network-scripts 目录中（存储网卡的配置文件）。

（2）使用 vim 编辑器修改网卡文件 ifcfg-ens160，逐项写入下面的配置项及值并保存退出。由于每台设备的硬件及架构是不一样的，所以请读者使用 ifconfig 命令自行确认各自网卡的默认名称。

```
● 设备类型：TYPE=Ethernet
● 地址分配模式：BOOTPROTO=static
● 网卡名称：NAME=ens160
● 是否启动：ONBOOT=yes
● IP 地址：IPADDR=192.168.10.1
● 子网掩码：NETMASK=255.255.255.0
● 网关地址：GATEWAY=192.168.10.1
● DNS 地址：DNS1=192.168.10.1
```

在这些配置项中，需要掌握以下概念。

（1）IP 地址（IPADDR）。

IP 地址类似家庭住址，如果要给一个人写信，需要知道他（她）的地址，这样邮递员才能把信送到。计算机发送信息就好比邮递员送信，它必须知道唯一的“家庭住址”才能发送成功。只不过家庭住址是用文字表示的，计算机的地址是用二进制数表示的。

IP 地址相当于 Internet 上的计算机的一个编号。大家日常见到的情况是每台联网的 PC 都要有 IP 地址，才能正常通信。可以把“个人计算机”比作“一台电话”，那么“IP 地址”就相当于“电话号码”，而 Internet 中的路由器，就相当于电信部门的“程控式交换机”。

IP 地址是一个 32 位的二进制数，通常被分割为 4 个“8 位二进制数”（也就是 4 字节）。IP 地址通常用“点分十进制”表示成“a.b.c.d”的形式，其中，a、b、c、d 都是 0～255 之间的十进制整数。例如，点分十进制 IP 地址 100.4.5.6，实际上是 32 位二进制数 01100100.00000100.00000101.00000110。

（2）子网掩码（NETMASK）。

子网掩码是一个 32 位地址，是与 IP 地址结合使用的一种技术。它的主要作用有两个，一是用于屏蔽 IP 地址的一部分以区别网络标识和主机标识，并说明该 IP 地址是在局域网上，还是在远程网上；二是用于将一个大的 IP 网络划分为若干小的子网络。

使用子网是为了减少 IP 地址的浪费。因为随着互联网的发展，网络设备越来越多，有的网络中多则几百台设备，有的只有区区几台设备，这样就浪费了很多 IP 地址，所以要划分子网。使用子网可以提高网络应用的效率。

通过计算机的子网掩码判断两台计算机是否属于同一网段的方法：将计算机十进制数的IP地址和子网掩码转换为二进制数形式，然后进行二进制数“与”（AND）计算（全1则为1，不全1则为0），如果得出的结果是相同的，那么这两台计算机就属于同一网段。

（3）网关地址（GATEWAY）。

默认网关（Default Gateway）是子网与外网连接的设备，通常是一个路由器。当一台计算机发送信息时，根据发送信息的目标地址，通过子网掩码来判定目标主机是否在本地子网中，如果目标主机在本地子网中，就直接发送；如果目标主机不在本地子网中就将该信息传送给默认网关/路由器，由路由器将其转发到其他网络中，进一步寻找目标主机。

（4）DNS地址（DNS1）。

DNS（Domain Name Server，域名服务器）是进行域名（Domain Name）和与之对应的IP地址转换的服务器。DNS中保存了一张域名和与之对应的IP地址的表，以解析消息的域名。域名是Internet上某台计算机或计算机组的名称，用于在数据传输时标识计算机的电子方位（有时也指地理位置）。域名是由一串用点分隔的名字组成的，通常包含组织名，而且始终包括2～3个字母的后缀，以指明组织的类型或该域名所在的国家或地区。

方法三：使用图形界面进行网络配置。

使用图形界面配置网络是比较方便、简单的一种方式。

（1）前面使用网络配置文件配置网络，这里使用nmtui命令的图形化界面来配置，命令如下：

```
[root@RHEL8-1 network-scripts]# nmtui
```

（2）以上命令执行后显示如图5-5所示的图形配置界面。

（3）配置过程如图5-6、图5-7所示。

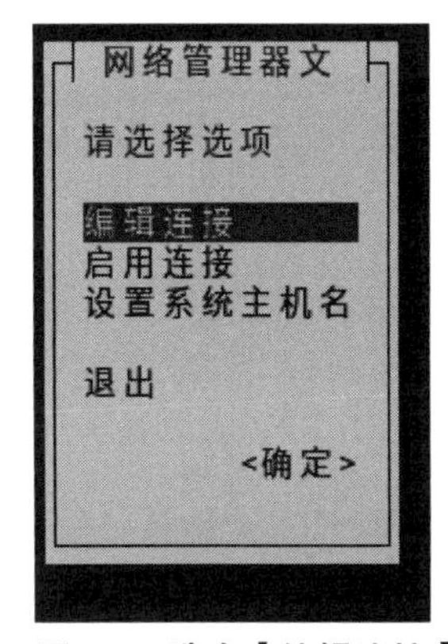

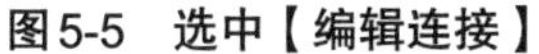
图5-5　选中【编辑连接】

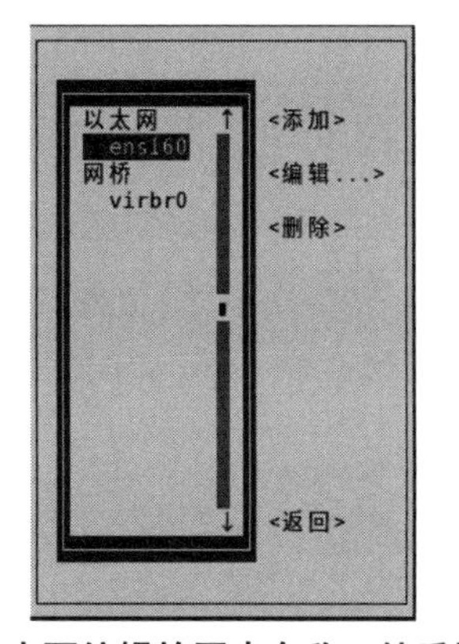

图5-6　选中要编辑的网卡名称，然后按回车键

（4）选择【显示】按钮，弹出如图5-8所示的界面，在【DNS服务器】文本框中填写IP地址，单击【确定】按钮，如图5-9所示。

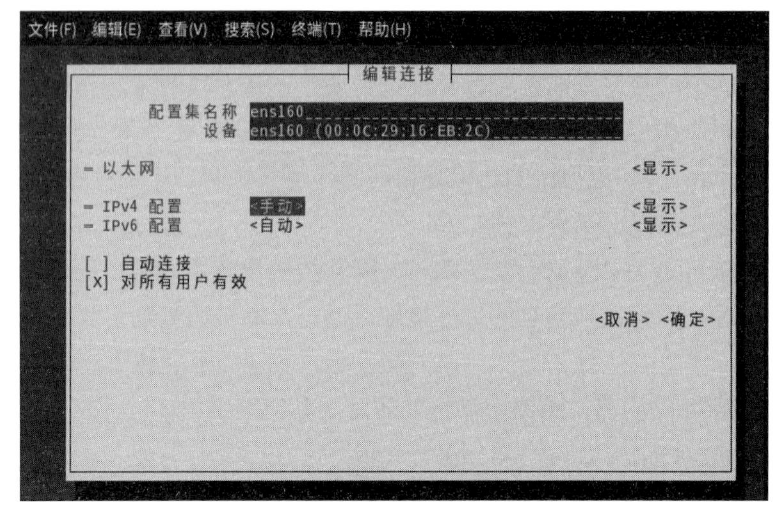

图 5-7　将 IPv4 的配置方式改成手动

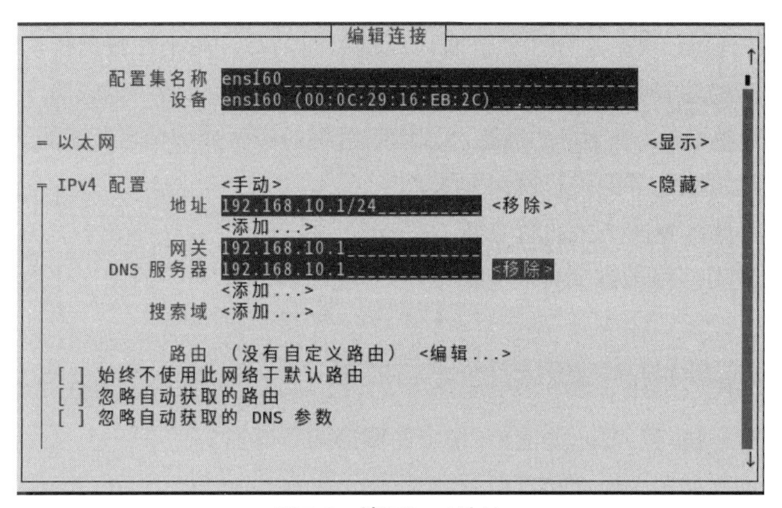

图 5-8　填写 Ipv4 地址

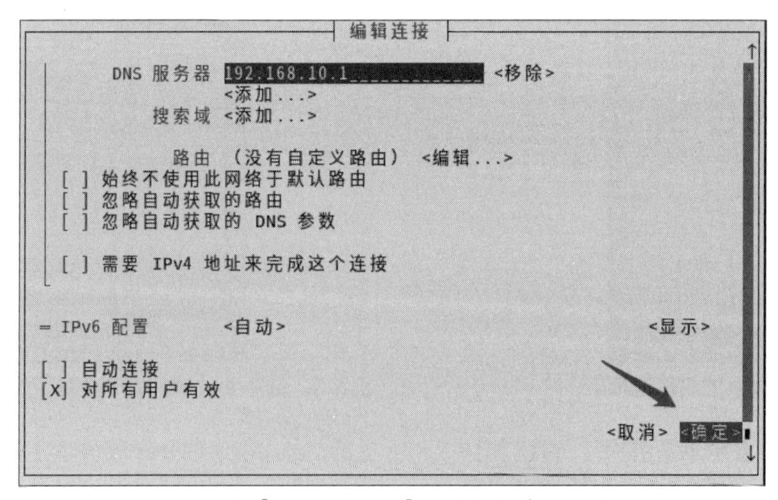

图 5-9　在【DNS 服务器】文本框中填写 IP 地址

（5）在“选择要编辑的网卡名称”界面中按【返回】按钮回到nmtui图形界面初始状态，选择【启用连接】选项，如图5-10所示，激活刚才的连接“ens160”。前面有“*”号表示已激活，如图5-11所示。

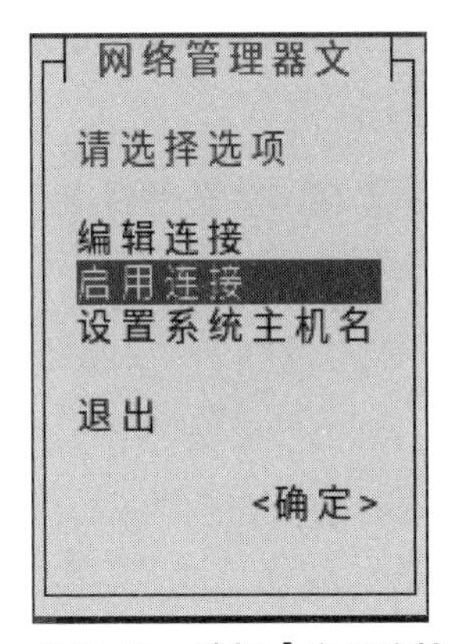

图5-10　选择【启用连接】

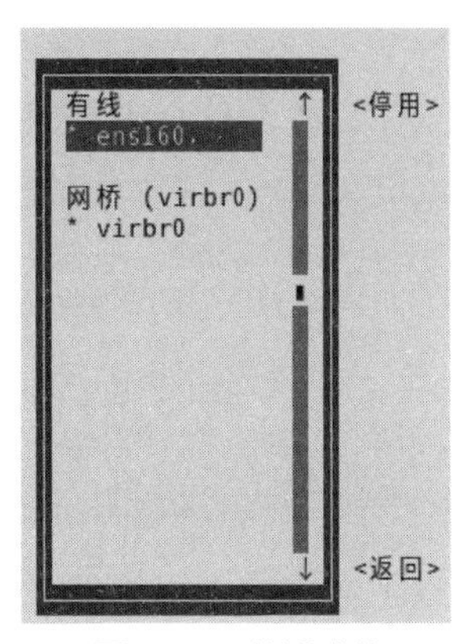

图5-11　激活连接

（6）至此，在Linux系统中配置网络的步骤就结束了。

方法四：使用nmcli命令进行网络配置。

nmcli命令的常用功能如下。

- nmcli connection show：显示所有连接。
- nmcli connection show --active：显示所有活动的连接状态。
- nmcli connection show “ens160”：显示网络连接配置。
- nmcli device status：显示设备状态。
- nmcli device show ens160：显示网络接口属性。
- nmcli connection add help：查看帮助。
- nmcli connection reload：重新加载配置信息。
- nmcli connection down test2：禁用test2连接配置，注意一个网卡可以有多项配置信息。
- nmcli connection up test2：启用test2连接配置。
- nmcli device disconnect ens160：禁用ens160网卡。
- nmcli device connect ens160：启用ens160网卡。

（1）创建新的连接配置default，设置IP地址通过DHCP自动获取，命令如下：

```
[root@RHEL8-1 ~]# nmcli connection show
NAME    UUID                                  TYPE            DEVICE
ens160  9d5c53ac-93b5-41bb-af37-4908cce6dc31  802-3-ethernet  ens160
virbr0  f30a1db5-d30b-47e6-a8b1-b57c614385aa  bridge          virbr0
[root@RHEL8-1 ~]# nmcli connection add con-name default type Ethernet
ifname ens160
Connection 'default' (ffe127b6-ece7-40ed-b649-7082e86c0775) successfully
added.
```

（2）删除连接，命令如下：

```
[root@RHEL8-1 ~]# nmcli connection delete default
Connection 'default' (ffe127b6-ece7-40ed-b649-7082e86c0775) successfully
deleted.
```

（3）创建新的连接配置test2，指定静态IP，不自动连接，命令如下：

```
[root@RHEL8-1 ~]# nmcli connection add con-name test2 ipv4.method manual
ifname ens160 autoconnect no type Ethernet ipv4.addresses 192.168.10.
100/24 gw4
192.168.10.1
Connection 'test2' (7b0ae802-1bb7-41a3-92ad-5a1587eb367f) successfully
added.
```

以上命令的参数说明如下。

con-name：指定连接名字，没有特殊要求。

ipv4.methmod：指定获取IP地址的方式。

ifname：指定网卡设备名，也就是次配置所生效的网卡。

autoconnect：指定是否自动启动。

ipv4.addresses：指定IPv4地址。

gw4：指定网关。

（4）查看/etc/sysconfig/network-scripts/目录，命令如下：

```
[root@RHEL8-1 ~]# ls /etc/sysconfig/network-scripts/ifcfg-*
/etc/sysconfig/network-scripts/ifcfg-ens160
/etc/sysconfig/network-scripts/ifcfg-test2
/etc/sysconfig/network-scripts/ifcfg-lo
```

以上命令执行结果多出了一个/etc/sysconfig/network-scripts/ifcfg-test2 文件，说明添加操作已生效。

（5）启用test2连接配置，命令如下：

```
[root@RHEL8-1 ~]# nmcli connection up test2
Connection successfully activated (D-Bus active path: /org/freedesktop/
NetworkManager/ActiveConnection/6)
[root@RHEL8-1 ~]# nmcli  connection show
NAME    UUID                                  TYPE            DEVICE
test2   7b0ae802-1bb7-41a3-92ad-5a1587eb367f  802-3-ethernet  ens160
virbr0  f30a1db5-d30b-47e6-a8b1-b57c614385aa  bridge          virbr0
ens160  9d5c53ac-93b5-41bb-af37-4908cce6dc31  802-3-ethernet  --
```

（6）查看启用test2连接配置是否生效，命令如下：

```
[root@RHEL8-1 ~]# nmcli device show ens160
```

```
GENERAL.DEVICE:                ens160
...
```

到此，使用 nmcli 命令进行网络配置的操作完成。

5.2.2　Linux系统中常用的网络命令和概念

Linux 系统稳定、高效，拥有完善的资源分配功能，因此，基于Linux 系统开发出来的程序能又快又稳定地运行。也正是由于Linux 系统强大的网络功能，使它能够在服务器领域内占有一席之地。因此，掌握Linux 系统中常用的网络命令是十分必要的。

在任务实施过程中，如果想要设置网络参数，如IP 地址、路由信息与无线网络信息等，需要了解常用的网络命令，接下来介绍常用的网络命令。

1. ifconfig 命令

Linux 系统的ifconfig 命令用于显示或设置网络设备，该命令的语法格式为：

```
ifconfig [网络设备][down up-allmulti-arp -promisc][add<地址>][del<地址>][<hw<网络设备类型><硬件地址>][io_addr<I/O 地址>][irq<IRQ 地址>][media<网络媒介类型>][mem_ start<内存地址>][metric<数目>][mtu<字节>][netmask<子网掩码>][tunnel<地址>][-broadcast <地址>][-pointopoint<地址>][IP 地址]
```

一般来说，如果直接在终端中输入ifconfig 命令，就会直接列出当前已经被启动的网卡情况，不论这个网卡是否设置了IP 地址，都会显示出来。而如果在这个命令后加上网卡的名称，就会显示该网卡的数据，不论这个网卡是否已经被启动。例如，可以直接使用以下命令来查看网络配置信息：

```
[root@localhost ~]# ifconfig
ens33: flags=4163<UP, BROADCAST, RUNNING, MULTICAST> mtu 1500
       ether 00: 0c: 29: b6: bb: ac txqueuelen 1000 (Ethernet)
       RX packets 125 bytes 7500 (7.3 KiB)
       RX errors 0 dropped 0 overruns 0 frame 0
       TX packets 0 bytes 0 (0.0 B)
       TX errors 0 dropped 0 overruns 0 carrier 0 collisions 0
lo: flags=73<UP, LOOPBACK, RUNNING> mtu 65536
       inet 127.0.0.1 netmask 255.0.0.0
       inet6:: 1 prefixlen 128 scopeid 0x10
       loop txqueuelen 1 (Local Loopback)
       RX packets 76 bytes 6908 (6.7 KiB)
       RX errors 0 dropped 0 overruns 0 frame 0
       TX packets 76 bytes 6908 (6.7 KiB)
       TX errors 0 dropped 0 overruns 0 carrier 0 collisions 0
virbr0: flags=4099<UP, BROADCAST, MULTICAST> mtu 1500
       inet 192.168.122.1 netmask 255.255.255.0 broadcast 192.168.122.255
```

```
        ether 52:54:00:36:da:62 txqueuelen 1000 (Ethernet)
        RX packets 0 bytes 0 (0.0 B)
        RX errors 0 dropped 0 overruns 0 frame 0
        TX packets 0 bytes 0 (0.0 B)
        TX errors 0 dropped 0 overruns 0 carrier 0 collisions 0
```

2. ping 命令

在 Linux 系统中，ping 命令是很常用且很重要的命令，它主要通过 ICMP 网络数据包来报告网络情况，会发出要求回应的信息，如果远端主机的网络功能没有问题，就会回应信息，从而得知该主机运行正常。ping 命令的语法格式为：

```
ping [-dfnqrRv][-c<完成次数>][-i<间隔秒数>][-I<网络界面>][-l<前置载入>][-p<范本样式>][-s<数据包大小>][-t<存活数值>][主机名或 IP 地址]
```

ping 命令的使用如下：

```
# ping www.baidu.com //ping主机
PING www.a.shifen.com (14.215.177.39) 56 (84) bytes of data.
64 bytes from 14.215.177.39: icmp_seq=1 ttl=64 time=0.025 ms
64 bytes from 14.215.177.39: icmp_seq=2 ttl=64 time=0.036 ms
64 bytes from 14.215.177.39: icmp_seq=3 ttl=64 time=0.034 ms
64 bytes from 14.215.177.39: icmp_seq=4 ttl=64 time=0.034 ms
…
8 packets transmitted, 30 received, 0% packet loss, time 29246ms
rtt min/avg/max/mdev = 0.021/0.035/0.078/0.011 ms
//需要手动终止，使用Ctrl+C键
```

ping 命令最简单的功能就是发送 ICMP 数据包到对方主机上，要求其回应是否在线，在上面的响应消息中，几项比较重要的内容如下。

（1）64 bytes：表示这次发送的 ICMP 数据包的大小为 64 Byte，这是一个默认的数值。

（2）icmp_seq=1：表示 ICMP 检测的次数，第一次的编号是 1，依次类推。

（3）ttl=64：TTL 与 IP 数据包内的 TTL 是相同的，每经过一个带有 MAC 的节点时，如路由器、网桥等，TTL 的值就会减 1，也可以设置这个值。

（4）time=0.025 ms：响应时间，一般来说，响应时间越短，表示两台主机之间的网络连接情况越好。

3. ssh 命令

ssh 命令可以远程登录主机，要掌握 ssh 命令的使用，首先要了解 SSH（Secure Shell Protocol，安全的壳程序协议），SSH 是一种能够以安全的方式提供远程登录的协议。

SSH 可以通过数据包加密技术将待传输的数据包加密后再传输到网络上，从而保证了数据的安全性。

当使用主机时，可以设置密钥通过SSH登录，这样就不需要输入密码，还能保证登录的安全性。在实际使用过程中，密钥包含两种，公钥（Public Key）和私钥（Private Key）。公钥与私钥是通过一种算法得到的一个密钥对（一个公钥和一个私钥），公钥是密钥对中公开的部分，私钥则是非公开的部分。公钥通常用于加密会话密钥、验证数字签名，或者加密可以用相应的私钥解密的数据。通过这种算法得到的密钥对能保证在世界范围内是唯一的。使用这个密钥对时，如果使用其中一个密钥加密一段数据，必须用另一个密钥解密。如用公钥加密数据就必须用私钥解密，如用私钥加密数据也必须用公钥解密，否则解密将不会成功。

本项目的任务就采用了这样的登录方式，保证账户密码不被窃取。

SSH是一种能够以安全的方式提供远程登录服务的协议，也是目前远程管理Linux系统的首选方式。在此之前，一般使用FTP或Telnet协议进行远程登录。但是因为它们以明文的形式在网络中传输账户密码和数据信息，所以很不安全，很容易受到黑客攻击。

若想要使用SSH协议来远程管理Linux系统，则需要配置sshd服务。sshd是基于SSH协议开发的一款远程管理服务程序，不仅使用起来方便快捷，还提供了以下两种安全验证的方法。

- 基于口令的验证——通过账户和密码来验证登录。
- 基于密钥的验证——需要在本地生成密钥对，然后将密钥对中的公钥上传至服务器，并与服务器中的公钥进行比较，该方式相较来说更安全。

前文曾多次强调“Linux系统中的一切都是文件”，因此在Linux系统中修改服务程序的运行参数，实际上就是在修改程序配置文件的过程。sshd服务的配置信息保存在/etc/ssh/sshd_config文件中。运维人员一般会把保存着最主要配置信息的文件称为主配置文件，而配置文件中有许多以“#”开头的注释行，要想让这些配置项生效，需要去掉前面的“#”。sshd服务配置文件中包含的重要参数及作用如表5-1所示。

表5-1　sshd服务配置文件中包含的重要参数及作用

重要参数	作　用
Port22	默认的sshd服务端口
ListenAddress0.0.0.0	设定sshd服务器监听的IP地址
Protocol2	SSH协议的版本号
HostKey/etc/ssh/ssh_host_key	SSH协议版本号为1时，DES私钥存储的位置
HostKey/etc/ssh/ssh_host_rsa_key	SSH协议版本号为2时，RSA私钥存储的位置
HostKey/etc/ssh/ssh_host_dsa_key	SSH协议版本号为2时，DSA私钥存储的位置
PermitRootLogin yes	设定是否允许root用户直接登录
StrictModes yes	当远程用户的私钥改变时直接拒绝连接
MaxAuthTries 6	最大密码尝试次数
MaxSessions 10	最大终端数
PasswordAuthentication yes	是否允许密码验证
PermitEmptyPasswords no	是否允许空密码登录（很不安全）

现有计算机的情况如下。

- 计算机名为RHEL8-1，角色为RHEL 8服务器，IP地址为192.168.10.1/24。
- 计算机名为RHEL8-2，角色为RHEL 8客户机，IP地址为192.168.10.20/24。

需特别注意两台虚拟机的网络配置方式一定要一致，在本例中都为桥接模式。

在RHEL 8系统中，已经默认安装并启用了sshd服务。接下来使用ssh命令在RHEL8-2上远程连接RHEL8-1，其格式为“ssh [参数]主机IP地址”。要退出登录则执行exit命令。在RHEL8-2上执行命令如下：

```
[root@RHEL8-2 ~]# ssh 192.168.10.1
The authenticity of host '192.168.10.1(192.168.10.1)' can't be established.
ECDSA key fingerprint is SHA256: f7b2rHzLTyuvW4WHLjl3SRMIwkiUN+cN9y1yDb9wUbM.
ECDSA key fingerprint is MD5:d1:69:a4:4f:a3:68:7c:f1:bd:4c:a8:b3:84:5c:50:19.
Are you sure you want to continue connecting(yes/no)? yes
Warning:Permanently added '192.168.10.1'(ECDSA)to the list of known hosts.
root@192.168.10.1's password: 此处输入远程主机root用户的密码
Last login: Wed May 30 05: 36: 53 2018 from 192.168.10.
[root@RHEL8-1 ~]#
[root@RHEL8-1 ~]# exit
logout
Connection to 192.168.10.1 closed.
```

若禁止以root用户的身份远程登录服务器，则可以大大降低被黑客暴力破解密码的概率。下面进行相应配置。

（1）在RHEL8-1上。首先使用vim编辑器打开sshd服务的主配置文件，然后把第38行“#PermitRootLogin yes”前面的“#”去掉，并把“yes”改成“no”，这样就不再允许root用户远程登录服务器，最后保存文件并退出。命令如下：

```
[root@RHEL8-1 ~]# vim /etc/ssh/sshd_config
…
36
37 #LoginGraceTime 2m
38 PermitRootLogin no
39 #StrictModes yes
…
```

（2）一般的服务程序并不会在配置文件修改之后立即获得最新的参数。如果想让配置生效，就需要手动重启相应的服务程序。最好也将这个服务程序加入开机启动项中，这样系统在下一次启动时，该服务程序便会自动运行，继续为用户提供服务，命令如下：

```
[root@RHEL8-1 ~]# systemctl restart sshd
[root@RHEL8-1 ~]# systemctl enable sshd
```

（3）当root用户再次尝试访问sshd服务程序时，系统会提示不可访问的错误信息。仍然在RHEL8-2上测试，命令如下：

```
[root@RHEL8-2 ~]# ssh 192.168.10.1
root@192.168.10.10's password：此处输入远程主机root用户的密码
Permission denied, please try again.
```

注意：为了不影响以下任务实施的效果，请将/etc/ssh/sshd_config配置文件的更改信息恢复到初始状态。

加密是对信息进行编码和解码的技术，传输数据时，如果担心被他人监听或截获，就可以在传输前先使用公钥对数据进行加密处理。这样，只有掌握私钥的用户才能解密这段数据，除此之外的其他人即便截获了数据，一般也很难将其破译为明文信息。

在实际生产环境中使用密码进行口令验证的方式存在着被暴力破解或嗅探截获的风险。如果正确配置了密钥验证方式，那么sshd服务程序将更加安全。

下面使用密钥验证方式，以用户student身份登录SSH服务器，具体配置如下。

（1）在RHEL8-1服务器上建立用户student，并设置密码，命令如下：

```
[root@RHEL8-1 ~]# useradd student
[root@RHEL8-1 ~]# passwd student
```

（2）在RHEL8-2（客户机）上生成“密钥对”，查看公钥id_rsa.pub和私钥id_rsa，命令如下：

```
[root@RHEL8-2 ~]# ssh-keygen
Generating public/private rsa key pair.
Enter file in which to save the key(/root/.ssh/id_rsa)://按回车键或设置密钥的存储路径
Enter passphrase(empty for no passphrase)://直接按回车键或设置密钥的密码
Enter same passphrase again://再次按回车键或设置密钥的密码
...
The key's randomart image is:
+---[RSA 2048]----+
|     .      o...|
|    + . .   * oo.|
|     = E.o o B  o|
|      o. +o B..o |
|       . S ooo+= =|
|        o  .o...==|
|           . o o.=o|
|            o ..=o+|
|             ..o.oo|
+----[SHA256]-----+
```

```
    [root@RHEL8-2 ~]# cat /root/.ssh/id_rsa.pub
    ssh-rsa
    AAAAB3NzaC1yc2EAAAADAQABAAABAQCurhcVb9GHKP4taKQMuJRdLLKTAVnC4f9Y9H2Or4rL
x3YCqsBVYUUn4gSzi8LAcKPcPdBZ817Y4a2OuOVmNW+hpTR9vfwwuGOiU1Fu4Sf5/14qgkd5EreU
jE/KIPlZVNX904blbIJ90yu6J3CVz6opAdzdrxckstWrMSlp68SIhi517OVqQxzA+2G7uCkplh3p
btLCKlz6ck6x0zXd7MBgR9S7nwm1DjHl5NWQ+542Z++MA8QJ9CpXyHDA54oEVrQoLitdWEYItcJI
EqowIHM99L86vSCtKzhfD4VWvfLnMiO1UtostQfpLazjXoU/XVplfkfYtc7FFl+uSAxIO1nJ=roo
t@RHEL8-2
    [root@RHEL8-2 ~]# cat /root/.ssh/id_rsa
    -----BEGIN OPENSSH PRIVATE KEY-----
    b3BlbnNzaC1rZXktdjEAAAAABG5vbmUAAAAEbm9uZQAAAAAAAAABAAABlwAAAAdzc2gtcn
    NhAAAAAwEAAQAAAYEAwLEjQ3uMHRAe+S0jHDt8awUwqZshB++Bd1cVxolHVNxfe5qgBKDA
    ...
    TWPc/Gl0Ea7Biu75qzbsL4xb+n7/umggbwLzTEJEuaDQADL8oRF67vSAeZUnuTs/xq3hk3
    iPHh21xvOSYI0AAAAacm9vdEBsb2NhbGhvc3QubG9jYWxkb21haW4B
    -----END OPENSSH PRIVATE KEY-----
```

（3）将RHEL8-2（客户机）上生成的公钥文件传送至远程主机，命令如下：

```
    [root@RHEL8-2 ~]# ssh-copy-id student@192.168.10.1
    /usr/bin/ssh-copy-id:INFO:attempting to log in with the new key(s),to
filter
    out any that are already installed
    /usr/bin/ssh-copy-id:INFO:1 key(s)remain to be installed -- if you are
    prompted now it is to install the new keys
    student@192.168.10.1's password://在此处输入远程服务器密码

    Number of key(s)added:1


    Now try logging into the machine,with:"ssh 'student@192.168.10.1'"
    and check to make sure that only the key(s)you wanted were added.
```

（4）对RHEL8-1服务器进行设置（第65行左右），使其只允许密钥验证，拒绝通过传统的口令验证方式。将“PasswordAuthentication yes”改为“PasswordAuthentication no”，记得在修改配置文件后保存并重启sshd服务程序，命令如下：

```
    [root@RHEL8-1 ～]# vim /etc/ssh/sshd_config
    …
     74
     62 # To disable tunneled clear text passwords, change to no here!
     63 #PasswordAuthentication yes
     64 #PermitEmptyPasswords no
     65 PasswordAuthentication no
     66
```

```
…
[root@RHEL8-1 ~]# systemctl restart sshd
```

（5）在RHEL8-2（客户机）上尝试使用student用户远程登录到服务器上，此时无须输入密码也可成功登录。同时利用ifconfig命令可查看到ens160的IP地址是192.168.10.1，即RHEL8-1的网卡和IP地址，说明已成功登录到远程服务器RHEL8-1上，命令如下：

```
[root@RHEL8-2 ~]# ssh student@192.168.10.1
Last failed login:Sat Jul 14 20:14:22 CST 2018 from 192.168.10.20 on
ssh:notty
There were 6 failed login attempts since the last successful login.
[student@RHEL8-1 ~]$ ifconfig
ens160:flags=4163<UP,BROADCAST,RUNNING,MULTICAST>  mtu 1500
        inet 192.168.10.1  netmask 255.255.255.0  broadcast 192.168.10.255
        inet6 fe80::4552:1294:af20:24c6  prefixlen 64  scopeid 0x20<link>
        ether 00:0c:29:2b:88:d8  txqueuelen 1000(Ethernet)
```

（6）在RHEL8-1上查看RHEL8-2的公钥是否成功传送，命令如下：

```
[root@RHEL8-1 ~]# cat /home/student/.ssh/authorized_keys
ssh-rsa AAAAB3NzaC1yc2EAAAADAQABAAABAQCurhcVb9GHKP4taKQMuJRdLLKTAVnC4f9Y9
H2Or4rLx3YCqsBVYUUn4gSzi8LAcKPcPdBZ817Y4a2OuOVmNW+hpTR9vfwwuGOiU1Fu4Sf5/
14qgk
d5EreUjE/KIPlZVNX904blbIJ90yu6J3CVz6opAdzdrxckstWrMSlp68SIhi517OVqQxzA+2
G7uCk
plh3pbtLCKlz6ck6x0zXd7MBgR9S7nwm1DjHl5NWQ+542Z++MA8QJ9CpXyHDA54oEVrQoLit
dWEYI
tcJIEqowIHM99L86vSCtKzhfD4VWvfLnMiO1UtostQfpLazjXoU/XVplfkfYtc7FFl+uSAxI
O1nJ
root@RHEL8-2
```

以上命令执行结果显示RHEL8-1的公钥已成功传送。

一般来说，如果想使用虚拟机上网，使用桥接模式的配置比较简单，但如果网络环境是IP地址很缺少或对IP地址的管理比较严格，那么桥接模式就不太适用了，而又需要联网，因此就要用到VMware的另一种网络模式——NAT模式。NAT模式借助虚拟NAT设备和虚拟DHCP服务器，使得虚拟机可以联网。在NAT模式中，主机网卡直接与虚拟NAT设备相连，然后虚拟NAT设备与虚拟DHCP服务器一起连接在虚拟交换机VMnet8上，这样就实现了虚拟机联网。

5.3 任务实施

5.3.1 任务实施步骤1：操作系统的安装配置

（1）打开 VMware Workstation，选择【创建新的虚拟机】选项，如图5-12所示。

图5-12 创建新的虚拟机

（2）选择【自定义（高级）】单选按钮，如图5-13所示，然后单击【下一步】按钮。

（3）选择虚拟机硬件兼容性，如图5-14所示，然后单击【下一步】按钮。

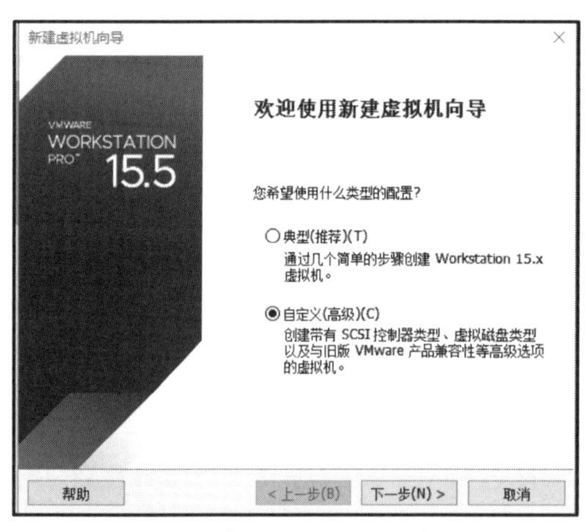

图5-13 选择【自定义（高级）】单选按钮

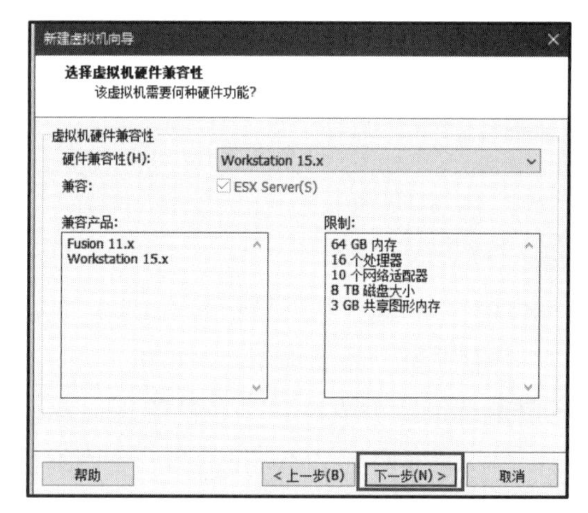

图5-14 选择虚拟机硬件兼容性

（4）选择【稍后安装操作系统】单选按钮，如图5-15所示，然后单击【下一步】按钮。

（5）选择客户机操作系统为 Linux，如图5-16所示，然后单击【下一步】按钮。

（6）命名虚拟机和保存路径，如图5-17所示，然后单击【下一步】按钮。

（7）设置虚拟机处理器配置信息，如图5-18所示，然后单击【下一步】按钮。

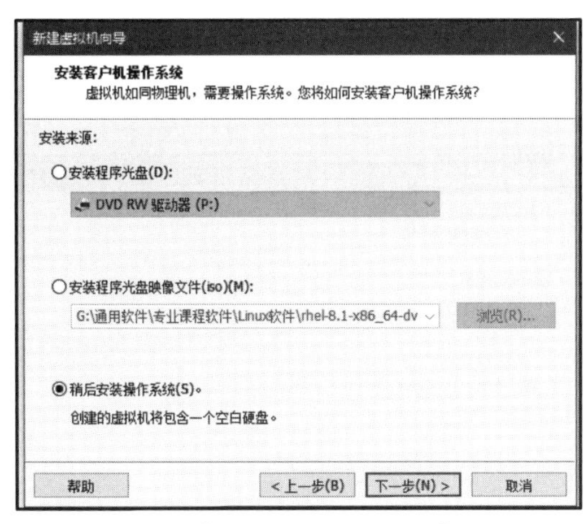

图5-15　选择【稍后安装操作系统】单选按钮

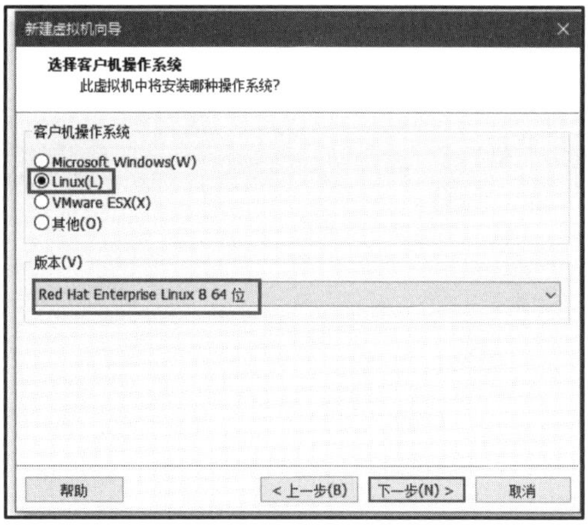

图5-16　选择客户机操作系统

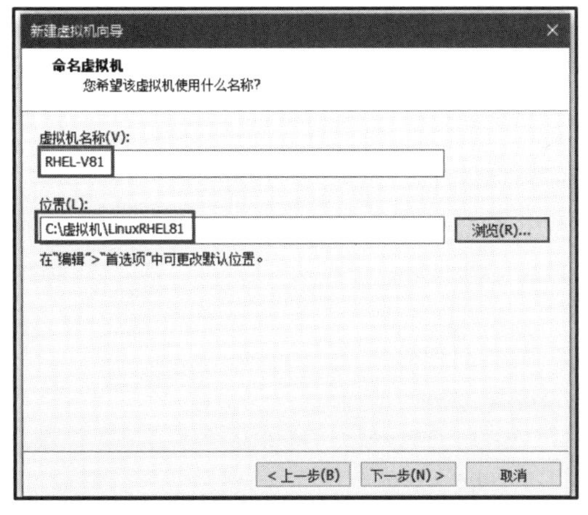

图5-17　命令虚拟机名称和指定位置

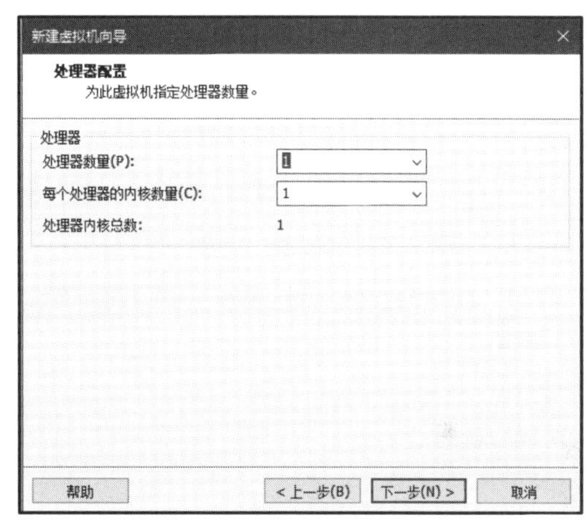

图5-18　设置虚拟机处理器配置信息

（8）设置虚拟机内存信息，如图5-19所示，然后单击【下一步】按钮。

（9）设置网络类型为NAT，如图5-20所示，然后单击【下一步】按钮。

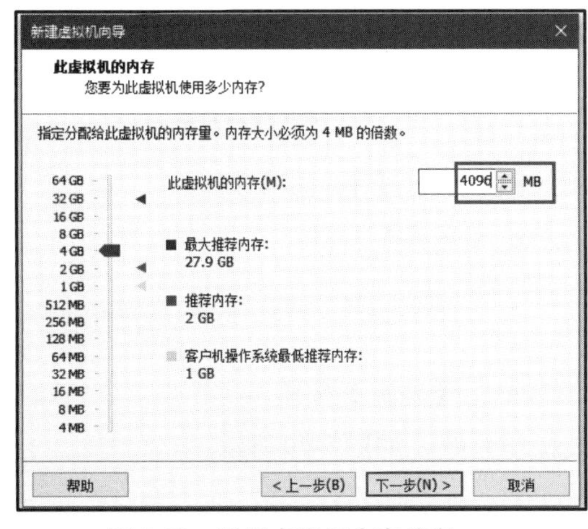

图5-19　设置虚拟机内存信息

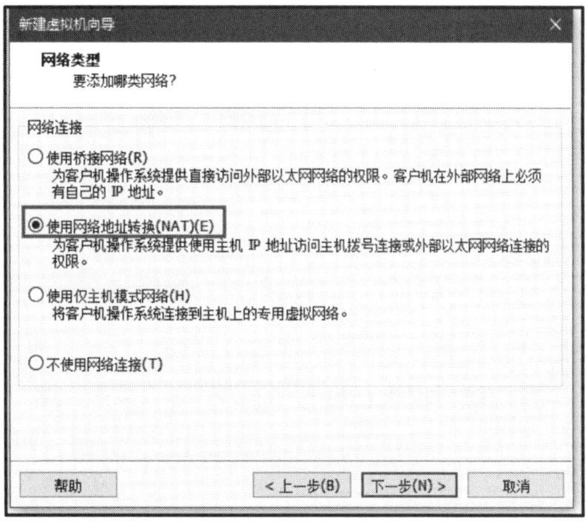

图5-20　设置网络类型

（10）选择I/O控制器类型，如图5-21所示，然后单击【下一步】按钮。

（11）选择磁盘类型，如图5-22所示，然后单击【下一步】按钮。

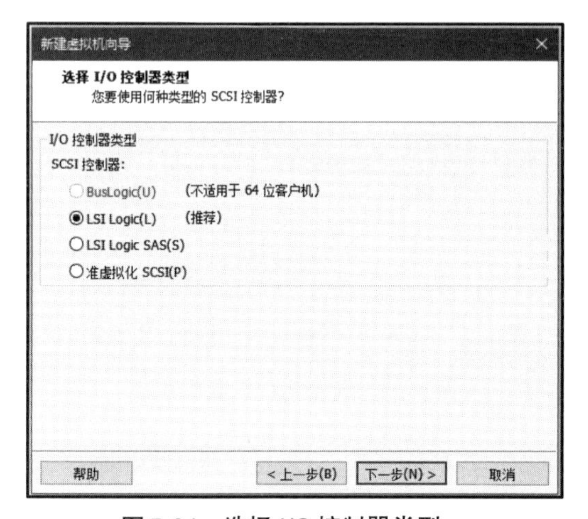

图5-21　选择 I/O控制器类型

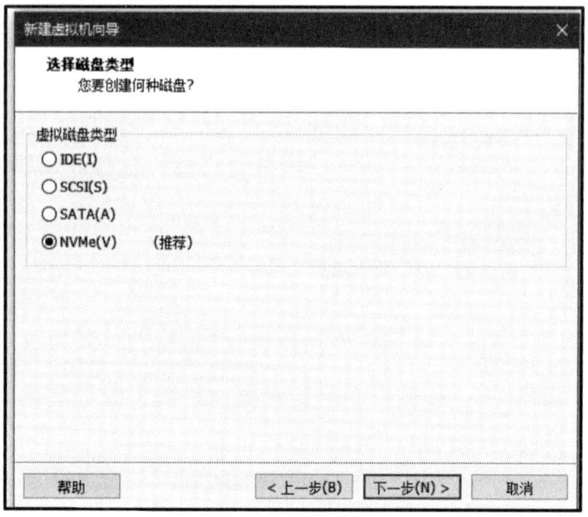

图5-22　选择磁盘类型

（12）创建新虚拟磁盘，如图5-23所示，然后单击【下一步】按钮。

（13）指定磁盘容量，如图5-24所示，然后单击【下一步】按钮。

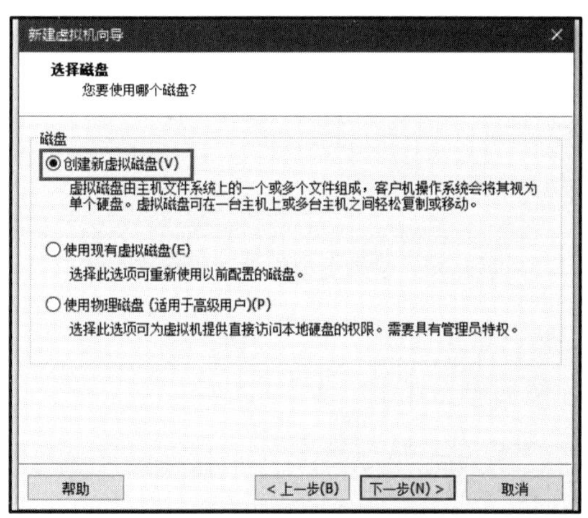

图5-23　创建新虚拟磁盘

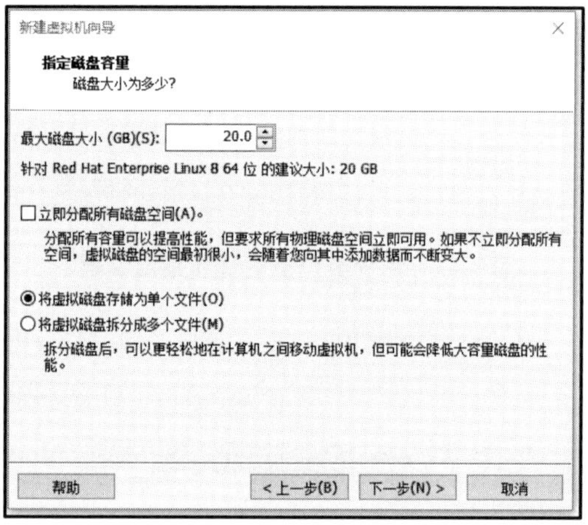

图5-24　指定磁盘容量

（14）指定磁盘文件存储位置，如图5-25所示，然后单击【下一步】按钮。

（15）设置完的参数概要信息如图5-26所示，单击【完成】按钮。

（16）虚拟机设置完毕，如图5-27所示。

在安装并设置好虚拟机以后，接下来安装操作系统。

（17）使用 ISO 映像文件，如图5-28所示，然后单击【确定】按钮。

（18）单击“开启此虚拟机”按钮，开始安装操作系统，如图5-29所示。

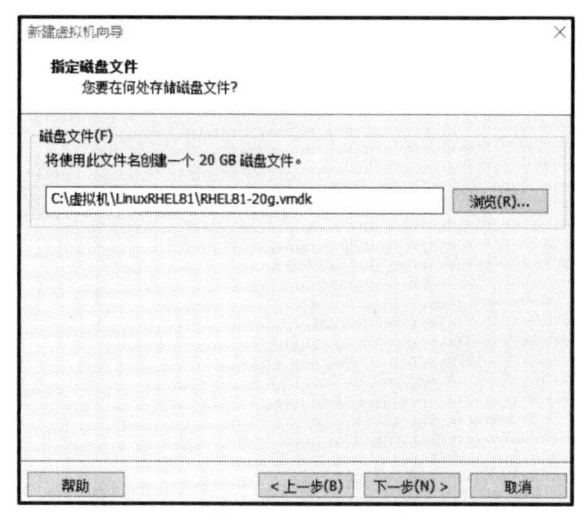

图5-25　指定磁盘文件存储位置

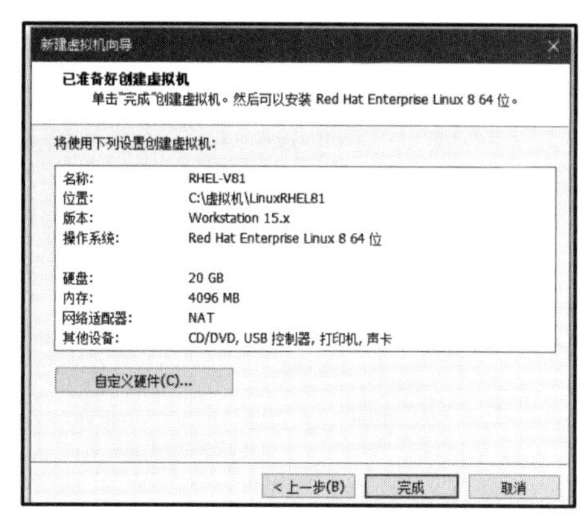

图5-26　设置完的参数概要信息

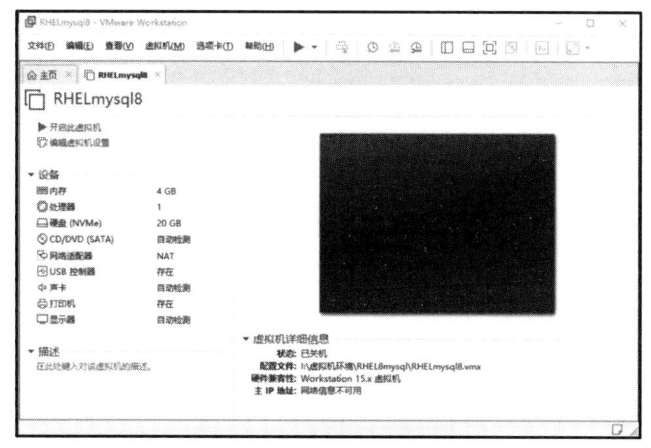

图5-27　虚拟机设置完毕

图5-28　ISO映像文件

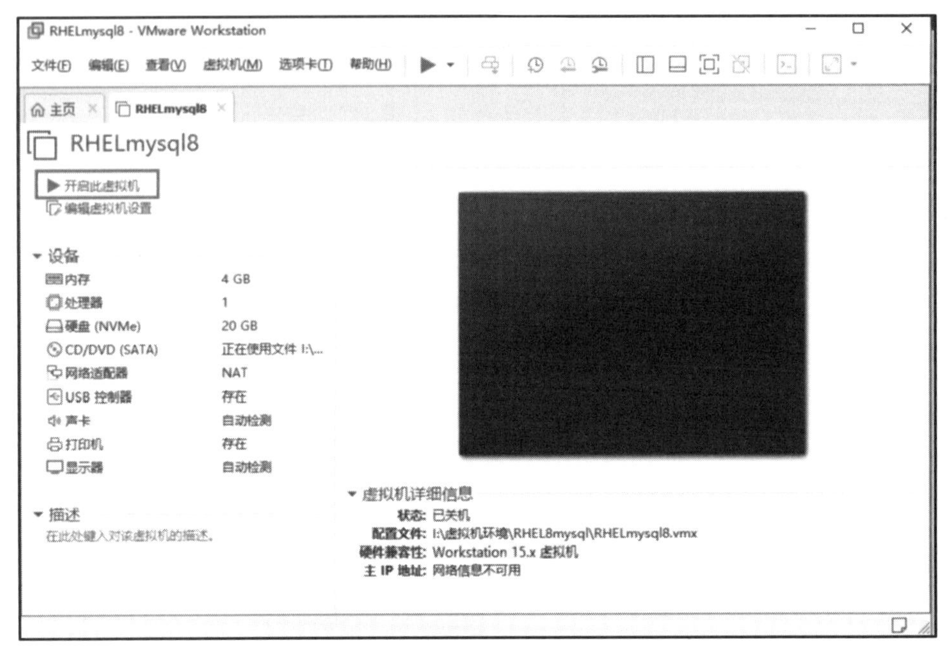

图5-29 单击“开启此虚拟机”按钮

（19）启动操作系统的安装过程如图5-30所示，安装完成后单击【我已完成安装】按钮。

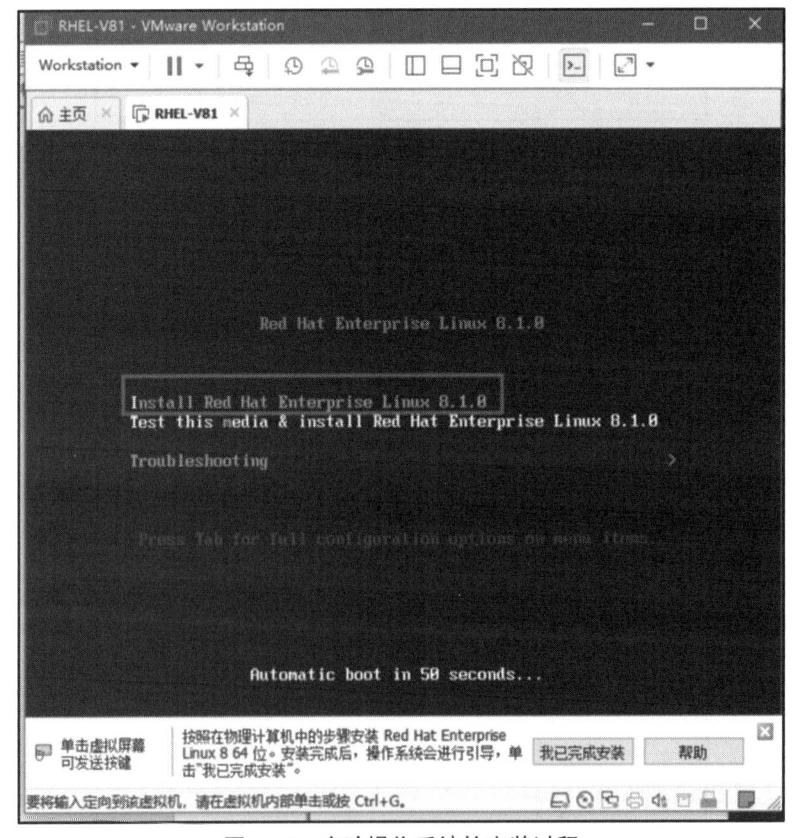

图5-30 启动操作系统的安装过程

（20）选择安装语言如图5-31所示，然后单击【Continue】按钮。

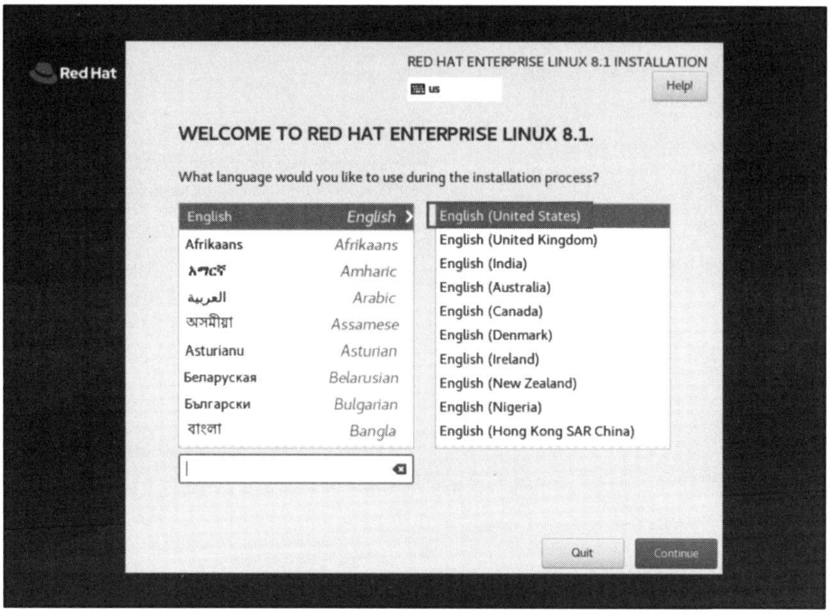

图5-31　选择安装语言

（21）指定安装目标盘，如图5-32所示。

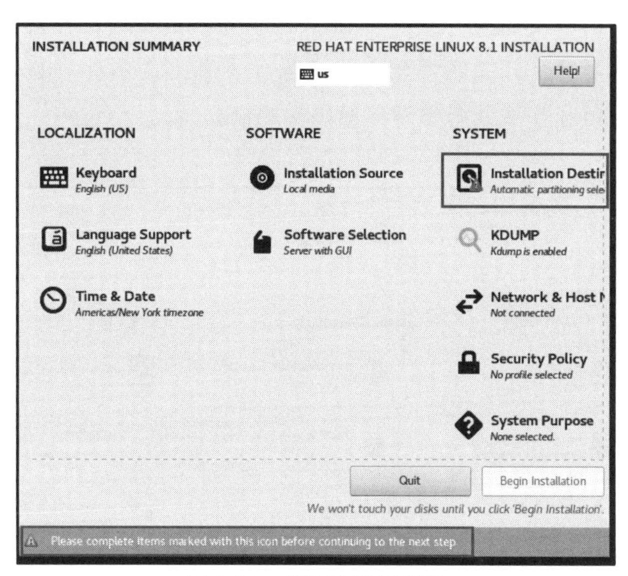

图5-32　指定安装目标盘

（22）设置和修改目标盘，如图5-33所示，然后单击【Done】按钮。

（23）选择【Software Selection】，如图5-34所示。

（24）选择【Server with GUI】单选按钮，如图5-35所示，然后单击【Done】按钮，回到图5-34所示的界面中，单击【Begin Installation】按钮，开始安装。

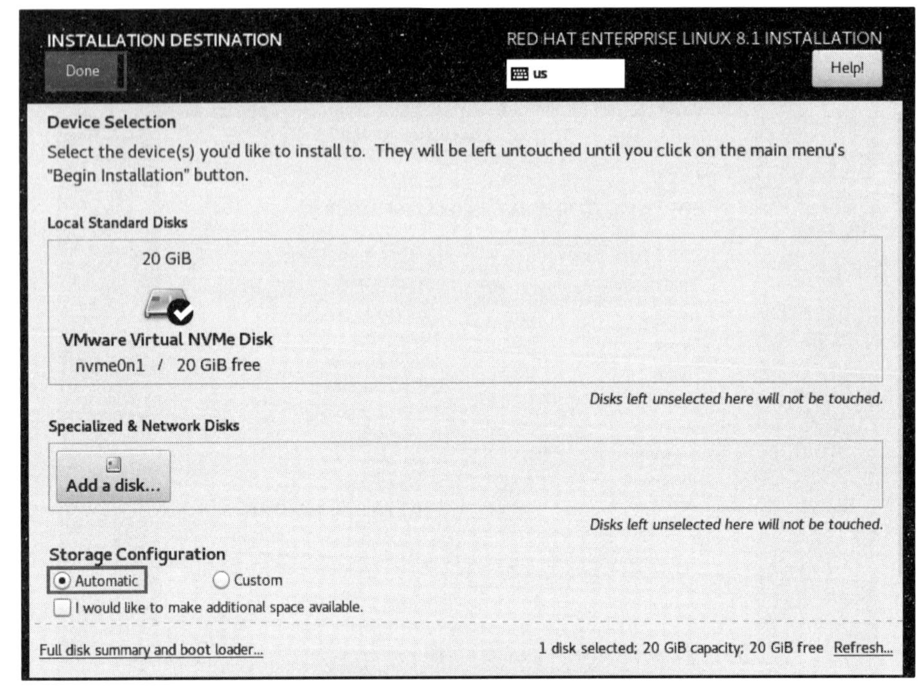

图 5-33 设置和修改目标盘

注意：GUI 即图形用户界面（Graphical User Interface，又称图形用户接口）是指采用图形方式显示的计算机操作用户界面。图形用户界面是一种人与计算机通信的界面显示格式，允许用户使用鼠标等输入设备操作屏幕上的图标或菜单选项，以选择命令、调用文件、启动程序或执行其他一些日常任务。

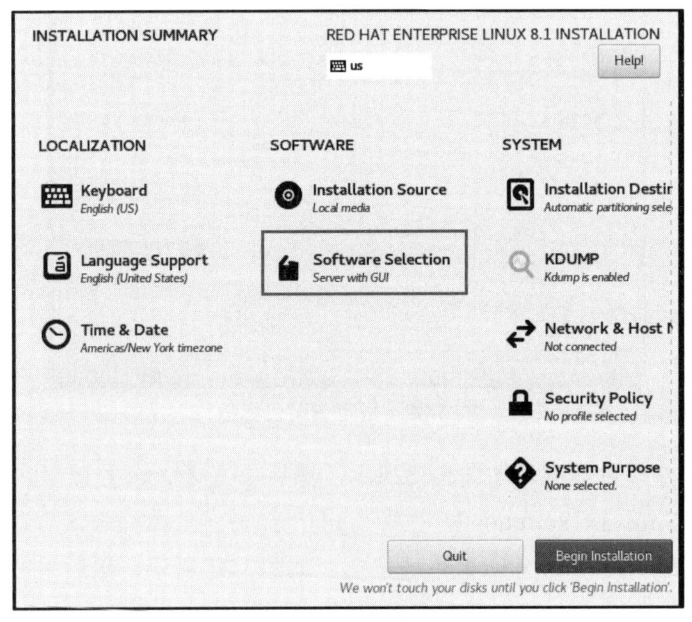

图 5-34 选择软件

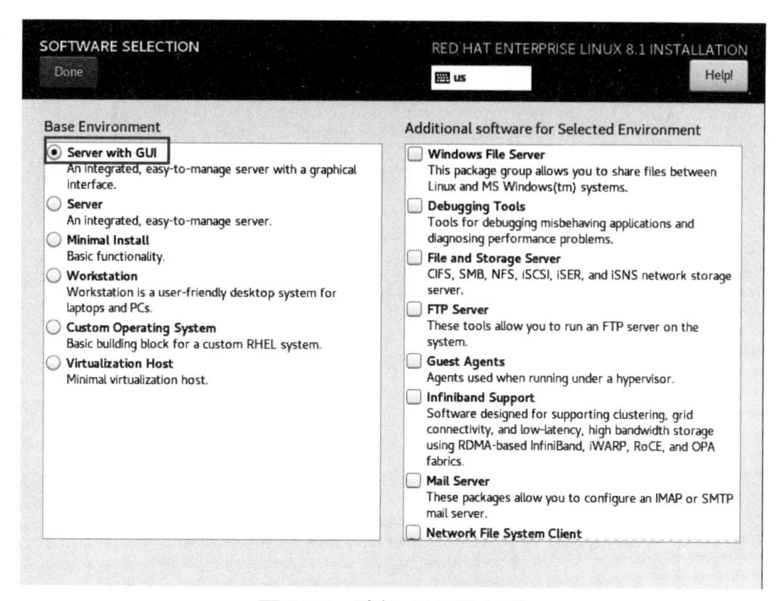

图5-35　选择GUI服务器

（25）在安装过程中，出现如图5-36所示的用户设置界面，先选择【Root Password】选项，设置root用户密码，如图5-37所示，然后单击【Done】按钮，回到图5-36所示界面中，选择【User Creation】选项，创建一个普通用户，如图5-38所示。

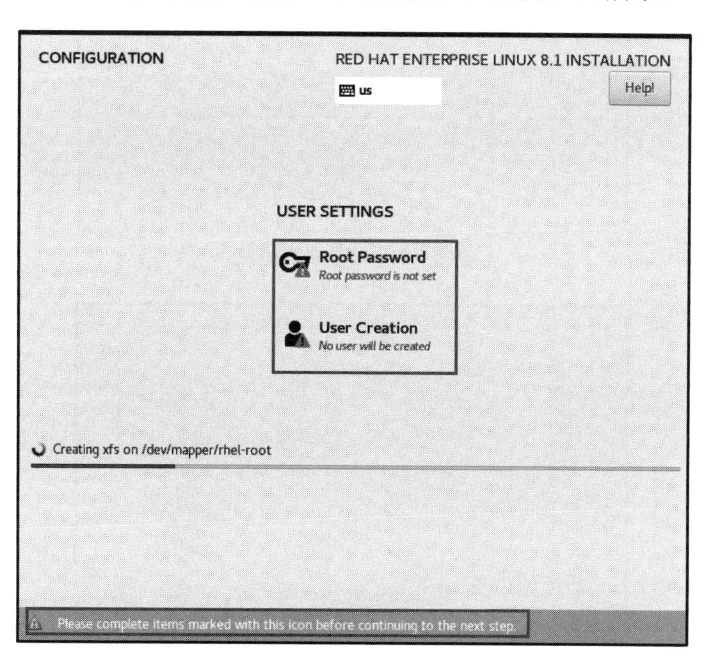

图5-36　设置用户信息

（26）创建用户完成，出现如图5-39所示的界面，单击【Reboot】按钮，重启系统。

（27）重启系统之后，需要进行初始化设置，如图5-40所示，然后单击【FINISH CONFIGURATION】按钮完成设置。

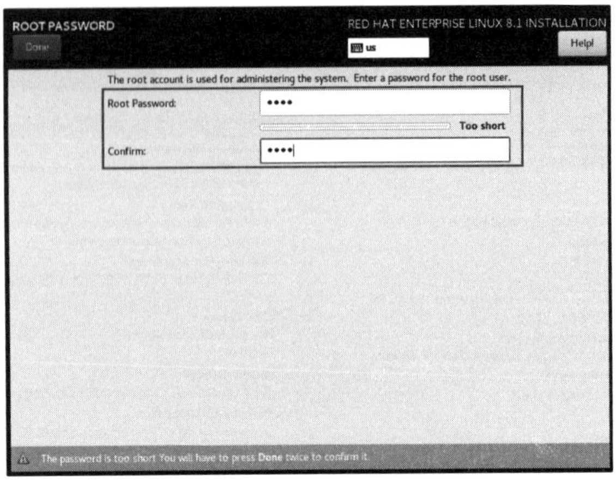

ROOT PASSWORD
Done
RED HAT ENTERPRISE LINUX 8.1 INSTALLATION
us
Help!
The root account is used for administering the system. Enter a password for the root user.
Root Password:
••••
Too short
Confirm:
••••
The password is too short You will have to press Done twice to confirm it.

图 5-37　设置 root 用户密码

CONFIGURATION
RED HAT ENTERPRISE LINUX 8.1 INSTALLATION
us
Help!
USER SETTINGS
Root Password
Root password is set
User Creation
No user will be created
Installing mozjs60.x86_64 (272/1348)

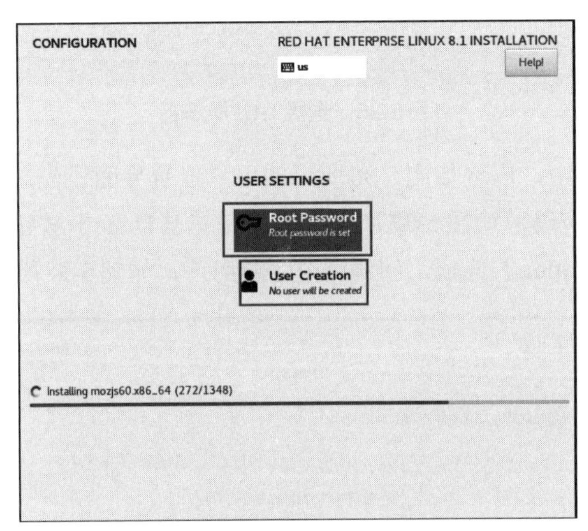

图 5-38　创建用户进度

CONFIGURATION
RED HAT ENTERPRISE LINUX 8.1 INSTALLATION
us
Help!
USER SETTINGS
Root Password
Root password is set
User Creation
No user will be created
Complete!
Red Hat Enterprise Linux is now successfully installed and ready for you to use!
Go ahead and reboot to start using it!
Reboot
Use of this product is subject to the license agreement found at /usr/share/redhat-release/EULA

图 5-39　重启系统

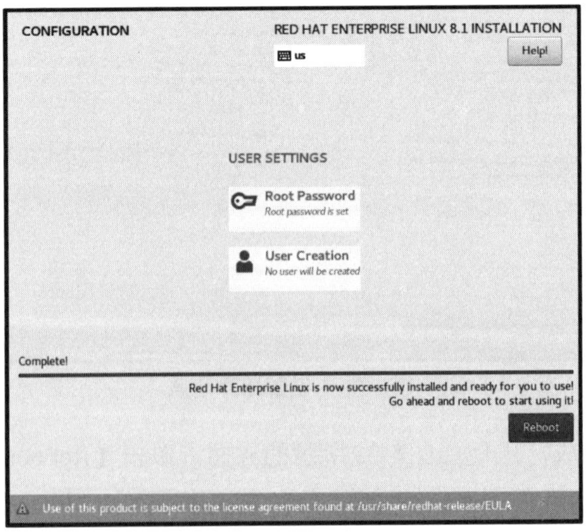

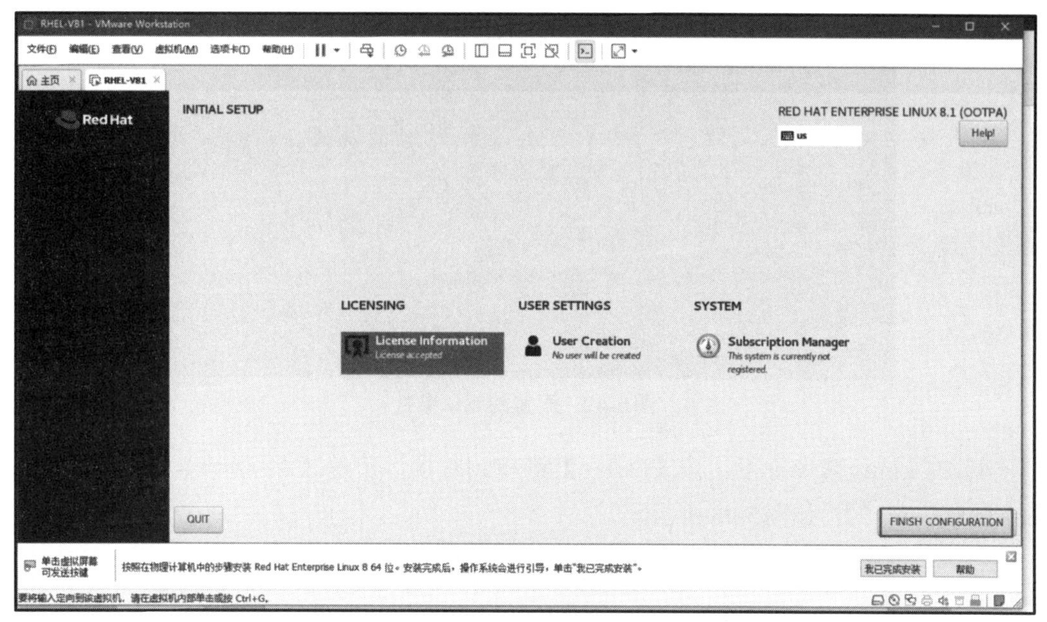

图5-40　设置完成

5.3.2　任务实施步骤2：重置root用户密码

（1）引导/重启RHEL 8系统。

先将RHEL 8系统置于停止状态或重新启动正在运行的RHEL 8系统。

（2）中断引导过程并在RHEL 8系统中重置root用户的密码。

看到grub菜单后，按键盘上的【e】键中断启动过程，如图5-41所示。

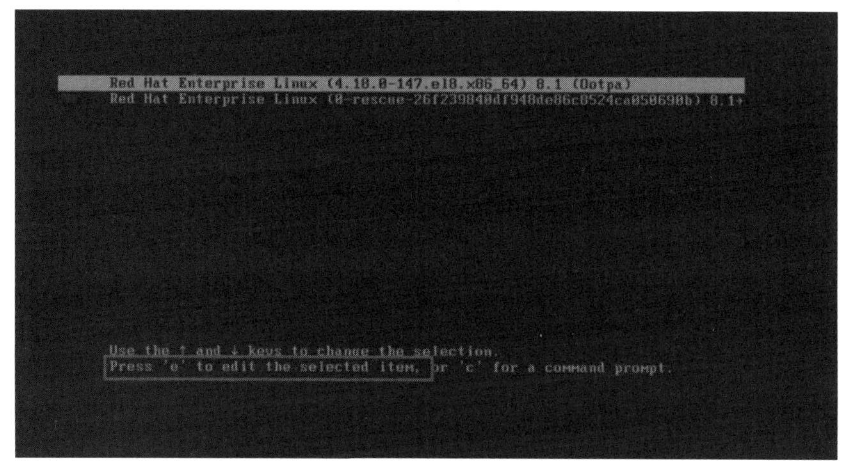

图5-41　按【e】键中断启动过程

（3）移动光标到行尾【ro crash】处。

中断启动过程后，屏幕上将显示Linux内核启动参数，接下来将修改这些参数，以便在RHEL 8系统中重置root用户的密码，配置的默认参数如图5-42所示。

```
load_video
set gfx_payload=keep
insmod gzio
linux ($root)/vmlinuz-4.18.0-147.el8.x86_64 root=/dev/mapper/rhel-root ro cras\
hkernel=auto resume=/dev/mapper/rhel-swap rd.lvm.lv=rhel/root rd.lvm.lv=rhel/s\
wap rhgb quiet
initrd  ($root)/initramfs-4.18.0-147.el8.x86_64.img $tuned_initrd

    Press Ctrl-x to start, Ctrl-c for a command prompt or Escape to
    discard edits and return to the menu. Pressing Tab lists
    possible completions.
```

图 5-42　配置的默认参数

（4）在 Linux 命令行下，按【Ctrl+e】键转到行尾并删除【ro crash】，然后添加【rd. break enforcing=0】，如图 5-43 所示。

```
load_video
set gfx_payload=keep
insmod gzio
linux ($root)/vmlinuz-4.18.0-147.el8.x86_64 root=/dev/mapper/rhel-root rd.brea\
k enforcing=0 kernel=auto resume=/dev/mapper/rhel-swap rd.lvm.lv=rhel/root rd.\
lvm.lv=rhel/swap rhgb quiet
initrd  ($root)/initramfs-4.18.0-147.el8.x86_64.img $tuned_initrd

    Press Ctrl-x to start, Ctrl-c for a command prompt or Escape to
    discard edits and return to the menu. Pressing Tab lists
    possible completions.
```

图 5-43　内核参数设置

（5）以上步骤完成后，按【Ctrl+x】键启动系统，如图 5-44 所示。

（6）系统进入只读模式的 Shell 界面，如图 5-45 所示。

```
Press Ctrl+x to start, Ctrl-c for a command prompt or Escape to
discard edits and return to the menu. Pressing Tab lists
possible completions.
```

图 5-44　按【Ctrl+x】键启动系统

```
Generating "/run/initramfs/rdsosreport.txt"

Entering emergency mode. Exit the shell to continue.
Type "journalctl" to view system logs.
You might want to save "/run/initramfs/rdsosreport.txt" to a USB stick or /boot
after mounting them and attach it to a bug report.

switch_root:/#
```

图 5-45　只读模式的 Shell 界面

（7）在 Shell 界面中，运行以下命令，如图 5-46 所示。

① 使用 rw 标志重新安装系统的根目录，命令如下：

```
switch_root:/# mount -o remount,rw /sysroot
```

② 切换到/sysroot目录，命令如下：

```
switch_root:/#chroot /sysroot
```

③ 使用passwd命令在RHEL 8系统上重置root用户密码，命令如下：

```
sh-4.4#passwd
```

输入所需密码并在出现提示时确认，设置密码后，在重新启动时启用SELinux服务并退出控制台，命令如下：

```
sh-4.4#touch /.autorelabel
sh-4.4#exit
exit
switch_root:/#exit
```

```
switch_root:/# mount -o remount,rw /sysroot
switch_root:/# chroot /sysroot
sh-4.4# passwd
Changing password for user root.
New password:
BAD PASSWORD: The password is shorter than 8 characters
Retype new password:
passwd: all authentication tokens updated successfully.
sh-4.4# touch /.autorelabel
sh-4.4# exit
exit
switch_root:/# exit
logout
[  260.749134] ip_local_port_range: prefer different parity for start/end values.
[  261.826631] piix4_smbus 0000:00:07.3: SMBus Host Controller not enabled!

*** Warning -- SELinux targeted policy relabel is required.
*** Relabeling could take a very long time, depending on file
*** system size and speed of hard drives.
```

图5-46　重置root用户密码

然后就看到用户登录界面，如图5-47所示，使用重置期间提供的root账号和新密码登录系统。

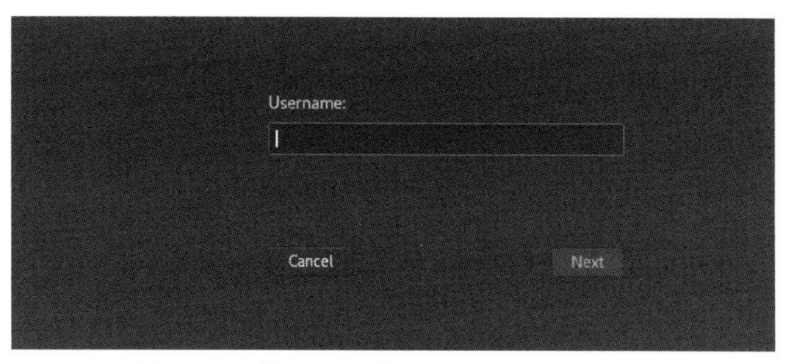

图5-47　使用root账号和新密码登录系统

至此，已经在RHEL 8系统上成功完成了root用户密码的重置操作。之所以要设置root用户的密码，是因为在安装好Linux这类开源系统后，默认启用的用户是在安装系统时创建的用户，有时候在执行操作命令时，发现权限不够，通常就会切换到root用户后再去执行相关的操作命令。

5.3.3 任务实施步骤 3：创建快照与克隆

VMware Workstation 具有快照和克隆功能，可以对虚拟机进行快照和克隆。

1. 快照

快照的原理：Vmware Workstation 中的快照是对 VMDK 文件在某个时间点的“拷贝”，这个“拷贝”并不是对 VMDK 文件的复制，而是保持磁盘文件和系统内存在该时间点的状态，以便在系统出现故障后虚拟机能够恢复到该时间点的状态。如果对某个虚拟机创建了多个快照，那么就可以有多个可恢复的时间点。当为虚拟机创建快照时，当前可写的 VMDK 文件变为只读状态，并且创建一个新文件（快照文件）来保存变化的内容，如图 5-48 所示。

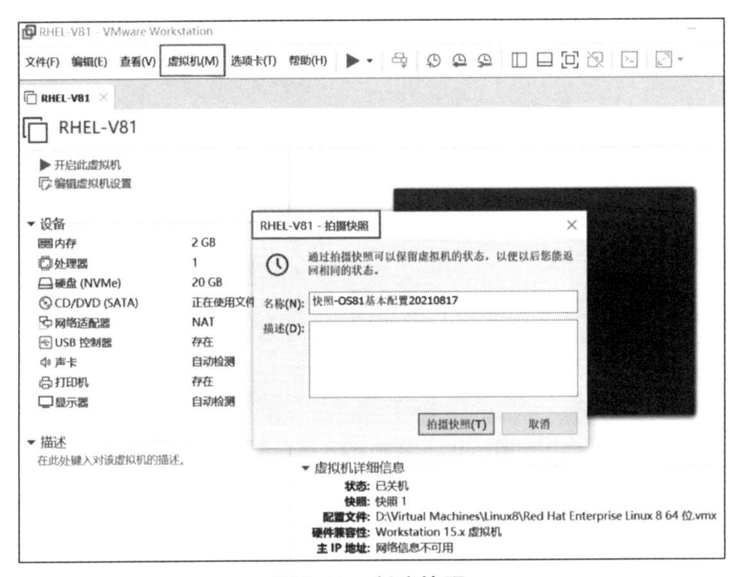

图 5-48 创建快照

2. 克隆

虚拟机克隆（简称克隆），是指完整地将虚拟机的数据再复制一份。克隆数据与原虚拟机数据的异同如表 5-2 所示。

表 5-2 克隆数据与原虚拟机数据的异同

相同部分	不同部分
虚拟机的配置信息	虚拟机文件的文件名
VMDK 文件的信息	网络适配器的 MAC 地址

克隆时要求虚拟机处于关机状态，因为无法为处于开启或挂起状态的虚拟机或快照进行克隆，克隆时需要复制 VMDK 文件，而虚拟机处于挂起或者开启状态时 VMDK 文件是锁定的，无法进行复制，克隆操作如图 5-49 所示。

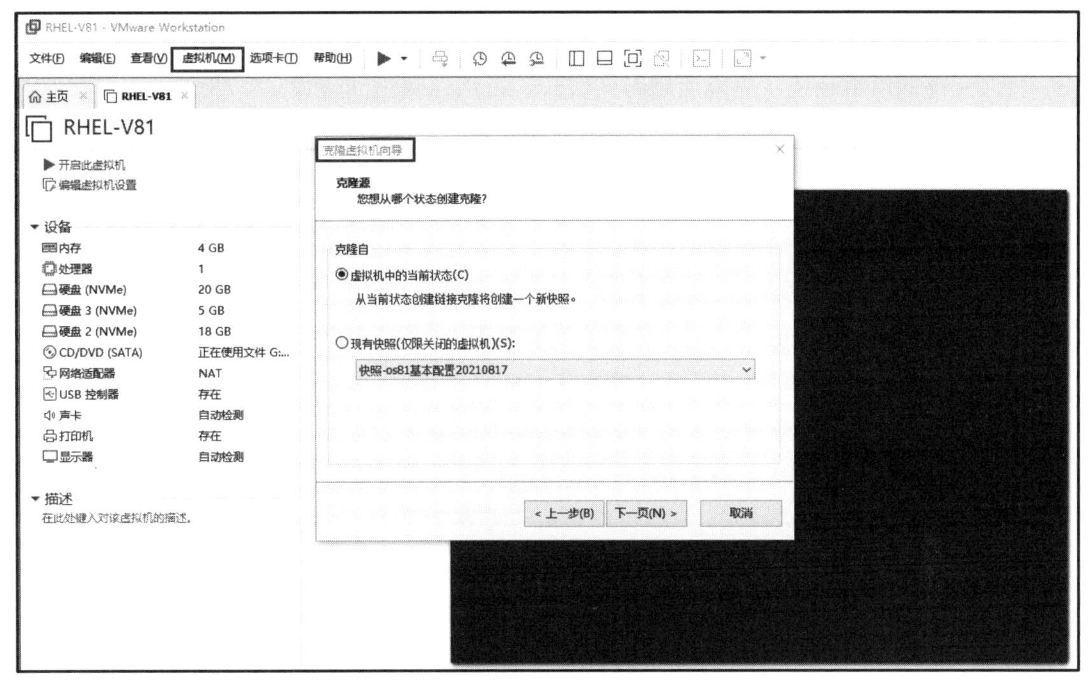

图5-49　克隆操作

克隆方法分为两种，此处选择【创建完整克隆】，如图5-50所示。

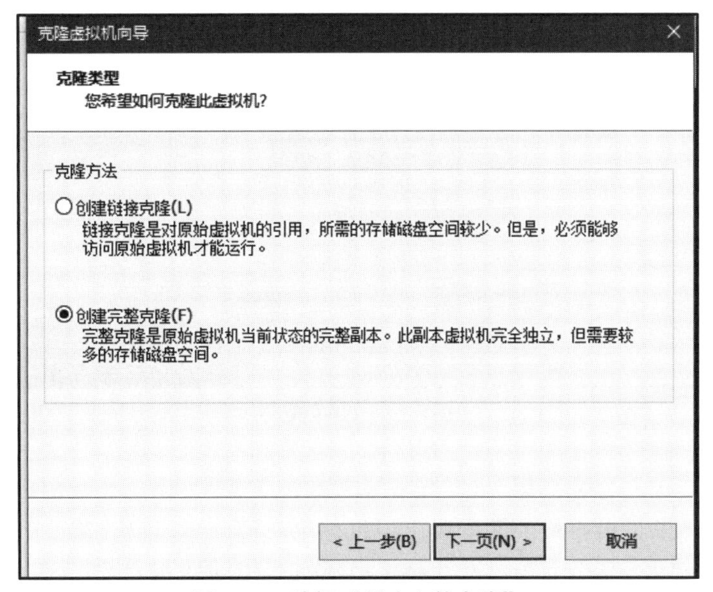

图5-50　选择“创建完整克隆”

1）链接克隆

链接克隆，直接调用现有虚拟机的VMDK 文件而不复制，只是创建一个配置文件，将自己的虚拟磁盘指向原本的VMDK 文件，这样就只需要复制其他的存储空间较小的文件，提高速度，节省磁盘空间。

2）完整克隆

独立完整的虚拟环境，克隆所用时间较长、占用存储空间较大。

5.3.4 任务实施步骤4：RHEL 8.2网络配置

1. NAT 模式

在 NAT 模式下，虚拟机连接外网需要通过宿主机进行网络转换。

在 VMware Workstation 主界面中选择【编辑】→【虚拟网络编辑器】选项，只保留 NAT 模式，选择【NAT 模式（与虚拟机共享主机的 IP 地址）】单选按钮，勾选【将主机虚拟适配器连接到此网络】【使用本地 DHCP 服务将 IP 地址分配给虚拟机】复选框，如图 5-51 所示。然后单击【DHCP 设置】按钮，设置分配给虚拟机的 IP 范围为 128～254。

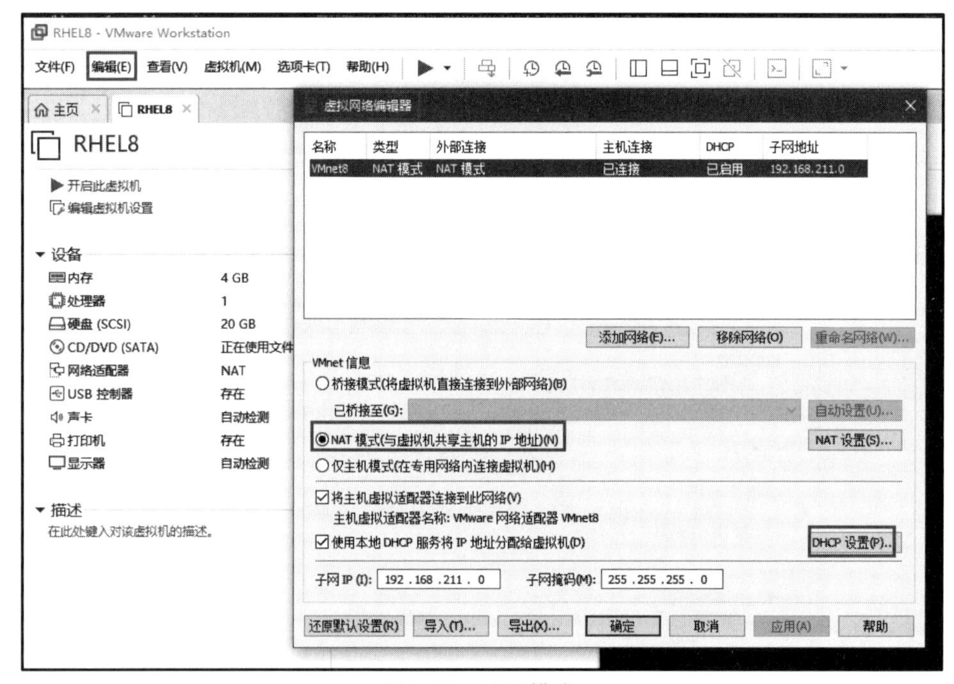

图 5-51　NAT 模式

2. 桥接模式

桥接模式相当于将宿主机的网卡供虚拟机使用，因此虚拟机获得一个网卡，可直接与网络设备相连，按照当前的网络设备环境，配置网卡 IP 地址和网关、DNS 等信息。

（1）编辑【虚拟网络编辑器】。

在 VMware Workstation 主界面中选择【编辑】→【虚拟网络编辑器】选项，选择【桥接模式（将虚拟机直接连接到外部网络）】单选按钮，将网卡设置为桥接模式，如图 5-52 所示。

（2）在【虚拟机设置】界面中，【网络连接】选择【桥接模式】，如图 5-53 所示。

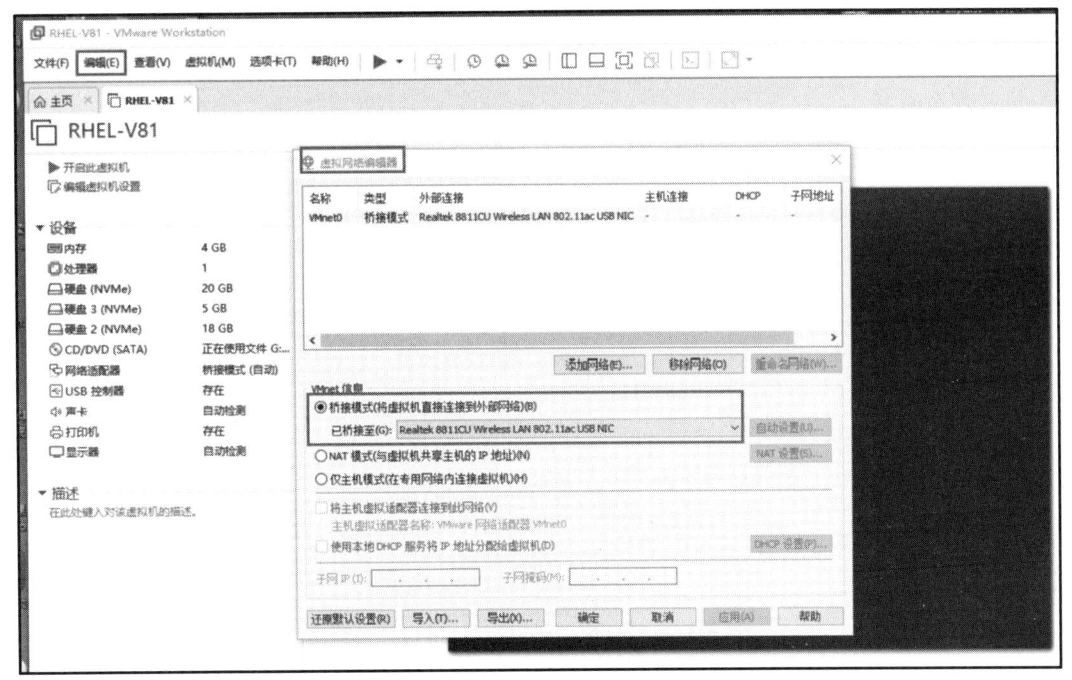

图 5-52　桥接模式

图 5-53　设置虚拟机的【网络连接】

（3）查看宿主机 Windows 系统的网卡参数。

采用桥接模式，相当于虚拟机的网卡直接连接网络设备，因此参考宿主机的网络配置信息，配置虚拟机网卡，使其可以访问宿主机和外网，命令如下：

```
   连接特定的DNS后缀 . . . . . . . :
      描述. . . . . . . . . . . . . . . :Intel(R)Ethernet Connection(2)I219-LM
      物理地址. . . . . . . . . . . . . :00-D8-61-69-B7-DF
      DHCP已启用 . . . . . . . . . . . :否
      自动配置已启用. . . . . . . . . . :是
      本地链接IPv6 地址. . . . . . . .  :fe80::2c62:808:bb2:6e1c%20(首选)
      IPv4 地址 . . . . . . . . . . . . :192.168.1.27(首选)
      子网掩码 . . . . . . . . . . . .  :255.255.255.0
      默认网关. . . . . . . . . . . . . :fe80::1%20
                                         192.168.1.1
      DHCPv6 IAID . . . . . . . . . . .:352376929
      DHCPv6 客户端DUID . . . . . . .   :00-01-00-01-28-35-72-B0-00-D8-61-69-
B7-DF
      DNS服务器 . . . . . . . . . . .   :202.96.128.86
                                         114.114.114.114
      TCPIP上的NetBIOS . . . . . . .    :已启用
```

（4）配置虚拟机Linux系统的网卡ens160的参数。

参数文件为/etc/sysconfig/network-scripts/ifcfg-ens160。

可以将虚拟机配置成与主机相同的IP地址、网关和DNS，也可以另外配置不同的 IP地址，但要考虑如何设置访问外网的相关配置参数，命令如下：

```
[root@Mysqlserver /]# vi /etc/sysconfig/network-scripts/ifcfg-ens160
TYPE=Ethernet
PROXY_METHOD=none
BROWSER_ONLY=no
BOOTPROTO=static
IPADDR=192.168.1.128
NETMASK=255.255.255.0
GATEWAY=192.168.1.1
DNS1=202.96.128.86
DEFROUTE=yes
IPV4_FAILURE_FATAL=no
IPV6INIT=yes
IPV6_AUTOCONF=yes
IPV6_DEFROUTE=yes
IPV6_FAILURE_FATAL=no
IPV6_ADDR_GEN_MODE=stable-privacy
NAME=ens160
UUID=f6beb38d-161f-486d-b687-dd9c4b87f4ac
DEVICE=ens160
ONBOOT=yes
```

以上命令执行后，重启网络服务，并检查网卡的IP地址配置是否正确。

测试虚拟机的网卡是否连接了网关和外网地址，命令如下：

```
[root@Mysqlserver /]# ifconfig -a
ens160:flags=4163<UP,BROADCAST,RUNNING,MULTICAST>  mtu 1500
        inet 192.168.1.128  netmask 255.255.255.0  broadcast 192.168.1.255
        inet6 fe80::5523:759e:442e:df7c  prefixlen 64  scopeid 0x20<link>
        ether 00:0c:29:98:08:bd  txqueuelen 1000(Ethernet)
        RX packets 3322  bytes 202479(197.7 KiB)
        RX errors 0  dropped 3235  overruns 0  frame 0
        TX packets 124  bytes 11584(11.3 KiB)
        TX errors 0  dropped 0 overruns 0  carrier 0  collisions 0
[root@Mysqlserver /]# ping www.baidu.com
PING www.a.shifen.com(14.215.177.39)56(84)bytes of data.
64 bytes from 14.215.177.39(14.215.177.39):icmp_seq=1 ttl=56 time=11.8 ms
64 bytes from 14.215.177.39(14.215.177.39):icmp_seq=2 ttl=56 time=13.5 ms
64 bytes from 14.215.177.39(14.215.177.39):icmp_seq=3 ttl=56 time=10.9 ms
```

5.3.5　任务实施步骤5：SecureCRT安装与基本设置

（1）宿主机使用SecureCRT连接虚拟机，如图5-54所示。

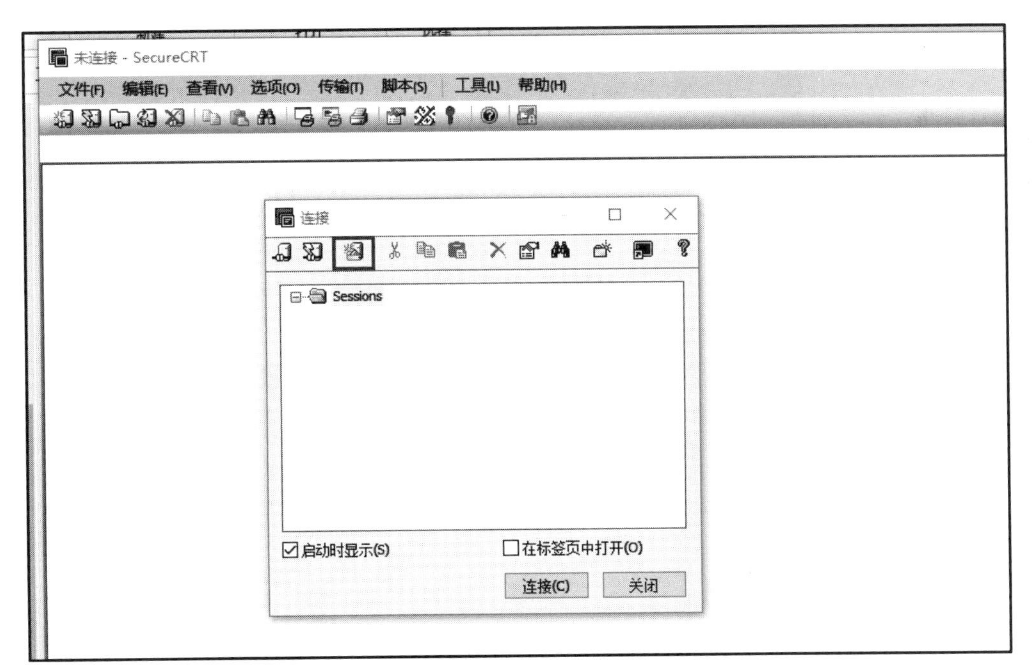

图5-54　宿主机使用SecureCRT连接虚拟机

（2）选择连接协议为【SSH2】，如图5-55所示，然后单击【下一页】按钮。

（3）设置主机名和用户名，如图5-56所示，然后单击【下一页】按钮。

（4）设置会话名称，如图5-57所示，然后单击【完成】按钮。

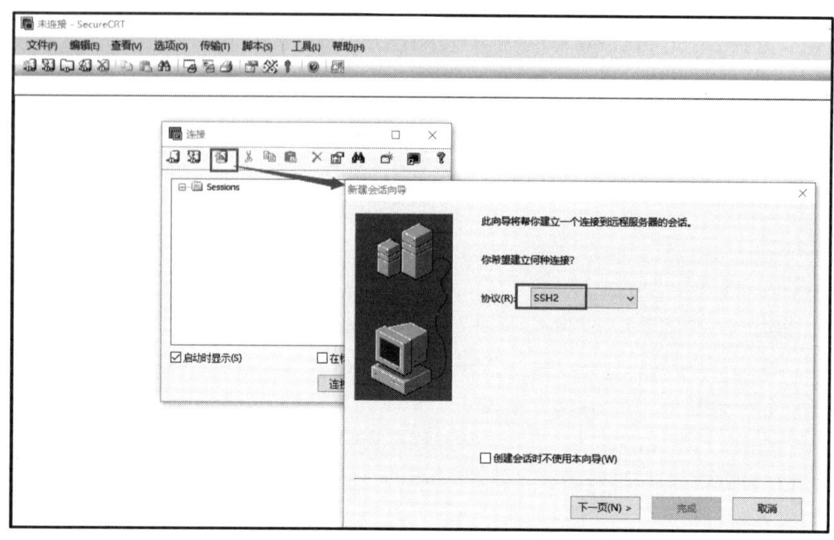

图 5-55　选择连接协议为【SSH2】

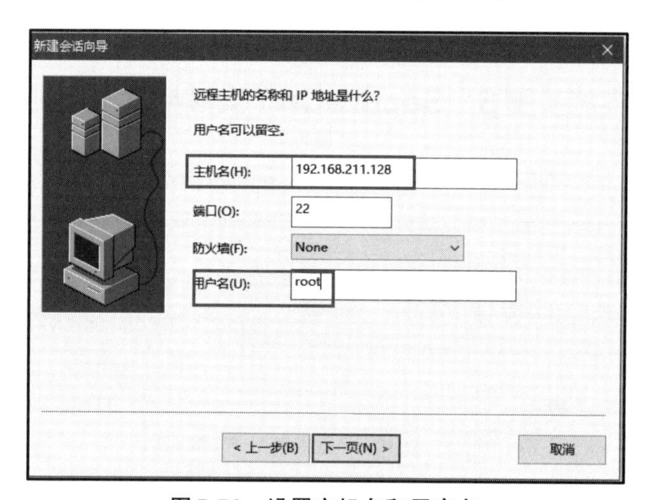

图 5-56　设置主机名和用户名

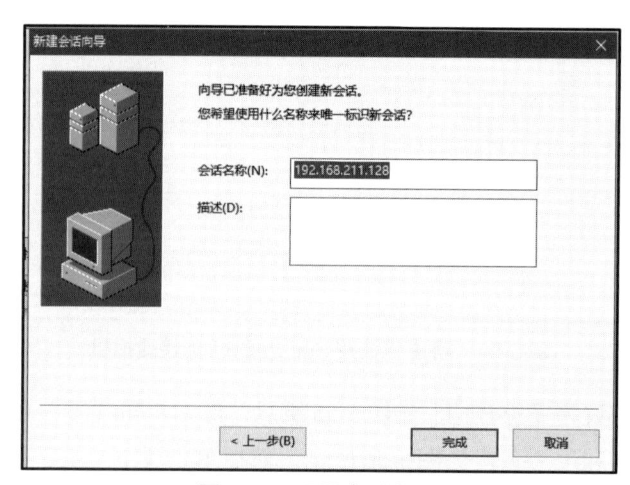

图 5-57　设置会话名称

（5）使用宿主机再次连接虚拟机，输入用户名和密码，单击【确定】按钮，进行登录，如图5-58所示。

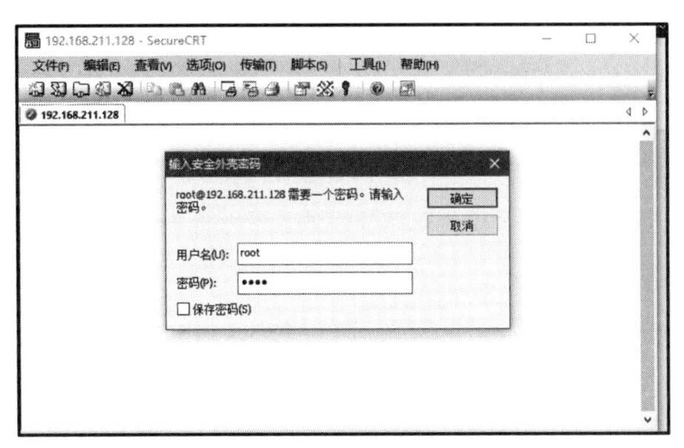

图5-58　进行登录

（6）进入终端命令界面，如图5-59所示。

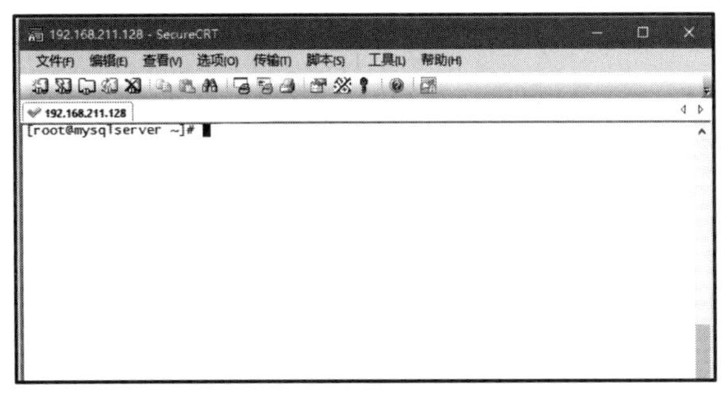

图5-59　进入终端命令界面

（7）使用WinSCP从主机发送文件到虚拟机上，首先新建会话，然后选择 SFTP 文件协议，输入主机名、端口号、用户名和密码进行登录，如图5-60所示。

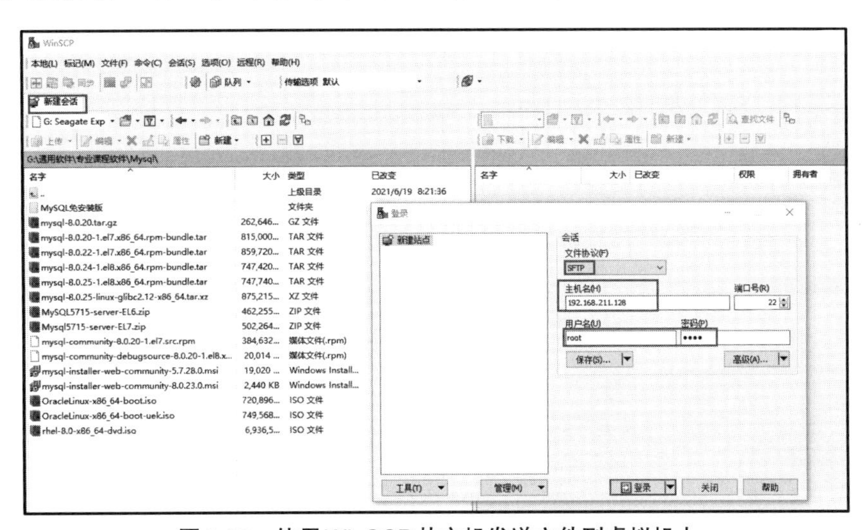

图5-60　使用WinSCP从主机发送文件到虚拟机上

（8）出现警告窗口，接受密钥，选择【是】按钮，如图5-61所示。

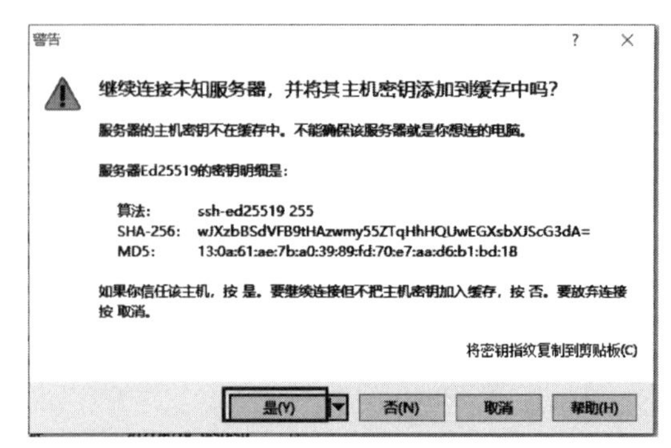

图5-61　接受密钥

（9）登录成功之后，将要传送的文件拖放到虚拟机相应目录下即可。此处是将宿主机下 G:\通用软件\专业课程软件\Mysql\mysql-8.0.25-linux-glibc2.12-x86_64.tar.xz 拖到虚拟机/opt/目录下，如图5-62所示。

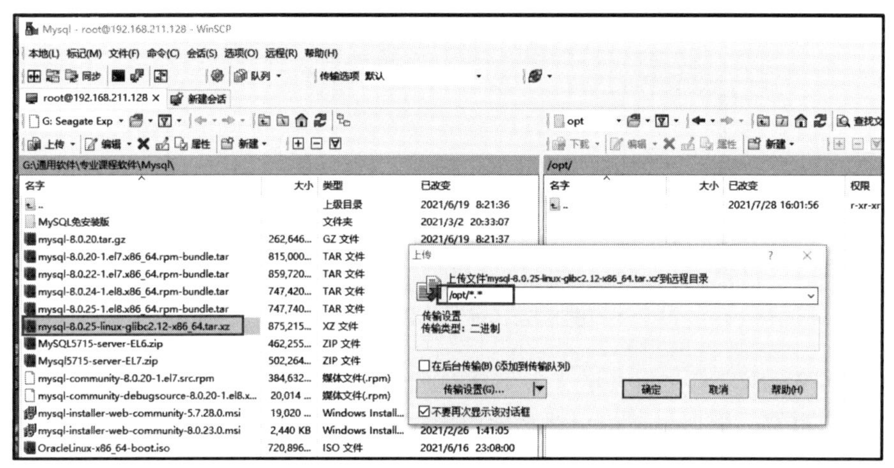

图5-62　设置上传目录

（10）成功上传文件如图5-63所示。

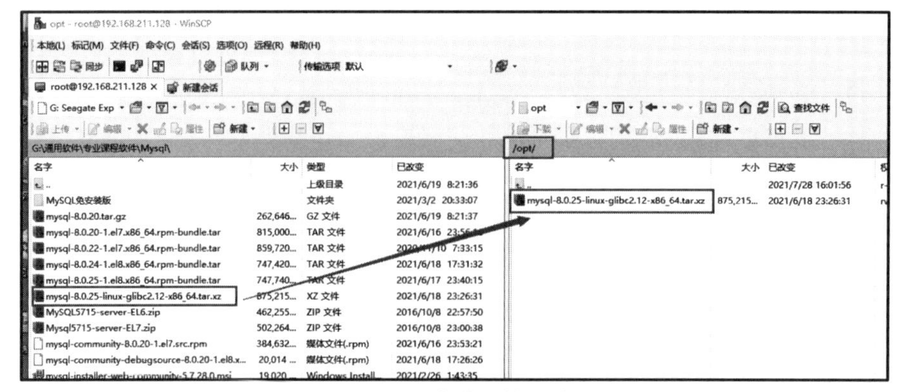

图5-63　成功上传文件

5.3.6　任务实施步骤6：MySQL数据库服务器的安装配置

根据Oracle官方网站文档“MySQL 8.0 Reference Manual Including MySQL NDB Cluster 8.0”第109页，安装MySQL数据库二进制8.0发行版软件，操作命令如下：

```
shell> groupadd Mysql
shell> useradd -r -g Mysql -s /bin/false Mysql
shell> cd /usr/local
shell> tar xvf /path/to/Mysql-VERSION-OS.tar.xz
shell> ln -s full-path-to-Mysql-VERSION-OS Mysql
shell> cd Mysql
shell> mkdir Mysql-files
shell> chown Mysql: Mysql Mysql-files
shell> chmod 750 Mysql-files
shell> bin/Mysqld --initialize --user=Mysql
shell> bin/Mysql_ssl_rsa_setup
shell> bin/Mysqld_safe --user=Mysql &
shell> cp support-files/Mysql.server /etc/init.d/Mysql.server
```

MySQL数据库软件安装后的目录结构如表5-3所示。

表5-3　Mysql数据库软件安装后的目录结构

目　　录	目录内容
bin	服务器、客户机和应用程序，如Mysqld
docs	MySQL使用手册
man	UNIX帮助手册
include	包含文件（头部文件）
lib	库文件
share	用于存放字符集、语言等信息
suport-files	支持文件

1. 选择平台和检查操作系统信息

本步骤主要检查操作系统的环境，评估系统是否满足安装MySQL数据库服务器的条件。

1）检查MySQL数据库服务器对Linux系统的要求

检查内容包括：操作系统版本、内存、交换页面大小、临时目录、所需的操作系统程序包。可通过查看Oracle官方网站文档“MySQL 8.0 Reference Manual Including MySQL NDB Cluster 8.0”第108～109页进行操作。

（1）与MySQL 8.0数据库对应的Linux系统版本和内核版本。建议Linux内核版本大于3.10。

（2）足够运行的内存和交换页面空间，一般至少2GB。

（3）依赖程序包libaI/O库文件和/lib64/libtinfo.so.5文件。

2）查看Linux服务器基本信息

（1）查看 Linux 系统版本、内核版本，命令如下：

```
[root@Mysqlserver /]#hostnamectl status
Static hostname:Mysqlserver
       Icon name:computer-vm
          Chassis:vm
        Machine ID:9d5322bffc1b40139b414c38e8316b17
           Boot ID:ac5a3fb7e7284c4c9e0be705225b781a
    Virtualization:vmware
  Operating System:Red Hat Enterprise Linux 8.0(Ootpa)
       CPE OS Name:cpe:/o:redhat:enterprise_Linux:8.0:GA
            Kernel:Linux 4.18.0-80.el8.x86_64
      Architecture:x86-64
```

或者

```
[root@Mysqlserver /]#uname  -a
Linux  Mysqlserver  4.18.0-80.el8.x86_64  #1  SMP  Wed  Mar  13  12:02:46  UTC
2019 x86_64 x86_64 x86_64 GNU/Linux
```

（2）查看系统内存和交换页面大小（虚拟内存），命令如下：

```
[root@Mysqlserver /]#free
     total        used         free    shared   buff/cache    available
Mem:3848772    1291868    1951324    15664      605580      2295584
Swap:2097148          0    2097148
```

（3）查看系统临时文件系统或目录，命令如下：

```
[root@Mysqlserver /]#df -h
Filesystem               Size    Used    Avail   Use%    Mounted on
devtmpfs                 1.9G    0       1.9G    0%      /dev
tmpfs                    1.9G    0       1.9G    0%      /dev/shm
tmpfs                    1.9G    9.9M    1.9G    1%      /run
tmpfs                    1.9G    0       1.9G    0%      /sys/fs/cgroup
/dev/mapper/rhel-root    17G     3.9G    14G     23%     /
/dev/sda1                1014M   170M    845M    17%     /boot
tmpfs                    376M    16K     376M    1%      /run/user/42
tmpfs                    376M    3.5M    373M    1%      /run/user/0
[root@Mysqlserver /]# df  -h  /tmp
Filesystem             Size  Used Avail Use% Mounted on
```

```
/dev/mapper/rhel-root   17G  3.9G   14G  23% /
```

（4）查看依赖的程序包，命令如下：

```
[root@Mysqlserver /]# rpm  -qa|grep libaio
libaio-0.3.110-12.el8.x86_64
[root@Mysqlserver /]#cd  /lib64
[root@Mysqlserver /lib64]#ls -l|grep libtinfo
lrwxrwxrwx. 1 root root      15 Jan 16  2019 libtinfo.so.6 -> libtinfo.
so.6.1
-rwxr-xr-x. 1 root root  208616 Jan 16  2019 libtinfo.so.6.1
```

2. 创建MySQL用户和组

根据Oracle官方网站文档“MySQL 8.0 Reference Manual Including MySQL NDB Cluster 8.0”第110页要求，创建MySQL用户和组。

1）检查MySQL数据库服务器对用户和组的要求

检查MySQL数据库服务器对用户和组的要求，以及用户环境变量的设置要求。

如果操作系统还没有专门用于运行数据库的Mysqld进程的用户和组，就需要创建用户和组。创建用户名Mysql和组名Mysql，也可以使用不同的用户名和组名，注意在相应步骤中使用正确的用户名和组名，命令如下：

```
[root@Mysqlserver /]# more /etc/passwd //检查系统的用户清单,未发现有Mysql用户
root:x:0:0:root:/root:/bin/bash
bin:x:1:1:bin:/bin:/sbin/nologin
daemon:x:2:2:daemon:/sbin:/sbin/nologin
adm:x:3:4:adm:/var/adm:/sbin/nologin
lp:x:4:7:lp:/var/spool/lpd:/sbin/nologin
sync:x:5:0:sync:/sbin:/bin/sync
shutdown:x:6:0:shutdown:/sbin:/sbin/shutdown
halt:x:7:0:halt:/sbin:/sbin/halt
```

2）创建MySQL数据库服务器的用户和设置用户环境

创建MySQL数据库服务器的用户和组，并设置用户环境变量。由于MySQL用户只作为MySQL数据库相应文件和进程的属主，无须授予登录功能，因此创建用户时可指定该用户不可登录。

设置目录变量PATH，指向MySQL数据库安装后的bin目录，例如：

（1）创建组，命令如下：

```
[root@Mysqlserver /]# groupadd  Mysql
```

（2）创建用户，命令如下：

```
[root@Mysqlserver /]# useradd  -r  -g Mysql -s /bin/false  Mysql
```

```
//-r 参数选项表示创建系统用户；-s /bin/false 参数选项表示该用户不可登录系统
```

（3）编辑用户环境配置文件/etc/profile，命令如下：

```
[root@Mysqlserver /]#vi  /etc/profile
```

在文件中加入以下内容：

```
export PATH=$PATH:/usr/local/Mysql/bin
```

3. 创建服务器运行所需的存储空间和文件系统

1）检查MySQL数据库服务器对存储空间的要求

查看当前文件系统的情况，命令如下：

```
[root@Mysqlserver]# df -h    //查看当前文件系统
Filesystem              Size   Used    Avail  Use%  Mounted on
devtmpfs                1.9G   0       1.9G   0%    /dev
tmpfs                   1.9G   0       1.9G   0%    /dev/shm
tmpfs                   1.9G   10M     1.9G   1%    /run
tmpfs                   1.9G   0       1.9G   0%    /sys/fs/cgroup
/dev/mapper/rhel-root   17G    7.7G    9G     22%   /
/dev/nvme0n1p1          1014M  169M    846M   17%   /boot
tmpfs                   376M   16K     376M   1%    /run/user/42
tmpfs                   376M   3.4M    373M   1%    /run/user/0
```

2）创建MySQL数据库服务器使用的存储空间

创建卷组、逻辑卷、文件系统，设置目录权限，通过管理LVM逻辑卷，使存储空间的扩大或缩小更方便，读写性能也更好。

接下来创建文件系统/Mysqldata，用来保存MySQL数据库的数据。

（1）在VMware Workstation工作界面中编辑虚拟机设置，增加硬盘，如图5-64所示，单击【下一步】按钮。

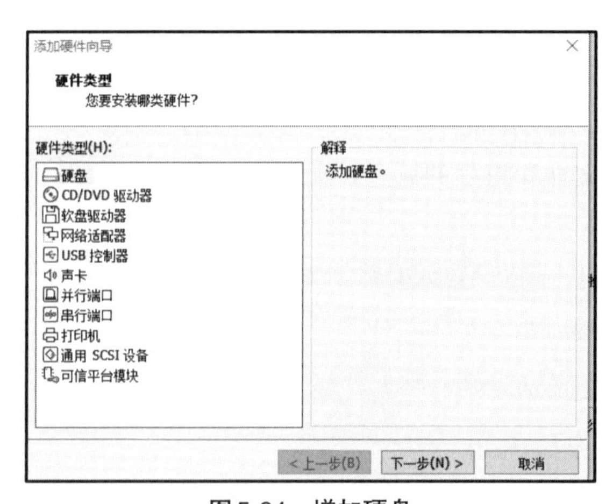

图5-64　增加硬盘

（2）指定硬盘大小为10GB，选择【将虚拟磁盘存储为单个文件】单选按钮，如图5-65所示，单击【下一步】按钮。

（3）指定磁盘文件位置，如图5-66所示，单击【完成】按钮。

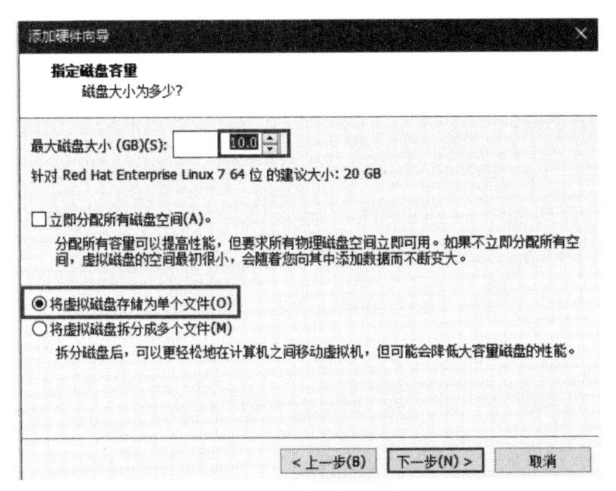

图5-65　指定磁盘大小

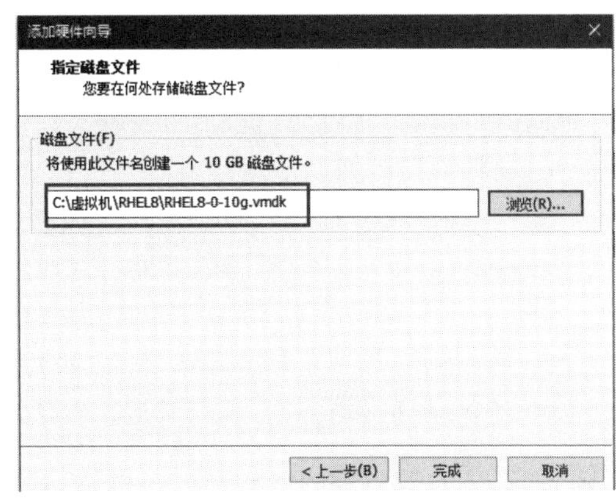

图5-66　指定磁盘文件位置

（4）查看虚拟机系统当前的硬盘，可以看到新增加的硬盘为/dev/nvme0n2，命令如下：

```
[root@Mysqlserver /]#cd /dev
[root@Mysqlserver /dev]# ls -l|grep nvme
ls -l|grep nvme
crw-------. 1 root root    242,0 Aug 11 04:54 nvme0
brw-rw----. 1 root disk    259,0 Aug 11 04:54 nvme0n1
brw-rw----. 1 root disk    259,1 Aug 11 04:54 nvme0n1p1
brw-rw----. 1 root disk    259,2 Aug 11 04:54 nvme0n1p2
brw-rw----. 1 root disk    259,3 Aug 11 04:54 nvme0n2
```

（5）对新增加的硬盘/dev/nvme0n2进行分区。

将硬盘/dev/nvme0n2划分为三个主分区（每个1GB）、一个扩展分区（剩余空间），在扩展分区中划分出一个逻辑分区（1GB），命令如下：

```
[root@Mysqlserver /dev]#fdisk /dev/nvme0n2
Welcome to fdisk(util-Linux 2.32.1).
Changes will remain in memory only,until you decide to write them.
Be careful before using the write command.
Command(m for help):
```

在【Command(m for help):】位置输入【n】，按回车键，然后输入【p】，按 3 次回车键，输入【+1G】，按回车键。

在【Command(m for help):】位置输入【t】（进行修改分区属性），按回车键，然后输入【1】，按回车键，输入【8e】，按回车键。

在【Command(m for help):】位置输入【p】，得到硬盘/dev/nvme0n2 的分区情况如下：

```
command(m for help):p
Disk /dev/nvme0n2:10 GiB,10737418240 bytes,20971520 sectors
Units:sectors of 1 * 512 = 512 bytes
Sector size(logical/physical):512 bytes / 512 bytes
I/O size(minimum/optimal):512 bytes / 512 bytes
Disklabel type:dos
Disk identifier:0x1447eb72
Device      Boot   Start      End  Sectors Size Id Type
/dev/nvme0n2p1          2048  2099199  2097152   1G 8e Linux LVM
/dev/nvme0n2p2       2099200  4196351  2097152   1G 8e Linux LVM
/dev/nvme0n2p3       4196352  6293503  2097152   1G 8e Linux LVM
/dev/nvme0n2p4       6293504  20971519 14678016  7G  5 Extended
/dev/nvme0n2p5       6295552  8392703   2097152   1G 8e Linux LVM
```

划分好的分区如上所示，一共有 4 个可用分区/dev/nvme0n2p1、/dev/nvme0n2p2、/dev/nvme0n2p3、/dev/nvme0n2p5，大小都为1GB，类型ID为8e。

（6）创建卷组、逻辑卷和文件系统，以及装载文件系统。

① 创建卷组，命令如下：

```
[root@Mysqlserver /]#vgcreate -s 16 datavg /dev/nvme0n2p1 /dev/nvme0n2p2
/dev/nvme0n2p3 /dev/nvme0n2p5
  Physical volume "/dev/nvme0n2p1"  sucessfully created
  Physical volume "/dev/nvme0n2p2"  sucessfully created
  Physical volume "/dev/nvme0n2p3"  sucessfully created
  Physical volume "/dev/nvme0n2p5"  sucessfully created
  Volume group "datavg" successfully created
```

② 创建逻辑卷，命令如下：

```
[root@Mysqlserver /]#lvcreate  -n  datalv  -L  3072M  /dev/datavg
  Rounding up size to full physical extent 3.0GiB
  Logical volume "datalv" created
```

③ 创建文件系统，命令如下：

```
[root@Mysqlserver /]#mkfs  -t  ext4  /dev/datavg/datalv
  mke2fs 1.44.3(10-July-2018)
  Creating filesystem with 786432 4k blocks and 196608 inodes
  Filesystem UUID:35a4dee4-374e-4695-be78-336d1bfd5968
  Superblock backups stored on blocks:
        32768,98304,16384,229376,294912
  Allocating group tables:done
  Creating journal(16384 blocks):done
  Writing superblocks and filesystem accounting information:done
```

④ 创建/Mysqldata目录，并挂载文件系统，命令如下：

```
[root@Mysqlserver /]#mkdir /Mysqldata
[root@Mysqlserver /]#mount  -t  ext4  /dev/datavg/datalv   /Mysqldata
```

⑤ 将/Mysqldata目录设置为自动装载，命令如下：

```
[root@Mysqlserver /]# vi   /etc/fstab
```

在文件内容末尾增加以下内容：

```
/dev/mapper/datavg-datalv  /Mysqldata    ext4  defaults  0  0
```

⑥ 查看现有的文件系统，命令如下：

```
[root@Mysqlserver /]df -h
Filesystem                 Size   Used     Avail  Use%  Mounted on
devtmpfs                   1.9G    0        1.9G   0%    /dev
tmpfs                      1.9G    0        1.9G   0%    /dev/shm
tmpfs                      1.9G    10M      1.9G   1%    /run
tmpfs                      1.9G    0        1.9G   0%    /sys/fs/cgroup
/dev/mapper/rhel-root      17G     7.7G     9G      22%  /
/dev/nvme0n1p1             1014M   169M     846M   17%   /boot
tmpfs                      376M    16K      376M   1%    /run/user/42
tmpfs                      376M    3.4M     373M   1%    /run/user/0
/dev/sr0                   6.7G    6.7G     0   100% /run/media/root/RHEL-8-0-
0-BaseOS-x86_64
/dev/mapper/datavg-datalv  3.0G  184M  2.6G   7% /Mysqldata
```

(7) 修改目录的用户属主和权限，设置为Mysql组和Mysql用户所拥有，并且读写权限为750。

```
[root@Mysqlserver /]#chown  Mysql: Mysql   /Mysqldata
[root@Mysqlserver /]#chmod  750          /Mysqldata
```

4. 安装配置MySQL服务器

本步骤为安装MySQL数据库服务器所依赖的操作系统程序包和MySQL软件包。

1）检查MySQL数据库服务器所依赖的操作系统程序包

根据Oracle官方网站文档“MySQL 8.0 Reference Manual Including MySQL NDB Cluster 8.0”第109页，MySQL客户端启动时需要安装/lib64/libtinfo.so.5文件和ncurses操作系统程序包，命令如下：

```
[root@Mysqlserver]#ls /lib64/libtinfo.so.5
Oracle Linux 8 /Red Hat8(EL8:):These platforms by default do not install
the file /lib64/libtinfo.so.5,which is requied by the Mysql client bin/Mysql
for packages Mysql-VERSION-ehl7-x86_64.tar.gz and Mysql-VERSION-Linux-glibc2.
```

```
12-x85_64.tar.xz. to work around this issue,install the ncurses-compat-libs
package.
```

2）安装MySQL数据库服务器所依赖的操作系统程序包，并配置MySQL服务器

（1）解压缩程序包。

将下载的程序包进行解压缩，命令如下：

```
[root@Mysqlserver opt]#pwd
/opt
[root@Mysqlserver opt]#ls -l
-rw-r—r--. 1 root root 896219776 Jun18 11:26  Mysql-8.0.25-Linux-qlibc2.
12-x86_64.tar.xz
[root@Mysqlserver  opt]#  tar  xvf  /opt/  Mysql-8.0.25-Linux-qlibc2.12-
x86_64.tar.xz  -C  /usr/local
```

（2）链接目录。

程序包解压缩后生成的目录名比较长，不方便使用，可以将该目录进行链接，使用较短的目录名指向它，链接后使用/usr/local/Mysql目录指向/usr/local/Mysql-8.0.25-Linux-glibc2.12-x86_64，命令如下：

```
[root@Mysqlserver  opt]#cd   /usr/local
[root@Mysqlserver local]#ln -s /usr/local/Mysql-8.0.25-Linux-glibc2.12-x86_64
 Mysql
```

创建数据库所需的其他目录和指定目录属性，命令如下：

```
[root@Mysqlserver local]#cd /usr/local/Mysql
[root@Mysqlserver Mysql]# mkdir Mysql-files
[root@Mysqlserver Mysql]# chown Mysql: Mysql  Mysql-files
[root@Mysqlserver Mysql]# chmod 750 Mysql-files
```

（3）安装操作系统程序包。将操作系统程序包ISO文件挂载到虚拟机光盘上，重新装载光盘设备，命令如下：

```
[root@Mysqlserver /]#umount /dev/sr0
[root@Mysqlserver /]#mount  -t iso9660  /dev/sr0  /mnt
```

编辑/etc/yum.repos.d/redhat.repo 文件，命令如下：

```
[root@Mysqlserver /]#vi /etc/yum.repos.d/redhat.repo
[server]
name=server
baseurl=file:///mnt
enable=1
gpgcheck=0
```

使用yum命令安装ncurses程序包。

在/lib64目录中只能找到libtinfo.so.6.1文件，找不到libtinfo.so.5文件，检查/lib64/libtinfo.so.6.1属于哪个程序包的文件，命令如下：

```
[root@Mysqlserver /]#  rpm  -qf  /lib64/libtinfo.so.6.1
ncurses-libs-6.1-7.20180223.el8.x86_64
```

可以看到libtinfo.so.6文件属于ncurses程序包，命令如下：

```
[root@Mysqlserver /]#yum install ncurses
[root@Mysqlserver /]#rpm  -qa|grep ncurses
ncurses-base-6.1-7.20180223.el8.noarch
ncurses-libs-6.1-7.20180223.el8.x86_64
[root@Mysqlserver /]#cd /lib64
[root@Mysqlserver lib64]#ls  -l|grep libtinfo
lrwxrwxrwx. 1  root  root        15   Jan 16  2019
  libtinfo.so.6→libtinfo.so.6.1
-rwxrwxrwx. 1  root  root    208616   Jan 16  2019  libtinfo.so.6.1
```

（4）初始化数据库，指定用户为Mysql，数据存储目录为/Mysqldata，命令如下：

```
[root@Mysqlserver yum.repos.d]#mysqld  --initialize  --user=mysql
--basedir=/usr/local/mysql   --datadir=/mysqldata
2021-08-11T08:40:42.695854z 0  [system][MY-013169][Server]  /usr/local/mysql-
8.0.25-linux-glibc2.12-x86_64/bin/mysqld(mysqld    8.0.25)initializing    of
server in progress as process 3471
2021-08-11T08:40:42.706257z 1 [System][MY-013576][InnoDB] InnoDB
initialization has started.
2021-08-11T08:40:43.584656z  1  [System][MY-013577][InnoDB]InnoDB initialization
has ended.
2021-08-11T08:40:44.450389Z 6 [Note][MY-010454][Server] A temporary
password is generated for root @localhost:pp9tx!Y?Ied<
```

以上命令执行结果显示连接数据库报错，原因是需要libtinfo.so.5文件，但系统的文件版本为libtinfo.so.6.1，因此需链接新版本文件，命令如下：

```
[root@Mysqlserver lib64/]#mysql  -uroot  -p
  mysql:error  while  loading  shared  libraries:libtinfo.so.5:cannot  open
shared object file:No such file or directory
```

链接libtinfo.so.6.1文件到libtinfo.so.5文件，命令如下：

```
[root@Mysqlserver  /]#ln    -s  /usr/lib64/libtinfo.so.6.1    /usr/lib64/
libtinfo.so.5
```

（5）启动数据库，指定用户、基本目录和数据目录，命令如下：

```
[root@Mysqlserver  /]#Mysqld_safe    --user=Mysql    --basedir=/usr/local/
```

```
Mysql  --datadir=Mysqldata &
```

（6）登录数据库并修改密码，命令如下：

```
[root@Mysqlserver /]#mysql  -root  -p
Mysql>alter  user  'root'@'localhost'  IDENTIFIED BY  'sqlserver';
Mysql>flush privileges;
```

（7）查看数据库，命令如下：

```
Mysql>use Mysql
Mysql>show tables;
```

（8）关闭数据库，命令如下：

```
[root@Mysqlserver /]#Mysqladmin  -u root  -p  shutdown
```

（9）编辑数据库配置文件，指定用户、端口、基本目录、数据目录，命令如下：

```
[root@Mysqlserver /]#vi  /etc/my.cnf
```

数据库配置文件内容如下：

```
[Mysqld]
user = Mysql
port = 3306
basedir = /usr/local/Mysql
datadir = /Mysqldata
[client]
port = 3306
```

5.4　任务思考

通过讲解知识点与实施任务步骤，下面发挥大家的创新思维，思考如下问题：

1. 在部署本任务的时候，使用了 MySQL 数据库的哪些功能？是否能以流程图的形式绘制出本任务的实施过程？

2. 请总结本任务实施过程中所使用的 Linux 命令，这些命令中有哪些重要的参数选项，以及与之相关的拓展命令有哪些？

3. 请了解数据库考证方面的知识，常见的国内流行的数据库有哪些？各自的异同点是什么？

4. 某学院每年招收约 1500 名新生，现需要开发一个学生管理系统，新生在报到前可以登录这个系统来填写个人信息并选择宿舍等，请结合所学知识，从经济性与实用性角度考虑，开发这样一个系统需要哪些软件和硬件资源，以及该如何进行系统配置等。

5.5 知识拓展

5.5.1 Oracle数据库服务器的安装配置

Oracle数据库（版本19c3）在Linux系统（版本为RHEL 8.1）中的安装步骤，请参考Oracle官方文档，具体如下。

1. 检查操作系统环境

（1）检查内存大小（最少1GB，建议2GB或以上），命令如下：

```
[root@oracleserver sysctl.d]# grep MemTotal /proc/meminfo
MemTotal: 3847692 kB
```

（2）检查交换页面大小（要求是内存的1.5倍，内存大于2GB后可与内存相等），命令如下：

```
[root@oracleserver sysctl.d]# grep SwapTotal /proc/meminfo
SwapTotal: 2097148 kB
```

（3）检查/tmp文件系统的大小（最少1GB），命令如下：

```
[root@oracleserver sysctl.d]# df -h /tmp
Filesystem             Size  Used Avail Use% Mounted on
/dev/mapper/rhel-root   17G  4.3G   13G  26% /
```

（4）检查文件系统，其中文件系统的磁盘空间至少为7.2GB，命令如下：

```
[root@oracleserver sysctl.d]# df -h
Filesystem              Size    Used    Avail   Use%    Mounted on
devtmpfs                1.9G    0       1.9G     0%     /dev
tmpfs                   1.9G    0       1.9G     0%     /dev/shm
tmpfs                   1.9G    10M     1.9G     1%     /run
tmpfs                   1.9G    0       1.9G     0%     /sys/fs/cgroup
/dev/mapper/rhel-root   17G     4.3G    13G     26%     /
/dev/nvme0n1p1          1014M   180M    835M    18%     /boot
tmpfs                   376M    1.2M    375M     1%     /run/user/42
tmpfs                   376M    4.6M    372M     2%     /run/user/0
/dev/sr0                7.4G    7.4G    0       100%    /mnt/cdrom
```

（5）检查内存和交换页面的使用情况，命令如下：

```
[root@oracleserver sysctl.d]# free
      total        used       free       shared     buff/cache   available
Mem:3847692     1382328     1518904      17980       946460      2200796
Swap:2097148          0     2097148
```

（6）查看操作系统版本（RHEL 8的内核版本不低于4.18.0-80），命令如下：

```
[root@oracleserver sysctl.d]# uname -a
Linux oracleserver 4.18.0-147.el8.x86_64 #1 SMP Thu Sep 26 15:52:44 UTC 2019 x86_64 x86_64 x86_64 GNU/Linux
```

2. 检查软件需求和安装操作系统程序包

（1）检查系统是否安装了RHEL 8及以上的程序包，命令如下：

```
bc binutils elfutils-libelf elfutils-libelf-devel fontconfig-devel glibc glibc-devel ksh libaio libaio-devel libXrender libX11 libXau libXi libXtst libgcc libnsl librdmacm libstdc++ libstdc++-devel libxcb libibverbs make smartmontools sysstat
[root@oracleserver ~]# cat /etc/redhat-release
Red Hat Enterprise Linux release 8.1(Ootpa)
[root@oracleserver ~]# uname -r
4.18.0-147.el8.x86_64
[root@oracleserver ~]# rpm -q bc binutils elfutils-libelf elfutils-libelf-devel fontconfig-devel glibc glibc-devel ksh libaio libaio-devel libXrender libX11 libXau libXi libXtst libgcc libnsl librdmacm libstdc++ libstdc++-devel libxcb libibverbs make smartmontools sysstat

bc-1.07.1-5.el8.x86_64
binutils-2.30-58.el8.x86_64
elfutils-libelf-0.176-5.el8.x86_64
package elfutils-libelf-devel is not installed
package fontconfig-devel is not installed
glibc-2.28-72.el8.x86_64
package glibc-devel is not installed
package ksh is not installed
libaio-0.3.112-1.el8.x86_64
package libaio-devel is not installed
libXrender-0.9.10-7.el8.x86_64
libX11-1.6.7-1.el8.x86_64
libXau-1.0.8-13.el8.x86_64
libXi-1.7.9-7.el8.x86_64
libXtst-1.2.3-7.el8.x86_64
libgcc-8.3.1-4.5.el8.x86_64
package libnsl is not installed
librdmacm-22.3-1.el8.x86_64
libstdc++-8.3.1-4.5.el8.x86_64
package libstdc++-devel is not installed
libxcb-1.13-5.el8.x86_64
libibverbs-22.3-1.el8.x86_64
```

```
package make is not installed
smartmontools-6.6-3.el8.x86_64
package sysstat is not installed
```

（2）编辑yum源配置文件redhat.repo，命令如下：

```
[root@oracleserver ~]vi /etc/yum.repos.d/redhat.repo
```

redhat.repo 文件内容如下：

```
[redhat-Base]
name=Red Hat Enterprise Linux 8.1
baseurl=file:///mnt/cdrom/BaseOS
enabled=1
gpgcheck=0
[redhat-AppStream]
name=Red Hat Enterprise Linux 8.1
baseurl=file:///mnt/cdrom/AppStream
enabled=1
gpgcheck=0
```

（3）重新挂载光驱，命令如下：

```
[root@oracleserver ~]# df  -h
Filesystem             Size  Used Avail Use% Mounted on
devtmpfs               1.9G     0  1.9G   0% /dev
tmpfs                  1.9G     0  1.9G   0% /dev/shm
tmpfs                  1.9G   10M  1.9G   1% /run
tmpfs                  1.9G     0  1.9G   0% /sys/fs/cgroup
/dev/mapper/rhel-root   17G  4.2G   13G  25% /
/dev/nvme0n1p1        1014M  180M  835M  18% /boot
tmpfs                  376M  1.2M  375M   1% /run/user/42
tmpfs                  376M  4.6M  372M   2% /run/user/0
/dev/sr0 7.4G  7.4G     0 100% /run/media/root/RHEL-8-1-0-BaseOS-x86_64
[root@oracleserver ~]# mkdir /mnt/cdrom
[root@oracleserver ~]# umount /dev/sr0
[root@oracleserver ~]# mount -t iso9660 /dev/sr0 /mnt/cdrom
mount:/mnt/cdrom:WARNING:device write-protected,mounted read-only.
[root@oracleserver ~]# df -h
Filesystem             Size  Used Avail Use% Mounted on
devtmpfs               1.9G     0  1.9G   0% /dev
tmpfs                  1.9G     0  1.9G   0% /dev/shm
tmpfs                  1.9G   10M  1.9G   1% /run
tmpfs                  1.9G     0  1.9G   0% /sys/fs/cgroup
/dev/mapper/rhel-root   17G  4.2G   13G  25% /
/dev/nvme0n1p1        1014M  180M  835M  18% /boot
```

```
tmpfs              376M  1.2M  375M   1% /run/user/42
tmpfs              376M  4.6M  372M   2% /run/user/0
/dev/sr0            7.4G  7.4G     0 100% /mnt/cdrom
```

（4）安装操作系统程序包，命令如下：

```
[root@oracleserver ~]#yum install  elfutils-libelf-devel fontconfig-devel
glibc-devel ksh  libaio-devel libnsl libstdc++-devel make sysstat
Updating Subscription Management repositories.
Unable to read consumer identity.This system is not registered to Red
Hat Subscription Management. You can use subscription-manager to register.
Red Hat Enterprise Linux 8.1                29 MB/s | 5.3 MB    00:00
Red Hat Enterprise Linux 8.1                22 MB/s | 2.2 MB    00:00
Dependencies resolved.
==========================================================================
Package          Arch    Version             Repository            Size
==========================================================================
Installing:
 ksh             x86_64  20120801-252.el8     redhat-AppStream     956 k
 libstdc++-devel  x86_64  8.2.1-3.5.el8        redhat-AppStream     2.0 M
 sysstat         x86_64  11.7.3-2.el8         redhat-AppStream    426 k
 elfutils-libelf-devel  x86_64  0.174-6.el8   redhat-Base           53 k
 fontconfig-devel x86_64  2.13.1-3.el8        redhat-Base          151 k
 glibc-devel      x86_64  2.28-42.el8         redhat-Base          1.0 M
 libaio-devel     x86_64  0.3.110-12.el8      redhat-Base           18 k
 libnsl          x86_64  2.28-42.el8         redhat-Base          87 k
 make           x86_64  1:4.2.1-9.el8        redhat-Base         498 k
Installing dependencies:
 bzip2-devel      x86_64  1.0.6-26.el8        redhat-Base          224 k
 expat-devel      x86_64  2.2.5-3.el8         redhat-Base          55 k
 freetype-devel    x86_64  2.9.1-4.el8        redhat-Base          464 k
 glibc-headers     x86_64  2.28-42.el8        redhat-Base          464 k
 kernel-headers    x86_64  4.18.0-80.el8       redhat-Base          1.6 M
 libpng-devel     x86_64  2:1.6.34-5.el8      redhat-Base          328 k
 libuuid-devel     x86_64  2.32.1-8.el8       redhat-Base           94 k
 libxcrypt-devel   x86_64  4.1.1-4.el8        redhat-Base           25 k
 lm_sensors-libs  x86_64  3.4.0-17.20180522git70f7e08.el8 redhat-Base 58 k
 zlib-devel        x86_64 1.2.11-10.el8       redhat-Base           56 k
Transaction Summary
==========================================================================
Install  19 Packages
Total size:8.5 M
Installed size:30 M
Is this ok [y/N]:y
```

3. 建立用户组和用户

（1）用户组oinstall（用于创建和管理用户的组）和dba（用于数据库管理的组），用户oracle，命令如下：

```
[root@oracleserver ~]#  /usr/sbin/groupadd  -g 510 oinstall
[root@oracleserver ~]#  /usr/sbin/groupadd -g 520 dba
[root@oracleserver ~]# /usr/sbin/useradd -u 510 -g oinstall -G dba oracle
```

（2）修改用户密码，命令如下：

```
[root@oracleserver ~]# passwd oracle
```

（3）查看用户和组的关系，命令如下：

```
[root@oracleserver ~]# id oracle
uid=510(oracle)gid=510(oinstall)groups=510(oinstall),520(dba)
```

（4）配置数据库用户环境，命令如下：

```
[root@oracleserver ~]#  su  -  oracle
[oracle@oracleserver ~]$ mkdir /u01/tmp
[oracle@oracleserver ~]$  vi   ./.bash_profile
# .bash_profile
# Get the aliases and functions
if [ -f ~/.bashrc ];then
       . ~/.bashrc
Fi
# User specific environment and startup programs
#the following is for oracle installation
TMP=/u01/tmp
TMPDIR=/u01/tmp
export TMP  TMPDIR
ORACLE_BASE=/u01/soft
ORACLE_SID=orcl
export ORACLE_BASE ORACLE_SID
#the following paramter edited after installation
export ORACLE_SID=orcl
export ORACLE_BASE=/u01/soft
export ORACLE_HOME=$ORACLE_BASE/db19c3
export PATH=$PATH:$ORACLE_HOME/bin
#export ORACLE_TERM=xterm
export LD_LIBRARY_PATH=$LD_LIBRARY_PATH:$ORACLE_HOME/lib
export CLASSPATH=$ORACLE_HOME/JRE:ORACLE_HOME/jlib:$ORACLE_HOME/rdbms/jlib
```

4. 配置内核参数和修改系统资源限制条件

（1）配置内核参数，命令如下：

```
[root@oracleserver ~]vi /etc/sysctl.d/99-sysctl.conf
fs.aio-max-nr = 1048576
fs.file-max = 6815744
kernel.shmall = 4294967296
kernel.shmmax = 68719476736
kernel.shmmni = 4096
kernel.sem = 250 32000 100 128
net.ipv4.ip_local_port_range = 9000 65500
net.core.rmem_default = 262144
net.core.rmem_max = 4194304
net.core.wmem_default = 262144
net.core.wmem_max = 1048586
```

使内核参数生效，命令如下：

```
[root@oracleserver ~]#sysctl  -p
```

（2）修改系统资源限制条件，命令如下：

```
[root@oracleserver ~]#vi /etc/security/limits.conf
oracle soft nproc 2047
oracle hard nproc 16384
oracle soft nofile 4096
oracle hard nofile 65536
oracle soft stack 10240
oracle hard stack 32768
```

5. 创建数据库管理所需的存储空间和相应目录

（1）添加两个磁盘。

在虚拟机中添加一个18GB的磁盘，如图5-67所示，用于安装数据库，操作系统设备名为nvme0n2。再添加一个5GB的磁盘，操作系统设备名为nvme0n3，作为临时空间，使用后需删除。

（2）创建新的卷组、逻辑卷、文件系统，并设置用户读写权限。

将磁盘划分为 4 个分区，每个分区的容量大小为4GB，用于创建新的卷组、逻辑卷及文件系统，命令如下：

```
[root@oracleserver dev]# fdisk /dev/nvme0n2
```

在【Command(m for help):】位置输入【n】，按回车键，然后输入【p】，连续 3 次按回车键，输入【+1G】，按回车键。

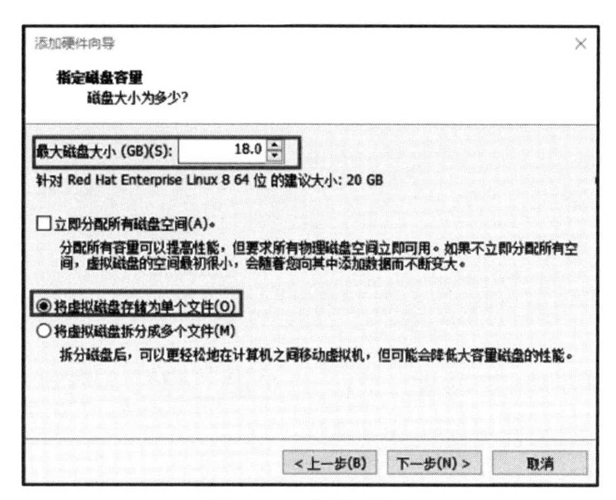

图5-67　添加磁盘

在【Command(m for help):】位置输入修改分区属性【t】，按回车键，输入使命【1】，按回车键，输入【8e】，按回车键。

新建4个分区之后，在【Command(m for help):】位置输入【p】，查看分区情况，如下所示：

```
Welcome to fdisk (util-Linux 2.32.1) .
Changes will remain in memory only, until you decide to write them.
Be careful before using the write command.
Command (m for help): p
Disk /dev/nvme0n2: 18 GiB, 19327352832 bytes, 37748736 sectors
Units: sectors of 1 * 512 = 512 bytes
Sector size (logical/physical): 512 bytes / 512 bytes
I/O size (minimum/optimal): 512 bytes / 512 bytes
Disklabel type: dos
Disk identifier: 0x7616bbef
Device         Boot    Start      End  Sectors Size Id Type
/dev/nvme0n2p1          2048  8390655  8388608   4G 8e Linux LVM
/dev/nvme0n2p2       8390656 16779263  8388608   4G 8e Linux LVM
/dev/nvme0n2p3      16779264 25167871  8388608   4G 8e Linux LVM
/dev/nvme0n2p4      25167872 37748735 12580864   6G  5 Extended
/dev/nvme0n2p5      25169920 33558527  8388608   4G 8e Linux LVM
```

将磁盘nvme0n3只划分为一个普通分区，用于存放文件系统，作为临时空间使用，命令如下：

```
[root@oracleserver dev]# fdisk /dev/nvme0n3
Welcome to fdisk(util-Linux 2.32.1).
Changes will remain in memory only,until you decide to write them.
Be careful before using the write command.
Command(m for help):p
```

```
Disk /dev/nvme0n3:5 GiB,5368709120 bytes,10485760 sectors
Units:sectors of 1 * 512 = 512 bytes
Sector size(logical/physical):512 bytes / 512 bytes
I/O size(minimum/optimal):512 bytes / 512 bytes
Disklabel type:dos
Disk identifier:0x6f53d100
Device          Boot Start     End       Sectors Size  Id  Type
/dev/nvme0n3p1  2048 10029055  10027008  4.8G          83  Linux
```

在磁盘 nvme0n2 上创建物理卷（PV）、卷组（VG）、逻辑卷（LV）和文件系统（FS），并创建目录和挂载文件系统，命令如下：

```
[root@oracleserver dev]#pvcreate  /dev/nvme0n2p1
[root@oracleserver dev]#pvcreate  /dev/nvme0n2p2
[root@oracleserver dev]#pvcreate  /dev/nvme0n2p3
[root@oracleserver dev]#pvcreate  /dev/nvme0n2p5
[root@oracleserver dev]#vgcreate  -s 16  oraclevg  /dev/nvme0n2p1
/dev/nvme0n2p2 /dev/nvme0n2p3 /dev/nvme0n2p5
```

创建逻辑卷，命令如下：

```
[root@oracleserver dev]#lvcreate  -n softlv  -L  8192M  /dev/oraclevg
[root@oracleserver dev]#lvcreate  -n datalv  -L  7168M  /dev/oraclevg
```

创建文件系统，命令如下：

```
[root@oracleserver dev]#mkfs  -t  ext4  /dev/oraclevg/softlv
[root@oracleserver dev]#mkfs  -t  ext4  /dev/oraclevg/datalv
```

创建目录和挂载文件系统的命令如下：

```
[root@oracleserver dev]# mkdir  -p  /u01/soft
[root@oracleserver dev]#mkdir  -p  /u01/data
[root@oracleserver dev]# mount -t ext4 /dev/oraclevg/softlv  /u01/soft
[root@oracleserver dev]# mount -t ext4 /dev/oraclevg/datalv  /u01/data
[root@oracleserver dev]#mkdir  -p  /u01/soft/db19c3
[root@oracleserver dev]#chown  oracle：oinstall  -R  /u01
```

创建临时空间，命令如下：

```
[root@oracleserver dev]#mkfs  -t ext4  /dev/nvme0n3p1
[root@oracleserver dev]#mkdir /tmp1
[root@oracleserver dev]#mount -t ext4  /dev/nvme0n3p1  /tmp1
```

编辑/etc/fstab 文件，使/u01/soft 和/u01/data 文件系统在设备启动时自动装载，命令如下：

```
[root@oracleserver dev]# vi  /etc/fstab
/dev/mapper/oraclevg-softlv   /u01/soft      ext4    defaults        0 0
```

```
/dev/mapper/oraclevg-datalv    /u01/data        ext4    defaults        0 0
[root@oracleserver dev]# chown -R oracle: oinstall  /u01
[root@oracleserver dev]# chmod -R 775  /u01
```

6. 安装数据库

（1）上传 Oracle 软件安装包，如图 5-68 所示。

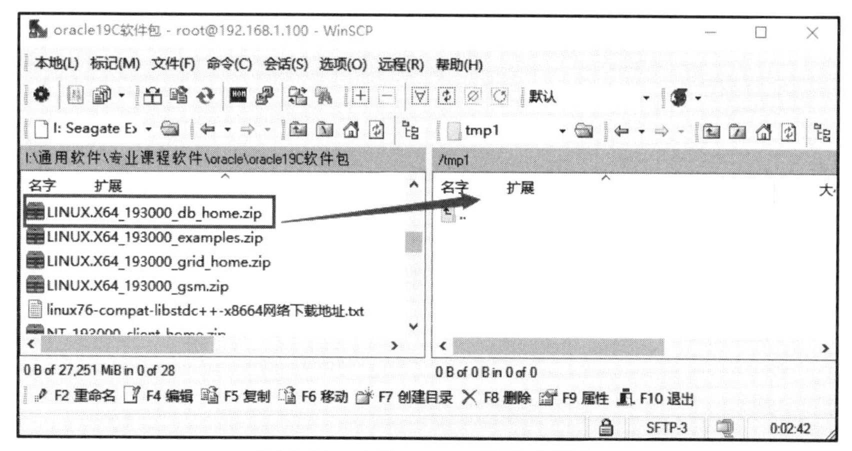

图 5-68　上传 Oracle 软件安装包

（2）解压缩安装包。

使用 oracle 用户将安装包解压缩到/u01/soft/db19c3 目录中，命令如下：

```
[root@oracleserver dev]#su  - oracle
[oracle@oracleserver ~]$ cd  /tmp1
[oracle@oracleserver ~]$ unzip   /tmp1/Linux.X64_193000_db_home.zip   -d
/u01/soft/db19c3
```

（3）安装数据库的命令如下所示，安装界面如图 5-69 所示。

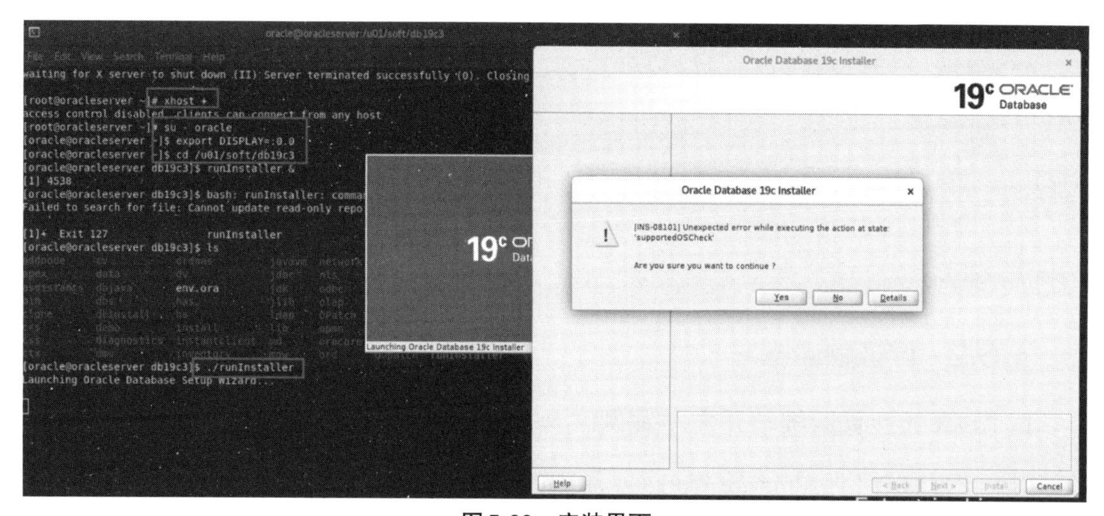

图 5-69　安装界面

```
[root@oracleserver ~]# xhost +
[root@oracleserver ~]# su - oracle
[oracle@oracleserver ~]$ export DISPLAY=: 0.0
[oracle@oracleserver ~]$ cd /u01/soft/db19c3
[oracle@oracleserver db19c3]$ runInstaller &
```

（4）设置CV_ASSUME_DISTID变量后再次执行数据库的安装操作，操作命令如下，显示安装成功。具体安装过程参考本书微课。

```
[oracle@oracleserver ~]$ export CV_ASSUME_DISTID=RHEL7.6
[oracle@oracleserver ~]$ /u01/soft/db19c3/runInstaller &
```

另外，打开终端窗口使用root用户执行orainstRoot.sh脚本后，继续安装数据库，命令如下：

```
[root@oracleserver ~]# /u01/soft/oraInventory/orainstRoot.sh
Changing permissions of /u01/soft/oraInventory.
Adding read,write permissions for group.
Removing read,write,execute permissions for world.
Changing groupname of /u01/soft/oraInventory to oinstall.
The execution of the script is complete.
[root@oracleserver ~]# /u01/soft/db19c3/root.sh
Performing root user operation.
The following environment variables are set as:
    ORACLE_OWNER= oracle
    ORACLE_HOME=  /u01/soft/db19c3
Enter the full pathname of the local bin directory:[/usr/local/bin]:
The contents of "dbhome" have not changed. No need to overwrite.
The contents of "oraenv" have not changed. No need to overwrite.
The contents of "coraenv" have not changed. No need to overwrite.
Entries will be added to the /etc/oratab file as needed by
Database Configuration Assistant when a database is created
Finished running generic part of root script.
Now product-specific root actions will be performed.
Oracle Trace File Analyzer(TFA - Standalone Mode)is available at:
    /u01/soft/db19c3/bin/tfactl
Note:
1. tfactl will use TFA Service if that service is running and user has
been granted access
2. tfactl will configure TFA Standalone Mode only if user has no access to
TFA Service or TFA is not installed
```

5.5.2 课证融通练习

1. “1+X云计算运维与开发”案例

（1）下面哪个不是Vmware Workstation中的网络模式？（　　）

A. 仅主机模式　　B. NAT 模式　　C. 桥接模式　　D. VLAN 模式

（2）局域网的网络地址为192.168.1.0/24，局域网连接其他网络的网关地址是192.168.1.1。主机192.168.1.20访问172.16.1.0/24时，其路由设置正确的是（　　）？

A. route add -net 192.168.1.0 gw 192.168.1.1 netmask 255.255.255.0 metric 1

B. route add -net 172.16.1.0 gw 192.168.1.1 netmask 255.255.255.0 metric 1

C. route add -net 172.16.1.0 gw 172.16.1.1 netmask 255.255.255.0 metric 1

D. route add default 192.168.1.0 netmask 172.168.1.1 metric 1

2. 红帽RHCSA认证案例

（1）哪个数字是IPv4地址的大小（以位为单位）？（　　）（多选题）

A. 4　　B. 8　　C. 16　　D. 32

E. 64　　F. 128

（2）哪个术语决定IP地址中有多少个前导位构成其网络地址？（　　）（多选题）

A. 网络作用域　　B. 子网掩码　　C. 子网　　D. 多播

E. 网络地址　　F. 网络

（3）哪个地址代表有效的IPv4主机的IP地址？（　　）

A. 192.168.1.188　　B. 192.168.1.0　　C. 192.168.1.255　　D. 192.168.1.256

（4）哪个术语允许一个系统将流量发送到多个系统接收的特殊IP地址？（　　）（多选题）

A. 网络作用域　　B. 子网掩码　　C. 子网　　D. 多播

E. 网络地址　　F. 网络

（5）使用ssh命令，以student用户身份登录servera 服务器。系统已配置为使用SSH密钥来进行身份验证，并且访问servera 服务器时不需要输入密码。

（6）登录服务器后，找到与以太网地址 00:0c:29:d5:71:3b 关联的网络接口名称（如ens6或en1p2）。记下此名称，并使用它来替换后续命令中的ens160占位符。使用命令显示如下内容：

- 显示所有接口的当前IP地址和子网掩码；
- 显示ens160接口的统计信息；
- 显示路由信息；
- 显示本地系统上的侦听TCP套接字。

（7）验证路由可以访问。

（8）从servera服务器中退出。

5.6　任务小结

本任务通过安装配置MySQL数据库服务器和Oracle数据库服务器，综合应用 Linux

系统各方面的知识，使读者掌握在Linux上安装配置应用程序，遇到其他应用的部署，也可以做到心中有数。

5.7 巩固与训练

1. 填空题

（1）一个网卡对应一个配置文件，配置文件位于目录________中，文件名以_______开始。

（2）RHEL 8中的主机名配置文件为________。

（3）________是一种能够以安全的方式提供远程登录的协议，也是目前Linux系统的首选方式。

2. 选择题

（1）（　　）命令能用来显示服务器当前正在监听的端口。

A. ifconfig　　B. netlst　　C. iptables　　D. netstat

（2）（　　）文件存储机器名到IP地址的映射信息。

A. /etc/hosts　　B. /etc/host　　C. /etc/host.equiv　　D. /etc/hdinit

（3）Linux系统提供了一些网络测试命令，当与某远程网络连接不上时，就需要跟踪路由查看，以便了解在网络的什么位置出现了问题，请从下面的命令中选出满足该目的的命令。（　　）

A. ping　　B. ifconfig　　C. traceroute　　D. netstat

3. 操作题

（1）使用tar命令及-czf参数选项，利用gzip命令创建/etc目录的存档文件，将存档文件另存为/tmp/etc.tar.gz。

（2）利用表5-4，创建一个使用静态网络连接的新链接。

表 5-4　参数选项及设置信息表

参数选项	设　　置
链接名称	Lab
接口名称	ens160（可能会有所不同，请使用MAC地址为00:0c:29:01:ec:ce的接口）
IP地址	192.168.216.11/24
网关地址	192.168.216.254
DNS地址	192.168.216.254

① 确定接口名称及当前活动链接的名称。本解决方案假定接口名称为ens160，而链

接名称为Lab。

② 根据表5-4中的信息，创建新的Lab链接配置文件。将配置文件与上一个ip link命令的输出信息中所列出的网络接口名称相关联。

③ 将新链接配置为自动启动，其他链接则为不应自动启动。

④ 修改新链接，变更地址为10.0.1.1/24。

⑤ 配置hosts文件，使10.0.1.1可被引用为private。

⑥ 重新启动系统。

⑦ 在VMware Workstation桌面虚拟计算机软件上，使用命令验证服务器是否已进行了初始化。

任务六　更上一层楼——服务器运行监控

扫一扫，
看动画

6.1　任务导入

扫一扫，
看微课

任务概述

需要定期监控Linux服务器运行状态，以便出现故障时找出问题所在。本任务主要利用 Linux 系统常用的监控命令，实现对系统的实时监控。

任务分析

根据任务概述，需要考虑以下几点。

（1）Linux 服务器运行状态主要包括哪些方面。

（2）如何使用 Linux 系统命令查看服务器运行状态。

（3）如何设置 Linux 系统命令的参数。

（4）如何分析 Linux 服务器运行结果。

（5）如何管理 Linux 服务器运行进程。

任务目标

根据任务分析，需要掌握如下知识、技能、思政、创新、课证融通目标。

（1）了解服务器运行状态的含义。（知识）

（2）熟练掌握Linux服务器运行状态监控命令的使用方法。（技能）

（3）熟练掌握Linux服务器运行状态监控命令参数的使用。（技能）

（4）要求具备对Linux服务器运行状态进行优化的能力。（技能）

（5）根据乐购商城云平台数据库服务器运行状态优化服务器运行环境。（创新）

（6）拓展“1+X 云计算运维与开发”考证所涉及的知识与技能及红帽 RHCSA 认证所涉及的知识与技能。（课证融通）

6.2　知识准备

6.2.1　了解服务器的运行状态

Linux系统中常需同时运行多个任务和进程，因此需要查看和监控各进程及软硬件运行状态，以保证Linux系统的高可用性。

在Linux系统的使用过程中，常需评估系统性能，尤其在性能测试过程中，需要通过对系统资源的监控，分析系统的性能瓶颈。可从以下维度来评估系统性能的好坏：CPU利用率及负载、内存利用率、磁盘I/O利用率、网络利用率等。

Linux系统监控对象包括硬件、操作系统。

（1）硬件。

① 服务器，如电源、风扇、磁盘、CPU等，可以使用IPMI工具监控，在Linux中安装IPMITOOL程序。不同的服务器厂商都在服务器上配有远程控制卡BMC，如DELL（iDRAC）、IBM（IMM）、HP（ILO）。在Linux中安装IPMITOOL，使用yum install -y OpenIPMI ipmitool命令。

② 网络设备，如交换机、防火墙、路由器等，使用SNMP工具进行监控，在被监控的设备上需开启SNMP服务代理，可以通过相关工具（如ZABBIX）获取监控信息。

（2）操作系统。

需安装sysstat工具进行监控，包括iostat、vmstat、sar、mpstat、nfsiostat、pidstat（安装命令：yum install -y sysstat；rpm -ql sysstat）。sysstat工具可监控CPU（CPU调度情况，运行队列负载，CPU使用率），还可以确定服务类型是I/O密集型（如数据库）还是CPU密集型（如Web）。

Linux系统运行状态的常用监控命令如表6-1所示。

表6-1　Linux系统运行状态的常用监控命令

常用监控命令	功　能	用法举例
ps	最基本也是非常强大的进程查看命令	ps aux
top	实时排序显示系统中各个进程的资源占用状况	top
vmstat	对系统的整体情况进行统计，包括内核进程、虚拟内存、磁盘、陷阱和CPU活动的统计信息	vmstat 2100
free	查看内存使用情况，包括物理内存和虚拟内存	free -h或free -m
netstat	检验本机各端口的网络连接情况，用于显示与IP、TCP、UDP和ICMP协议相关的统计数据	netstat -a
dmesg	主要用来显示内核信息。使用dmesg可以有效诊断机器硬件故障或添加硬件出现的问题	dmesg
tcpdump	用于捕捉或过滤网络上指定接口接收或传输的TCP/IP数据包	tcpdump -i eth0 -c 3
uptime	用于查看服务器运行了多长时间以及有多少个用户登录，快速获得服务器的负荷情况	uptime
iostat	主要用于监控系统设备的I/O负载情况	iostat -d 3

6.2.2 系统进程管理和性能监控

进程是一个具有一定独立功能的程序关于某个数据集合的一次运行活动，它是进行系统资源分配、调度的一个独立单位。

进程运行时有5个特征：动态性、并发性、异步性、独立性、结构性。

每个进程都有与其对应的数据结构及独立表项。

系统进程管理和性能监控命令主要有：ps、kill、vmstat、top。

要查看系统中执行的进程，常用ps（Process Status）命令。

要删除某些进程时，除了使用top命令的K键功能，最简单的方法是在文本模式下执行kill命令将进程删除，通常它可以搭配ps命令使用。

vmstat命令用来查看系统和磁盘状态，适用于所有主要的类UNIX系统（包括Linux/UNIX/FreeBSD/Solaris）。

top命令用于将进程自动排序，按照占用系统资源的大小进行排序，包括内存、交换分区、CPU的使用率等。如果想终止top命令的执行就按Q键。

1. ps 命令

ps命令用于列出系统中当前运行的进程。ps命令列出的是当前进程的快照，即执行ps命令时正在运行的进程，如果想要动态地显示进程信息，可以使用top命令。

使用ps命令可以确定有哪些进程正在运行及运行的状态、进程是否结束、进程有没有僵死、哪些进程占用了过多的资源等。

ps 命令的语法格式为：

```
ps [options]
```

参数选项如下所示。

a：显示所有进程。-a显示同一终端下的所有进程；-A显示所有进程。

c：显示进程的真实名称。

e：显示环境变量。-e等同于-A 参数。

-N：表示反向选择。

f：显示进程间的关系。

-H：显示进程的树状结构。

r：显示当前终端的进程。

T：显示当前终端的所有进程。

u：指定用户的所有进程。-au显示较详细的信息；-aux显示所有包含其他使用者的进程。

x：显示所有程序，不以终端来区分。

【例6-1】以图形方式查看进程，命令如下所示，查看进程结果如图6-1所示。

```
[root@localhost ~]# gnome-system-monitor
```

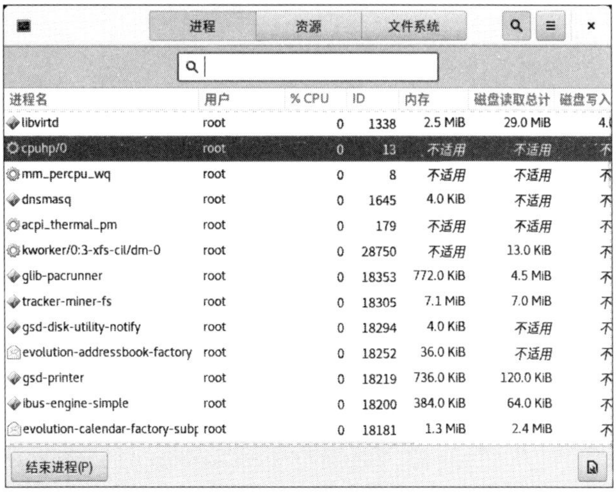

图6-1　查看进程结果

【例6-2】ps命令示例如下：

```
[root@localhost system]# ps -aux
```

执行以上命令后输出以下内容：

```
USER        PID %CPU %MEM    VSZ   RSS TTY  STAT START   TIME COMMAND
root          1  0.0  0.3 256196  7176 ?     Ss   8月18   0:08 /usr/lib/sys
root          2  0.0  0.0      0     0 ?     S    8月18   0:00 [kthreadd]
root          3  0.0  0.0      0     0 ?     I<   8月18   0:00 [rcu_gp]
root          4  0.0  0.0      0     0 ?     I<   8月18   0:00 [rcu_par_gp]
root          6  0.0  0.0      0     0 ?     I<   8月18   0:00 [kworker/0:0]
root          8  0.0  0.0      0     0 ?     I<   8月18   0:00 [mm_percpu_w]
root          9  0.0  0.0      0     0 ?     S    8月18   0:02 [ksoftirqd/0]
root         10  0.0  0.0      0     0 ?     R    8月18   0:03 [rcu_sched]
root         11  0.0  0.0      0     0 ?     S    8月18   0:00 [migration/0]
root         12  0.0  0.0      0     0 ?     S    8月18   0:00 [watchdog/0]
root         13  0.0  0.0      0     0 ?     S    8月18   0:00 [cpuhp/0]
root         15  0.0  0.0      0     0 ?     S    8月18   0:00 [kdevtmpfs]
root         16  0.0  0.0      0     0 ?     I<   8月18   0:00 [netns]
root         17  0.0  0.0      0     0 ?     S    8月18   0:00 [kauditd]
root         18  0.0  0.0      0     0 ?     S    8月18   0:00 [khungtaskd]
root         19  0.0  0.0      0     0 ?     S    8月18   0:00 [oom_reaper]
root         20  0.0  0.0      0     0 ?     I<   8月18   0:00 [writeback]
root         21  0.0  0.0      0     0 ?     S    8月18   0:02 [kcompactd0]
root         22  0.0  0.0      0     0 ?     SN   8月18   0:00 [ksmd]
```

```
root         23  0.0  0.0      0     0 ?        SN   8月18   0:01 [khugepaged]
root         24  0.0  0.0      0     0 ?        I<   8月18   0:00 [crypto]
root         25  0.0  0.0      0     0 ?        I<   8月18   0:00 [kintegrityd]
```

以上进程信息各列说明如下：

USER　　　进程所属用户
PID　　　进程ID
%CPU　　　进程占用CPU百分比
%MEM　　　进程占用内存百分比
VSZ　　　虚拟内存占用大小，单位为KB（killobytes）
RSS　　　实际内存占用大小，单位为KB（killobytes）
TTY　　　终端类型
STAT　　　进程状态
START　　　进程启动时刻
TIME　　　进程运行时长
COMMAND　启动进程的命令

其中STAT状态位常见的状态字符有：

D　　//无法中断的休眠状态（通常为I/O进程）
R　　//可执行状态
S　　//处于休眠状态
T　　//停止或被追踪
W　　//进入内存交换（从内核2.6开始无效）
X　　//终止的进程（基本很少见）
Z　　//僵尸进程
<　　//优先级较高的进程
N　　//优先级较低的进程
L　　//锁住当前状态
s　　//进程的领导者（在它之下有子进程）
l　　//多线程，克隆线程（使用CLONE_THREAD，类似NPTL pthreads）
+　　//位于后台的进程组

以下命令显示所有进程信息，包括命令行：

```
[root@localhost ~]# ps -ef
```

执行以上命令后输出以下内容：

```
UID          PID    PPID  C STIME TTY    TIME        CMD
root           1       0  0 8月18 ?     00:00:08 /usr/lib/systemd/systemd --s
root           2       0  0 8月18 ?       00:00:00 [kthreadd]
```

```
root         3      2  0 8月18 ?        00:00:00 [rcu_gp]
root         4      2  0 8月18 ?        00:00:00 [rcu_par_gp]
root         6      2  0 8月18 ?        00:00:00 [kworker/0:0H-kblockd]
root         8      2  0 8月18 ?        00:00:00 [mm_percpu_wq]
root         9      2  0 8月18 ?        00:00:02 [ksoftirqd/0]
root        10      2  0 8月18 ?        00:00:03 [rcu_sched]
root        11      2  0 8月18 ?        00:00:00 [migration/0]
root        12      2  0 8月18 ?        00:00:00 [watchdog/0]
root        13      2  0 8月18 ?        00:00:00 [cpuhp/0]
root        15      2  0 8月18 ?        00:00:00 [kdevtmpfs]
root        16      2  0 8月18 ?        00:00:00 [netns]
root        17      2  0 8月18 ?        00:00:00 [kauditd]
root        18      2  0 8月18 ?        00:00:00 [khungtaskd]
root        19      2  0 8月18 ?        00:00:00 [oom_reaper]
root        20      2  0 8月18 ?        00:00:00 [writeback]
root        21      2  0 8月18 ?        00:00:02 [kcompactd0]
root        22      2  0 8月18 ?        00:00:00 [ksmd]
root        23      2  0 8月18 ?        00:00:01 [khugepaged]
root        24      2  0 8月18 ?        00:00:00 [crypto]
root        25      2  0 8月18 ?        00:00:00 [kintegrityd]
root        26      2  0 8月18 ?        00:00:00 [kblockd]
root        27      2  0 8月18 ?        00:00:00 [tpm_dev_wq]
root        28      2  0 8月18 ?        00:00:00 [md]
root        29      2  0 8月18 ?        00:00:00 [edac-poller]
```

【例6-3】ps 命令常与 grep 参数组合使用，用于查找特定进程，命令如下：

```
 [root@localhost ~]# ps -ef | grep bash
root      1062     1     0 8月18 ?    00:00:00 /bin/bash /usr/sbin/ksmtuned
root      21561   21556  0 06:36 pts/0    00:00:00 bash
root      29268   21561  0 13:29 pts/0    00:00:00 grep --color=auto bash
```

【例6-4】将当前用户本次登录的PID与相关信息显示出来，命令如下：

```
[root@localhost ~]# ps -l
```

执行以上命令后输出以下内容：

```
F S   UID   PID    PPID   C  PRI  NI ADDR SZ WCHAN  TTY          TIME CMD
4 S     0  21561  21556  0  80   0   -  7011 -     pts/0    00:00:00 bash
0 R     0  29301  21561  0  80   0   - 11409 -     pts/0    00:00:00 ps
```

以上输出内容各列信息说明如下：

F　　　　　代表进程的旗标（flag），4 代表使用者为 Super User

S　　　　　代表进程的状态（STAT）

UID　　　　进程的用户 ID

PID	进程ID
PPID	父进程ID
C	CPU使用的资源百分比
PRI	进程优先级
NI	进程优先级的调整
ADDR	进程在内存中的地址，一般显示为“-”
SZ	使用内存的大小
WCHAN	目前这个程序是否正在运行，若为“-”表示正在运行
TTY	登录用户的终端位置
TIME	使用CPU时间
CMD	启动进程的命令

2. kill 命令

Linux系统中的kill命令用于删除执行中的进程。

kill命令可将指定的信息送至程序中。预设的信息为SIGTERM（15），可将指定进程终止。若仍无法终止该进程，可使用SIGKILL（9）信息尝试强制删除进程。进程的编号可利用ps命令或jobs命令查看。

kill命令的参数选项如下：

-l <信息编号>　若不加<信息编号>选项，则-l参数选项会列出全部的信息名称。

-s <信息名称或编号>　指定要送出的信息。

[程序]　[程序]可以是程序的PID或PGID，也可以是工作编号。

使用kill -l命令可列出所有可用信息编号。

常用的信息编号如下。

1（HUP）：重新加载进程。

9（KILL）：终止一个进程。

15（TERM）：正常停止一个进程。

kill -9 ××× 表示强制杀死PID为×××的进程。

目前有十几种控制进程的方法，下面是一些常用的方法。

发送SIGSTOP（17，19，23）信息停止一个进程，但并不杀死这个进程，命令如下：

```
kill -STOP [pid]
```

发送SIGCONT（19，18，25）信息重新开始一个停止的进程，命令如下：

```
kill -CONT [pid]
```

发送SIGKILL（9）信息强迫进程立即终止，并且不实施清理操作，命令如下：

```
kill -KILL [pid]
```

终止所有进程，命令如下：

```
kill -9 -1
```

SIGKILL和SIGSTOP信息不能被捕捉、封锁或者忽略，但是，其他的信息可以。

实例如下：

```
[root@localhost ~]# kill 21561
```

3. vmstat 命令

系统的整体情况包括内核进程、虚拟内存、磁盘、陷阱和CPU使用的统计信息。

通过help参数，查看vmstat命令的使用方法如下：

```
[root@localhost ~]# vmstat --help
Usage:
 vmstat [options] [delay [count]]

Options:
 -a,--active           active/inactive memory
 -f,--forks            number of forks since boot
 -m,--slabs            slabinfo
 -n,--one-header        do not redisplay header
 -s,--stats            event counter statistics
 -d,--disk             disk statistics
 -D,--disk-sum          summarize disk statistics
 -p,--partition <dev>  partition specific statistics
 -S,--unit <char>      define display unit
 -w,--wide             wide output
 -t,--timestamp         show timestamp
 -h,--help    display this help and exit
 -V,--version  output version information and exit
For more details see vmstat(8).
```

【例6-5】每2秒执行一次vmstat命令，执行6次后自动停止，命令如下：

```
[root@localhost ~]# vmstat 2 6
procs -----------memory---------- ---swap-- -----io---- -system-- ------
cpu-----
r  b   swpd   free   buff  cache   si   so    bi    bo   in   cs us sy id wa st
2  0 154112  73628     24 259312    2   49   300    70   98  215  1  2 97  1  0
0  0 154112  73568     24 259312    0    0     0     0   89  216  1  1 99  0  0
0  0 154112  73568     24 259312    0    0     0     0  397  680  1  3 96  0  0
0  0 154112  73568     24 259312    0    0     0     0  514  948  1  3 96  0  0
0  0 154112  73388     24 259312    0    0     0     0  349  679  1  4 95  0  0
0  0 154112  73208     24 259340    0    0     0     0  437  800  3  4 94  0  0
```

以上输出内容各列信息说明如下。

（1）procs：进程。

r：当前运行队列中线程的数目，代表线程处于可运行状态，但CPU未执行，r值可以作为判断 CPU 是否繁忙的一个指标；当 r 值超过了 CPU 的数目，就会出现 CPU 瓶颈问题，同时可以结合top命令的负载值同步评估系统性能。

b：等待I/O的进程数量。如果该值一直都很大，就说明I/O比较繁忙，处理较慢。

（2）memory：内存。

swpd：虚拟内存已使用的大小。如果swpd的值不为0，但是si、so的值长期为0，那么这种情况不会影响系统性能。

free：空闲的物理内存的大小。

buff：用作缓冲的内存大小。

cache：用作缓存的内存大小。如果cache的值比较大，说明cache中的文件较多。

（3）swap：（交换空间，单位：KB）。内存够用时，swap的值为0。如果buff和cache的值长期大于0，系统性能将会受到影响，磁盘I/O和CPU资源都会被消耗。有时空闲内存（free）很小或接近0时，就认为内存不够用了，其实不能只看这一点，还要结合si和so的值，如果free的值很小，但是si和so的值也很小（大多数情况下是0），那么不用担心，系统性能这时不会受到影响。

si：每秒从交换区写到内存的大小。

so：每秒写入交换区的内存大小。

（4）io：块的大小。

bi：每秒读取的块数。

bo：每秒写入的块数。随机磁盘I/O的时候，bi 和 bo 的值越大，能看到CPU在I/O等待的时间也会越长。

（5）system（系统）：这个值越大，会看到由内核消耗的CPU时间会越长。

in：每秒中断数，包括时钟中断。

cs：每秒上下文切换数。

（6）cpu：以百分比表示。

us：用户进程执行时间（User Time）。

sy：系统进程执行时间（System Time）。

id：空闲时间（包括I/O等待时间）。

wa：I/O等待时间。wa的值大时，说明I/O等待情况比较严重，这可能是因为磁盘大量随机访问造成的，也有可能是因为磁盘出现了瓶颈问题。

st：虚拟机使用 CPU 的时间。

【例6-6】统计各种计数器。

使用 vmstat命令的-s参数选项，可输出各种事件计数器和内存的统计信息，命令如下：

```
[root@localhost ~]# vmstat -s
     1843832 K total memory
     1511116 K used memory
      497892 K active memory
      501156 K inactive memory
       72140 K free memory
          24 K buffer memory
      260552 K swap cache
     2097148 K total swap
      154112 K used swap
     1943036 K free swap
        3102 non-nice user cpu ticks
         108 nice user cpu ticks
        3908 system cpu ticks
      324304 idle cpu ticks
        3020 IO-wait cpu ticks
        1019 IRQ cpu ticks
         329 softirq cpu ticks
           0 stolen cpu ticks
      975040 pages paged in
      226413 pages paged out
        1301 pages swapped in
       40098 pages swapped out
      337623 interrupts
      739459 CPU context switches
  1629442374 boot time
        3580 forks
```

4. iostat命令

iostat命令用于统计并输出特定设备或分区的I/O信息。

【例6-7】使用 iostat命令的-d参数选项将会输出所有磁盘的统计信息，命令如下：

```
 [root@localhost ~]# iostat -d 3 3
Device       tps    kB_read/s    kB_wrtn/s    kB_read    kB_wrtn
sda         1.25     27.70       7.95        744567     213572
scd0        0.01     0.09        0.00        2408          0
dm-0        1.29     26.05       7.22        700162     194081
dm-1        0.00     0.08        0.00        2220          0
Device       tps    kB_read/s    kB_wrtn/s    kB_read    kB_wrtn
sda         0.33     0.00       1.33           0          4
scd0        0.00     0.00       0.00           0          0
dm-0        0.33     0.00       1.33           0          4
dm-1        0.00     0.00       0.00           0          0
Device       tps    kB_read/s    kB_wrtn/s    kB_read    kB_wrtn
```

```
sda          0.00     0.00        0.00         0          0
scd0         0.00     0.00        0.00         0          0
dm-0         0.00     0.00        0.00         0          0
dm-1         0.00     0.00        0.00         0          0
```

以上输出内容各列信息说明如下。

Device：设备名。

tps：该设备每秒的传输次数（Transfers per Second）。“一次传输”即“一次 I/O 请求”。多次逻辑请求可能会被合并为“一次I/O请求”。“一次传输”请求的大小是未知的。

kB_read/s：每秒从设备读取的数据量。

kB_wrtn/s：每秒向设备写入的数据量。

kB_read：读取的总数据量。

kB_wrtn：写入的总数据量。

以上这些信息的单位都为Kbps。

5. top 命令

top命令用于实时排序显示系统中各个进程的资源占用状况，经常用来检查Linux系统中哪个进程占用的资源最多，这对分析系统的性能瓶颈非常重要。

【例6-8】在Linux命令提示符下，运行top命令，可以查询系统进程状态，命令如下：

```
[root@localhost ~]# top
top - 06:26:46 up  8:38,1 user,load average:0.19,0.05,0.04
Tasks:315 total,1 running,314 sleeping,0 stopped,0 zombie
%Cpu(s):0.3 us,0.7 sy,0.0 ni,98.7 id,0.0 wa,0.3 hi,0.0 si,0.0 st
MiB Mem:1800.6 total,97.6 free,870.7 used,832.3 buff/cache
MiB Swap:2048.0 total,1692.0 free,356.0 used.   727.8 avail Mem

PID USER      PR  NI    VIRT    RES    SHR  S  %CPU  %MEM     TIME+ COMMAND
1022 root      20   0  219204   5360   4456  S   0.3   0.3   0:24.38 vmtoolsd
17987 root     20  0 2920060 138936  46316  S   0.3   7.5   0:57.05 gnome-shell
18289 root      20   0  540692  25356  17648 S   0.3   1.4   0:07.90 vmtoolsd
21764 root      20   0   65728   5136   4252 R   0.3   0.3   0:00.13 top
1     root      20   0  256196   8384   4416 S   0.0   0.5   0:05.31 systemd
2     root      20  0        0      0      0 S  0.0   0.0   0:00.01 kthreadd
```

图6-2很清晰地显示了系统资源使用情况和各个进程占用资源大小的排序情况。

> 注意：在以上命令的执行结果中，“%Cpu(s)”为“98.7 id”表示系统的CPU资源很空闲。在图6-2中，PID为6332的进程排在第一位，说明这个进程占用资源最多。

```
top - 16:26:26 up  1:04,  3 users,  load average: 0.86, 0.42, 0.15
Tasks: 395 total,   3 running, 392 sleeping,   0 stopped,   0 zombie
%Cpu(s):  1.0 us,  0.3 sy,  0.0 ni, 98.7 id,  0.0 wa,  0.0 hi,  0.0 si,  0.0 st
MiB Mem :   1800.6 total,    362.4 free,   1085.4 used,    352.9 buff/cache
MiB Swap:   2048.0 total,    535.1 free,   1512.9 used.    529.9 avail Mem

  PID USER      PR  NI    VIRT    RES    SHR S  %CPU  %MEM     TIME+ COMMAND
 6332 user      20   0   98.2g   4808   4352 R   0.7   0.3   0:23.01 yelp
 8653 root      20   0  215164  42216  10268 S   0.7   2.3   0:00.17 sssd_kcm
 6772 root      20   0 2875060 106152  53136 S   0.3   5.8   0:22.86 gnome-shell
 8716 root      20   0   64920   5068   3900 R   0.3   0.3   0:00.10 top
    1 root      20   0  245588   7816   4716 S   0.0   0.4   0:02.52 systemd
    2 root      20   0       0      0      0 S   0.0   0.0   0:00.00 kthreadd
    3 root       0 -20       0      0      0 I   0.0   0.0   0:00.00 rcu_gp
    4 root       0 -20       0      0      0 I   0.0   0.0   0:00.00 rcu_par_gp
    6 root       0 -20       0      0      0 I   0.0   0.0   0:00.00 kworker/0:0H-kblockd
    8 root       0 -20       0      0      0 I   0.0   0.0   0:00.00 mm_percpu_wq
    9 root      20   0       0      0      0 S   0.0   0.0   0:00.14 ksoftirqd/0
   10 root      20   0       0      0      0 R   0.0   0.0   0:00.36 rcu_sched
   11 root      rt   0       0      0      0 S   0.0   0.0   0:00.00 migration/0
   12 root      rt   0       0      0      0 S   0.0   0.0   0:00.00 watchdog/0
   13 root      20   0       0      0      0 S   0.0   0.0   0:00.00 cpuhp/0
   15 root      20   0       0      0      0 S   0.0   0.0   0:00.00 kdevtmpfs
   16 root       0 -20       0      0      0 I   0.0   0.0   0:00.00 netns
   17 root      20   0       0      0      0 S   0.0   0.0   0:00.00 kauditd
   18 root      20   0       0      0      0 S   0.0   0.0   0:00.00 khungtaskd
   19 root      20   0       0      0      0 S   0.0   0.0   0:00.00 oom_reaper
   20 root       0 -20       0      0      0 I   0.0   0.0   0:00.00 writeback
   21 root      20   0       0      0      0 S   0.0   0.0   0:00.12 kcompactd0
   22 root      25   5       0      0      0 S   0.0   0.0   0:00.00 ksmd
   23 root      39  19       0      0      0 S   0.0   0.0   0:00.05 khugepaged
   24 root       0 -20       0      0      0 I   0.0   0.0   0:00.00 crypto
   25 root       0 -20       0      0      0 I   0.0   0.0   0:00.00 kintegrityd
   26 root       0 -20       0      0      0 I   0.0   0.0   0:00.00 kblockd
   27 root       0 -20       0      0      0 I   0.0   0.0   0:00.00 tpm_dev_wq
   28 root       0 -20       0      0      0 I   0.0   0.0   0:00.00 md
   29 root       0 -20       0      0      0 I   0.0   0.0   0:00.00 edac-poller
   30 root      rt   0       0      0      0 S   0.0   0.0   0:00.00 watchdogd
   53 root      20   0       0      0      0 S   0.0   0.0   0:05.17 kswapd0
  146 root       0 -20       0      0      0 I   0.0   0.0   0:00.00 kthrotld
  147 root     -51   0       0      0      0 S   0.0   0.0   0:00.00 irq/24-pciehp
  148 root     -51   0       0      0      0 S   0.0   0.0   0:00.00 irq/25-pciehp
  149 root     -51   0       0      0      0 S   0.0   0.0   0:00.00 irq/26-pciehp
  150 root     -51   0       0      0      0 S   0.0   0.0   0:00.00 irq/27-pciehp
  151 root     -51   0       0      0      0 S   0.0   0.0   0:00.00 irq/28-pciehp
```

图6-2　系统资源使用情况及排序

6.2.3　定时作业命令和查看系统错误信息命令

1.crontab 命令

Linux 系统的定时作业命令 crontab 可以实现许多功能，如：可以定期清理磁盘空间，定期执行任务，使系统运维工作更加高效。

crontab 命令用于设置周期性被执行的命令，该命令从标准输入设备读取命令，并将其存储于 crontab 文件中，以供之后读取和执行使用。

（1）检查是否安装了 crontab 软件包，如果提示未安装请自行安装，crontab 软件包（/etc/crontab 文件）在系统光盘 package 文件夹中，查看/etc/crontab 文件如图 6-3 所示。

```
[root@localhost nmon16m_helpsystems]# rpm -qa | grep crontab    //检查是否安装了 crontab 软件包
crontabs-1.11-16.20150630git.el8.noarch
[root@localhost nmon16m_helpsystems]# more /etc/crontab     //查看 /etc/crontab 文件
```

```
[root@localhost nmon16m_helpsystems]# more /etc/crontab
SHELL=/bin/bash
PATH=/sbin:/bin:/usr/sbin:/usr/bin
MAILTO=root

# For details see man 4 crontabs

# Example of job definition:
# .---------------- minute (0 - 59)
# |  .------------- hour (0 - 23)
# |  |  .---------- day of month (1 - 31)
# |  |  |  .------- month (1 - 12) OR jan,feb,mar,apr ...
# |  |  |  |  .---- day of week (0 - 6) (Sunday=0 or 7) OR sun,mon,tue,wed,thu,fri,sat
# |  |  |  |  |
# *  *  *  *  * user-name  command to be executed
```

图6-3　查看/etc/crontab 文件

（2）启动与关闭 crontab 服务，命令如下：

```
/etc/init.d/crond stop          #关闭服务
/etc/init.d/crond start          #启动服务
/etc/init.d/crond restart        #重启服务
/etc/init.d/crond reload        #重新载入配置
```

（3）crontab 文件在/etc 目录中存在 cron.hourly、cron.daily、cron.weekly、cron.monthly、cron.d 五个目录和 crontab、cron.deny 两个文件，如下所示：

```
[root@localhost nmon16m_helpsystems]# ls /etc/cron*
/etc/cron.deny  /etc/crontab
/etc/cron.d:
0hourly  raid-check
/etc/cron.daily:
logrotate
/etc/cron.hourly:
0anacron
/etc/cron.monthly:
/etc/cron.weekly:
```

以上目录和文件的说明如下。

cron.daily：每天执行一次job。

cron.weekly：每星期执行一次 job。

cron.monthly：每月执行一次job。

cron.hourly：每小时执行一次job。

cron.d：系统自动定期执行的任务。

crontab：设定定时任务来执行文件。

cron.deny：控制不让哪些用户使用 crontab 功能。

（4）用户配置文件。

每个用户都有自己的crontab配置文件，通过crontab -e命令就可以编辑文件，一般情况下编辑好用户的crontab配置文件保存退出后，系统会自动将其存储于/var/spool/cron/目录中，文件以用户名命名。Linux系统的crontab程序会每隔一分钟读取一次/var/spool/cron、/etc/crontab、/etc/ cron.d目录中的所有内容。

（5）crontab 文件格式如下：

```
  *         *        *       *        *            command
minute     hour     day    month     week          command
```

以上内容各列信息说明如下。

minute：表示分钟，可以是从0到59之间的任何整数。

hour：表示小时，可以是从0到23之间的任何整数。

day：表示日期，可以是从1到31之间的任何整数。

month：表示月份，可以是从1到12之间的任何整数。

week：表示星期几，可以是从0到7之间的任何整数，这里的0或7代表星期日。

command：要执行的命令，可以是系统命令，也可以是自己编写的脚本文件。

（6）特殊字符。

星号（*）：代表“每”，如month字段如果是星号，就表示每月都执行该命令。

逗号（,）：表示分隔时段，如“1，3，5，7，9”。

短横线（-）：表示一个时间范围，如“2-6”表示“2，3，4，5，6”。

正斜线（/）：可以用正斜线指定时间的间隔频率，如“0-23/2”表示每两小时执行一次命令。同时正斜线可以和星号一起使用，如“*/10”，如果用在minute字段中，表示每10分钟执行一次命令。

（7）在/home目录下编写一个test.sh脚本，命令如下：

```
chmod a+x /home/test.sh          #给test.sh脚本赋予权限
ll  /home/test.sh                        #查看脚本是否有权限
```

（8）使用crontab -e命令编写一条定时任务 */5 * * * * /home/test.sh，表示每5分钟执行一次test.sh脚本，命令如下：

```
crontab -e
*/5 * * * * /home/test.sh
```

（9）查询当前用户定时任务或删除当前用户定时任务，命令如下：

```
[root@localhost ~]crontab -l        #列出当前用户定时任务
[root@localhost ~]crontab -r        #删除当前用户定时任务（删除所有，除非不再使用，否则没必要使用）
```

（10）设置crond服务为开机自动启动，命令如下：

```
[root@localhost ~]chkconfig  --list crond          #查看crond服务是否为开机自动启动
[root@localhost ~]chkconfig  --level 35 crond on  #设置crond服务为开机自动启动
```

执行命令中可能遇到的问题如下。

（1）新创建的执行任务cron job，不会被马上执行，至少要过两分钟。如果重启crontab服务就会马上执行该任务。

（2）当crontab命令突然失效时，可以尝试使用/etc/init.d/crond restart命令解决问题，或者查看日志，看某个job有没有执行tail -f/var/log/cron命令，此处需给新增的脚本赋予权限，命令如下：

```
[root@localhost ~]# tail -f /var/log/cron
```

```
Aug 15 03:27:02 localhost run-parts[15888]:(/etc/cron.daily)finished logrotate
Aug 15 03:27:02 localhost anacron[15410]:Job 'cron.daily' terminated
Aug 15 03:27:02 localhost anacron[15410]:Normal exit(1 job run)
Aug 15 03:37:34 localhost crontab[16153]:(root)BEGIN EDIT(root)
Aug 15 03:37:37 localhost crontab[16153]:(root)END EDIT(root)
```

2. at 命令

系统延时任务及定时任务采用at命令实现。系统延时任务设置如下：

```
at   11：11                    #设定任务执行时间
at >rm -rf /mnt/*              #任务动作
at><eof>  <<  ctrl+D           #按[ctrl+D]键发起任务
at now+1min                    #延时1分钟
at >rm -rf /mnt/*              #删除/mnt/目录下的所有任务
at><eof>                       #结束命令

at -l
at -c  10
Cannot find jobid 10
```

注意：若出错，可用 find / -type f -name crond 命令查看是由哪个文件生成延时或定时任务的。

```
[root@localhost ~]# find / -type f -name crond
/etc/pam.d/crond
/etc/sysconfig/crond
/usr/sbin/crond
```

若提示权限不足，解决方法：打开/etc/pam.d/crond 文件，将所有【required】修改成【sufficient】，这对非root用户有效，如图6-4、图6-5所示，编辑/etc/pam.d/crond 文件的命令如下：

```
[root@localhost ~]# vi /etc/pam.d/crond
```

```
#
# The PAM configuration file for the cron daemon
#
#
# Although no PAM authentication is called, auth modules
# are used for credential setting
auth       include    password-auth
account    required   pam_access.so
account    include    password-auth
session    required   pam_loginuid.so
session    include    password-auth
```

图6-4　打开/etc/pam.d/crond 文件

```
#
# The PAM configuration file for the cron daemon
#
#
# Although no PAM authentication is called, auth modules
# are used for credential setting
auth       include      password-auth
account    sufficient     pam_access.so
account    include      password-auth
session    sufficient     pam_loginuid.so
session    include      password-auth
```

图6-5　编辑/etc/pam.d/crond 文件

若出现问题，检查crond服务的日志，通过日志的报错信息来判断、定位、分析问题，命令如下：

```
[root@localhost ~]# cat /var/log/cron
```

可用cat或tail -f命令查看日志文件，其中存储了系统启动后的信息和错误日志，/var/log/message 文件是Red Hat Linux中最常用的日志文件之一。

其他的日志文件如下。

/var/log/secure：存储与安全相关的日志信息。

/var/log/maillog：存储与邮件相关的日志信息。

/var/log/cron：存储与定时任务相关的日志信息。

/var/log/spooler：存储与UUCP和news设备相关的日志信息。

/var/log/boot.log：存储与守护进程启动和停止相关的日志信息。

查看日志文件的命令如下：

```
[root@localhost ~]# ls /var/log
```

查看系统等相关信息的命令如下。

（1）查看系统信息命令。

```
# uname -a # 查看内核/操作系统/CPU 信息
# cat /etc/issue  #查看发行版本信息
# cat /etc/redhat-release # 查看操作系统版本
# cat /proc/cpuinfo # 查看 CPU 信息
# hostname # 查看计算机名
# lspci -tv # 列出所有 PCI 设备
# lsusb -tv # 列出所有 USB 设备
# lsmod # 列出加载的内核模块
# env # 查看环境变量
```

（2）查看资源信息命令。

```
# free -m # 查看内存使用量和交换区使用量
# df -h # 查看各分区使用情况
# du -sh <目录名> # 查看指定目录的大小
```

```
# grep MemTotal /proc/meminfo # 查看内存总量
# grep MemFree /proc/meminfo # 查看空闲内存量
# uptime # 查看系统运行时间、用户数、负载
# cat /proc/loadavg # 查看系统负载
```

（3）查看磁盘和分区信息命令。

```
# mount | column -t # 查看挂载的分区状态
# fdisk -l # 查看所有分区
# swapon -s # 查看所有交换分区
# hdparm -i /dev/hda # 查看磁盘参数（仅适用于 IDE 设备）
# dmesg | grep IDE # 查看启动时 IDE 设备检测状况
```

（4）查看网络信息命令。

```
# ifconfig # 查看所有网络接口的属性
# iptables -L # 查看防火墙设置
# route -n # 查看路由表
# netstat -lntp # 查看所有监听端口
# netstat -antp # 查看所有已经建立的链接
# netstat -s # 查看网络统计信息
```

（5）查看进程信息命令。

```
# ps -ef # 查看所有进程
# top # 实时显示进程状态
```

（6）查看用户信息命令。

```
# w  # 查看活动用户
# id <用户名> # 查看指定用户信息
# last  # 查看用户登录日志
# cut -d: -f1 /etc/passwd # 查看系统所有用户
# cut -d: -f1 /etc/group # 查看系统所有组
# crontab -l # 查看当前用户的计划任务
```

（7）查看服务信息命令。

```
# chkconfig -list # 列出所有系统服务
# chkconfig -list | grep on # 列出所有启动的系统服务
```

3. dmesg 命令

在 Linux 系统中，常常需要查看/var/log 目录中的 messages、dmesg 两个日志文件有无相关操作过程问题记录。以下命令介绍如何配置 dmesg 服务：

```
[root@localhost ~]# touch /etc/systemd/system/dmesg.service
[root@localhost ~]# cd /etc/systemd/system
[root@localhost system]# vi dmesg.service
```

```
[Unit]
Descrition=Create /var/log/dmesg on boot
ConditonPatExists=/var/log/dmesg
[Service]
ExecStart=/usr/bin/dmesg
StandardOUtput=file：var/log/dmesg
[Install]
WantedBy=multi-user.target
```

创建dmesg文件的命令如下：

```
root@localhost system]# touch /var/log/dmesg
[root@localhost system]# systemctl enable dmesg
Created symlink /etc/systemd/system/multi-user.target.wants/dmesg.service →
/etc/systemd/system/dmesg.service.
[root@localhost system]# dmesg
[     0.000000] Linux version 4.18.0-193.el8.x86_64(mockbuild@x86-vm-08.
build.eng.bos.redhat.com)(gcc  version  8.3.1  20191121(Red  Hat  8.3.1-
5)(GCC))#1 SMP Fri Mar 27 14:35:58 UTC 2020
[     0.000000] Command line:BOOT_IMAGE=(hd0,msdos1)/vmlinuz-4.18.0-193.
el8.x86_64  root=/dev/mapper/rhel-root  ro  crashkernel=auto  resume=/dev/
mapper/rhel-swap rd.lvm.lv=rhel/root rd.lvm.lv=rhel/swap rhgb quiet
[    0.000000] Disabled fast string operations
[    0.000000] x86/fpu:Supporting XSAVE feature 0x001:'x87 floating point
registers'
[    0.000000] x86/fpu:Supporting XSAVE feature 0x002:'SSE registers'

[root@localhost system]# systemctl start dmesg
[root@localhost system]# systemctl restart dmesg
```

6.3　任务实施

本任务为检查乐购商城云平台数据库服务器在Linux系统中的运行状态。

应用程序在服务器运行时，会占用服务器的资源。在系统中可以使用占用CPU资源、内存资源和I/O资源来表示一个应用程序占用资源的程度。

本任务将利用top命令、vmstat命令和第三方免费开源工具nmon，监控MySQL数据库服务器的运行情况，即CPU使用率、内存占用、I/O情况等。

6.3.1　任务实施步骤1

设计一个MySQL存储过程，使MySQL数据库服务器处于一个较高负载的运行状态。

例如，创建一个表，然后执行循环语句，向表中插入10万条记录，命令如下：

```
[root@Mysqlserver /]#mysql -uroot -p
[root@Mysqlserver /]Mysql>
drop database if exists db1;
create database db1;
use db1;

delimiter $$
create procedure pro1(in n int)
begin
declare num001,num002  int;
set num001 = 1,num002 = 1;
CREATE TABLE test(ID INT PRIMARY KEY AUTO_INCREMENT,test_name VARCHAR(20),
test_num INT);
while n - num001 >= 0 do
insert  into  test(test_name,test_num)values(concat("zhangsan",  num001),
num002);
set num001=num001+1,num002=num002+2;
end while;
end $$
delimiter;
```

执行存储过程，命令如下：

```
Mysql> call pro1(100000);                          // 第一次执行
Query OK,1 row affected(3 min 28.44 sec)
```

间隔几分钟，再次执行存储过程，命令如下：

```
Mysql> drop table test;
Query OK,0 rows affected(0.05 sec)
Mysql> call pro1(100000);                          // 第二次执行
Query OK,1 row affected(3 min 31.16 sec)
```

6.3.2 任务实施步骤2

使用操作系统工具，在MySQL数据库服务器中运行存储过程时，监控系统资源的使用情况。

1. 使用top命令监控系统资源使用情况

使用top命令监控系统资源使用情况如下：

```
[root@Mysqlserver /]top
```

```
top - 14:49:25 up  1:19,1 user,load average:2.83,2.05,1.10
Tasks:321 total,3 running,318 sleeping,0 stopped,0 zombie
%Cpu(s):12.5 us,61.8 sy,0.0 ni,0.0 id,10.6 wa,10.4 hi,4.6 si,0.0 st
MiB Mem:3758.6 total,1199.7 free,1616.8 used,942.1 buff/cache
MiB Swap:4048.0 total,4048.0 free, 0.0 used.  1888.6 avail Mem

  PID USER    PR  NI  VIRT    RES    SHR S  %CPU  %MEM     TIME+ COMMAND
 3162 Mysql    20   0 1347836 425704  32376 S  40.9  11.1   3:51.46 Mysqld
  957 root     20   0       0      0      0 R  16.7   0.0   1:32.10 jbd2/dm-+
  467 root      0 -20       0      0      0 I   8.5   0.0   0:48.59 kworker/+
 2513 root     20   0 2893328 158388  92436 S   4.9   4.1   1:22.39 gnome-sh+
 2904 root     20   0  534880  46140  33744 S   1.0   1.2   0:14.08 gnome-te+
 2645 root     20   0  177712  29800   8252 S   0.7   0.8   0:23.47 sssd_kcm
 2569 root     20   0  367168   8092   6664 S   0.3   0.2   0:02.36 ibus-dae+
   10 root     20   0       0      0      0 R   0.2   0.0   0:01.15 rcu_sched
 1030 root     20   0  152844  12560  10992 S   0.2   0.3   0:06.63 vmtoolsd
 1041 root     20   0  160120   6756   5924 S   0.2   0.2   0:03.07 rngd
 2735 root     20   0  206588   6812   6096 S   0.2   0.2   0:00.73 ibus-eng+
 2830 root     20   0  550856  39604  31752 S   0.2   1.0   0:07.27 vmtoolsd
 4000 root     20   0   64000   4992   4128 R   0.2   0.1   0:02.40 top
 4061 root     20   0       0      0      0 I   0.2   0.0   0:00.05 kworker/+
    1 root     20   0  179216  14096   9148 S   0.0   0.4   0:03.95 systemd
    2 root     20   0       0      0      0 S   0.0   0.0   0:00.01 kthreadd
    3 root      0 -20       0      0      0 I   0.0   0.0   0:00.00 rcu_gp
```

从上面的数据，可以看出MySQL数据库服务器的Mysqld进程，当前运行时占用了40.9%的CPU资源，占用了11.1%的内存资源，整个系统CPU的使用率非常高。

2. 使用vmstat命令监控系统资源使用情况

使用vmstat命令监控系统资源使用情况如下：

```
[root@Mysqlserver /]# vmstat 10
procs -----------memory---------- ---swap-- -----io---- -system-- ------
cpu----
 r  b  swpd   free    buff  cache   si   so    bi    bo   in   cs us sy id wa st
 1  0     0 1188040  67836 899960    0    0     0     3  120  248  2  2 96  0  0
 0  0     0 1187976  67836 899960    0    0     0     2  118  246  1  2 96  0  0
 2  0     0 1187976  67836 899964    0    0     0     0  129  262  1  2 97  0  0
 1  0     0 1187776  67836 899964    0    0     0     0  240  395  4  4 93  0  0
 1  0     0 1187900  67836 899964    0    0     0     1  145  288  2  2 96  0  0
 0  0     0 1187776  67836 899964    0    0     0    55  306  503  5  5 90  0  0
 1  0     0 1187644  67836 899968    0    0     0     8  218  377  4  3 92  0  0
 1  0     0 1187644  67836 899968    0    0     0     2  231  408  5  4 91  0  0
```

```
2  0   0 1185716  67836 899896    0    0    0  216  328  638  7  6 88  0  0
4  0   0 1183488  67836 902404    0    0    0 13632 4101 10437 17 63 13  7  0
7  0   0 1179692  67836 906336    0    0   31   499  242  570  2  3 95  0  0
2  0   0 1165964  67836 918212    0    0    0 16357 4813 12167 18 74  0  9  0
2  0   0 1165660  67836 921588    0    0    0 18866 5407 14323 11 78  0 11  0
2  0   0 1162280  67836 925092    0    0    0 19473 5565 14874 10 79  0 12  0
5  0   0 1158732  67836 928580    0    0    0 19476 5512 14804 12 77  0 12  0
2  0   0 1154144  67836 933040    0    0    0 19197 5421 14409 10 79  0 11  0
6  0   0 1149136  67836 936260    0    0    0 17937 5272 13824 11 78  0 10  0
```

从上面的数据，可以看出MySQL服务器运行存储过程时，整个系统的CPU使用率非常高。在I/O方面，读取很少，存在大量的写入动作。

6.3.3 任务实施步骤3

使用第三方免费工具nmon，在MySQL数据库服务器运行存储过程前后一段时间内，监控系统资源的使用情况。

（1）从官网下载nmon工具和nmon_analyser数据分析工具。

（2）下载后，将nmon配置文件上传至/usr/local/bin目录中，并修改文件属性，使其可执行，命令如下：

```
[root@Mysqlserver ~]#chmod +x  /usr/local/bin/nmon
```

在MySQL数据库服务器运行存储过程前，开始连续收集系统运行状态数据，命令如下：

```
[root@Mysqlserver ~]# nmon  -f  -t  -s10  -c 120
```

以上命令的参数选项说明如下。

-f：按标准格式输出文件，如<hostname>_YYYYMMDD_HHMM.nmon。

-t：输出内容包括占用率较高的进程。

-s10：每10秒进行一次数据采集。

-c120：一共采集了120次。

（3）使用nmon_analyser工具将nmon工具采集的数据图形化，步骤如下。

① 使用Excel打开nmon_analyser配置文件。

② 在Excel的安全设置中启用宏功能。

③ 单击【analyse nmon data】选项启用宏功能。

④ 按照提示，打开nmon工具采集的<hostname>_YYYYMMDD_HHMM.nmon数据文件。

⑤ 运行宏，产生包含图形的Excel文件，选择输出并保存文件的目录和文件名。

从图6-6中，可以看到监控的时间为19:23—19:42，其中19:30—19:34和19:37—19:41

这两段时间内，CPU使用率非常高，I/O也非常繁忙。这两个时间段刚好是MySQL数据库服务器运行存储过程的时间段。

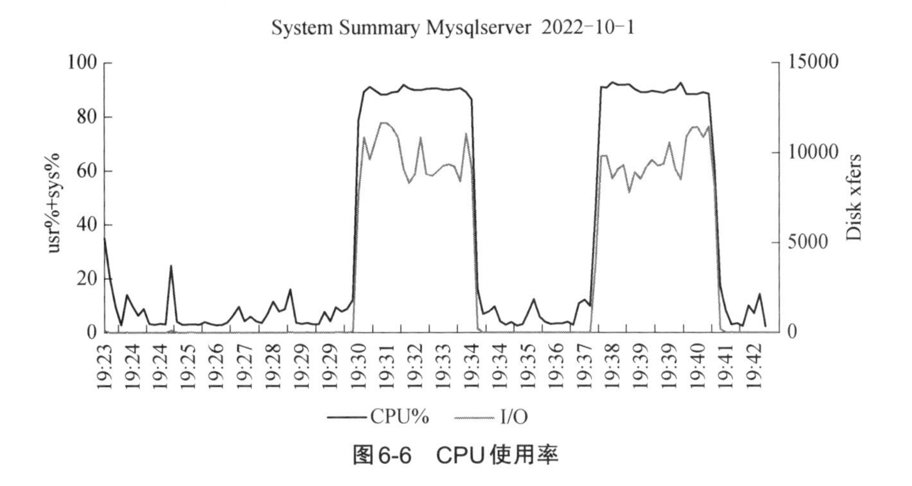

图6-6　CPU使用率

从图6-7中，可以看到，磁盘I/O主要集中在sdb磁盘中，因为MySQL数据库的数据存储在该磁盘上。

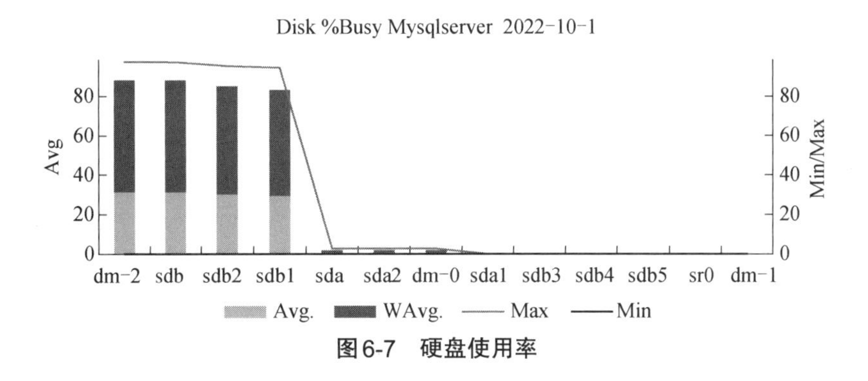

图6-7　硬盘使用率

从图6-8中，可以看到Mysqld进程的CPU占用率非常高，平均为15%，最高为46%。

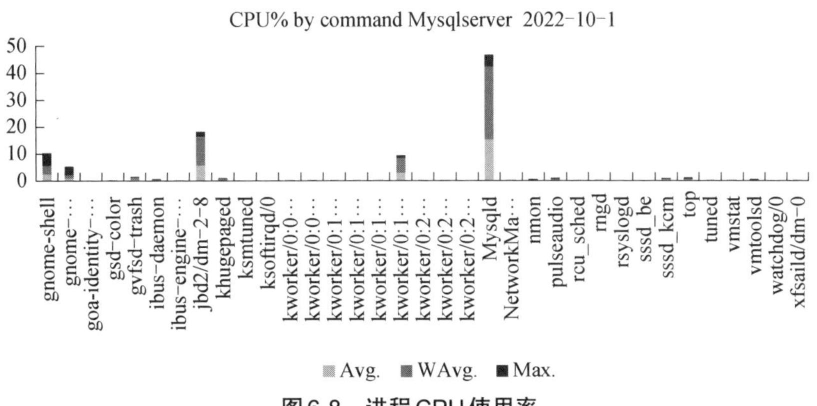

图6-8　进程CPU使用率

6.4　任务思考

如何针对服务器运行状态配置相关文件，以获得更高的性能？如何监控服务器运行状态，根据反馈信息及时优化配置服务器？这些都是需要熟练掌握的。

对企业来说，在有限的服务器、存储和网络带宽资源情况下，如何设定不同业务的优先级，提升用户满意度，配置服务器运行参数，提高运行效率，是我们需要思考的。

6.5　知识拓展

6.5.1　系统性能监控工具nmon的使用方法

系统性能监控工具nmon，是一个分析 AIX 和 Linux 系统性能的免费工具（nmon 工具是IBM为AIX系统开发的，也可应用在Linux系统上）。

nmon 工具可以实时监控系统，也可以设定时间来采集系统数据，利用 nmon_analyser 工具将采集到的数据转化成Excel图表。

1. 查看环境

查看环境的命令如下：

```
[root@localhost nmon16m_helpsystems]# uname -m&&uname -r
x86_64
4.18.0-193.el8.x86_64
[root@localhost nmon16m_helpsystems]# cat /etc/redhat-release
Red Hat Enterprise Linux release 8.2(Ootpa)
```

2. 根据CPU的类型选择下载相应的版本

根据系统的发行版本及 CPU 位数选择下载相应的 nmon 软件安装包，命令如下：

```
[root@localhost ~]# uname -a
Linux localhost.localdomain 4.18.0-193.el8.x86_64 #1 SMP Fri Mar 27
14:35:58 UTC 2020 x86_64 x86_64 x86_64 GNU/Linux
[root@localhost bin]# cat /etc/redhat-release
Red Hat Enterprise Linux release 8.2(Ootpa)
[root@localhost bin]# cat /proc/version
Linux version 4.18.0-193.el8.x86_64(mockbuild@x86-vm-08.build.eng.bos.
redhat.com)(gcc version 8.3.1 20191121(Red Hat 8.3.1-5)(GCC))#1 SMP Fri Mar
27 14:35:58 UTC 2020
https://www.jianshu.com/p/4153033fd3a5
```

（1）查看Linux系统供应商信息，命令如下：

```
[root@localhost bin]# cat /proc/version
```

（2）查看Linux系统版本，命令如下：

```
[root@localhost bin]# cat /etc/redhat-release;
```

（3）进入nmon官网，查找与Linux系统版本对应的nmon软件安装包，如图6-9所示。

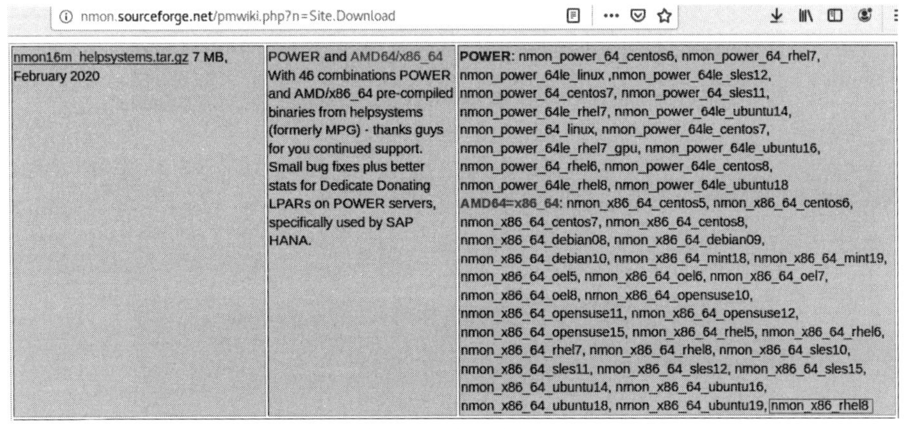

图6-9　进入官网

也可使用wget命令下载nmon软件安装包：

```
wget http://sourceforge.net/projects/nmon/files/nmon16m_x86.tar.gz
```

3. 安装nmon工具

（1）解压缩nmon软件安装包，命令如下：

```
[root@localhost ~]#tar zxvf nmon16g_x86.tar.gz
```

（2）解压缩之后发现有若干版本的nmon工具，选择nmon16f_x86_64_rhel8。

（3）给nmon16f_x86_64_rhel8重命名，并赋予权限，命令如下：

```
[root@localhost ~]#mv nmon16f_x86_64_rhel8 nmon
[root@localhost ~]#chmod 777 nmon
```

（4）为了以后使用方便，可以移动nmon工具，命令如下：

```
[root@localhost ~]#mv nmon /usr/local/bin/nmon
```

在任意目录下，输入【nmon】可捕捉系统资源的使用情况，便于系统分析性能。按下键盘对应字母键即可显示系统资源的使用情况。如按C键会显示CPU使用情况，按D键会显示磁盘使用情况，按Q键可退出当前界面，如图6-10所示。nmon命令如下：

```
[root@localhost ~]# nmon
```

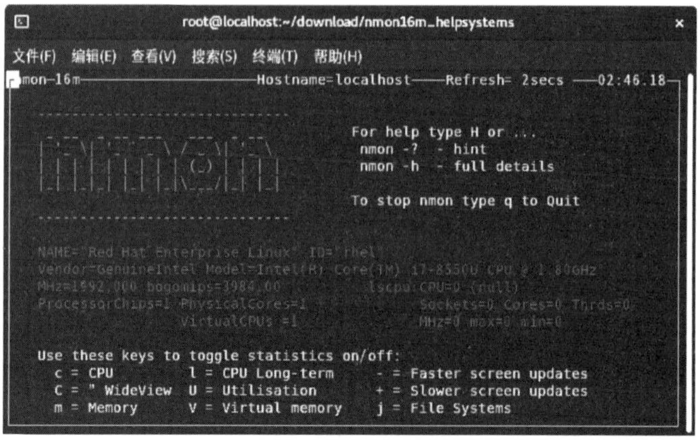

图6-10　nmon界面

输入【nmon analyser】会显示图表信息，如图6-11所示，命令如下：

```
[root@localhost ~]# nmon analyser
```

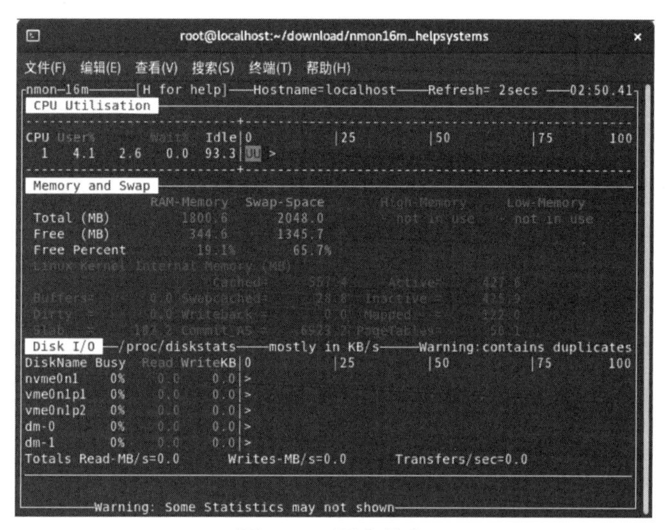

图6-11　图表信息

6.5.2　课证融通练习

1. “1+X云计算运维与开发”案例

（1）关于服务与端口，下面哪项不正确。（　　）（单选题）

A. ssh：22　　B. redis：6379　　C. nginx：80　　D. kafka：9090

（2）进程间的通信方式有哪些。（　　）（多选题）

A. 管道　　B. 消息队列　　C. 共享内存　　D. 文件和记录锁定

（3）关于Linux的进程，下面说法不正确的是。（　　）（单选题）

A. 僵尸进程会被init进程接管，不会造成系统资源浪费

B. 孤儿进程的父进程在它之前退出，会被init进程接管，不会造成系统资源浪费

C. 进程是系统资源管理的最小单位，而线程是程序执行的最小单位。Linux 系统中的线程本质上用进程实现

D. 子进程如果对系统资源只是进行读取操作，那么会和父进程一起共享物理地址空间

2. 红帽 RHCSA 认证案例

（1）在 VMware Workstation 中，以 student 用户身份打开连接 servera 服务器的 SSH 会话。

（2）使用 at 命令设置，计划从现在起 3 分钟后执行一项任务。该任务必须将 date 命令的输出保存至/home/student/myjob.txt 文件中。

① 使用 echo 命令将字符串 date>>/home/student/myjob.txt 作为输入内容传送给 at 命令，以便从现在起 3 分钟后执行任务。

② 使用 atq 命令列出计划的任务。

③ 使用 watch atq 命令实时监控延迟执行任务的队列。执行完成后，该任务将从队列中删除。

④ 使用 cat 命令验证/home/student/myjob.txt 文件中的内容是否与 date 命令的输出结果相匹配。

6.6　任务小结

Linux 是一种多用户多任务的操作系统，可以在系统中创建多个用户，并允许这些用户同时运行多个进程，这将有可能影响服务器资源是否满足需求，进程是否可以正常运行。因此，系统性能管理和监控也是系统管理员所必须了解和掌握的重要工作内容之一。

本任务要重点学习系统进程管理、作业管理和任务实施中监控系统运行状态的命令。系统进程管理和性能监控命令包括 ps、kill、vmstat、iostat、top 等；定时作业和系统错误信息查看命令包括 crontab、at、dmsg 等；系统性能监控工具有 nmon 等。

6.7　巩固与训练

1. 填空题

（1）以 root 用户身份设置周期性任务的命令是________。

（2）________命令用来提交一段时间后执行的任务（执行完就自动删除整个任务）。

（3）________命令用于打印 Linux 系统开机启动信息，该信息也会保存在/var/log/dmesg 文件中。

2. 选择题

（1）（　　）目录用于存储系统日志信息。

A. /etc　　B. /var/log　　C. /dev/log　　D. /boot

（2）存储设备文件的相关目录为（　　）。

A. /dev　　B. /etc　　C. /lib　　D. /bin

（3）以下哪个命令可以终止进程的运行？（　　）

A. vmstat　　B. ps　　C. kill　　D. at

3. 操作题

（1）切换到root用户，然后输出各种事件计数器和内存的统计信息。

（2）列出系统中当前运行的所有进程。

（3）使用kill命令终止su进程。

（4）查找系统中CPU占用率超过80%的进程，并强行终止该进程。

（5）要求每天晚上10:30自动执行任务，显示当前的系统时间并查看已挂载磁盘分区的磁盘使用情况，将输出结果追加到/var/log/df.log文件中，持续观察硬盘空间变化。

模块三　拓展篇

任务七　创造未来——统信 UOS 操作系统

扫一扫，看动画

7.1　任务导入

扫一扫，看微课

任务概述

信息技术的自主可控，对保障国家信息安全极其重要。因此，实现信创产业（信息技术应用创新产业）国产化在国家发展战略中始终是重要目标。操作系统是计算机和人之间的接口，是计算机的灵魂，其重要性不言而喻。因此，发展国产创新的操作系统是“信创”的重要内容。当前，国产操作系统多基于Linux内核进行二次开发，统信UOS是国产操作系统之一，本任务主要为实现统信UOS桌面版操作系统的安装及基本配置。

任务分析

根据任务概述，需要考虑以下几点。

（1）国产操作系统的类型及其功能特点。

（2）操作系统的版本和各版本的区别。

（3）安装操作系统有什么前提条件。

（4）如何安装统信UOS操作系统。

（5）如果初始化统信UOS操作系统。

任务目标

根据任务分析，需要掌握如下知识、技能、思政及课证融通目标。

（1）了解“信创”的概念和意义。（知识、思政）

（2）了解国产操作系统的类型。（知识）

（3）熟悉统信UOS操作系统的特点和优势。（知识）

（4）掌握如何从光盘安装统信UOS操作系统。（技能）

（5）掌握统信UOS操作系统的初始化设置。（技能）

（6）掌握“1+X”考证对安装操作系统的知识和技能要求。（课证融通）

7.2 知识准备

7.2.1 信息技术应用创新发展

我国需要逐步建立自己的IT底层架构和标准，形成自有开放的产业生态。2014年，我国成立中央网络安全与信息化领导小组，将网络安全提升到国家战略的高度，提出从服务器、CPU、操作系统、中间件、数据库到应用软件等全部实现国产化。信创产业发展历程如图7-1所示。

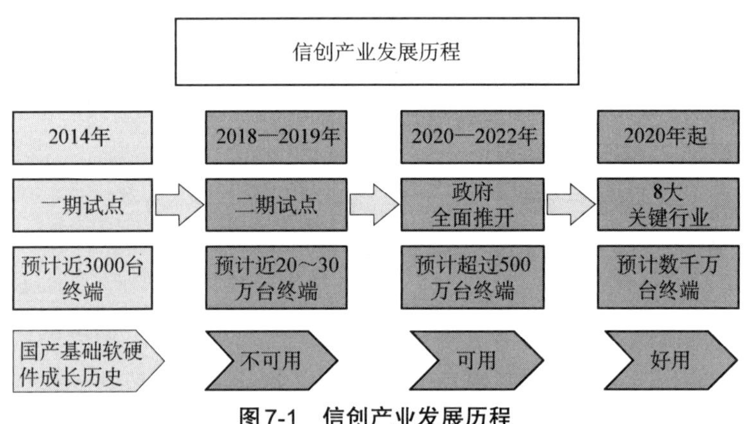

图7-1　信创产业发展历程

信创产业的生态体系极为庞大。从产业链角度来看，它主要由IT基础设施、基础软件、应用软件、信息安全4部分构成（如图7-2所示）。

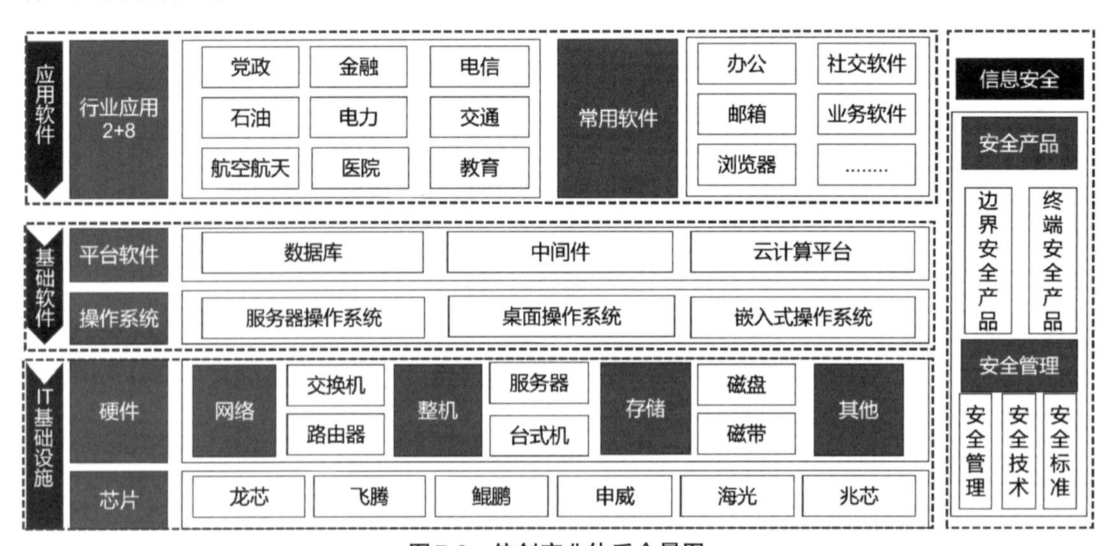

图7-2　信创产业体系全景图

（1）IT基础设施：芯片、硬件。

（2）基础软件：操作系统、平台软件。

（3）应用软件：行业应用、常用软件。

（4）信息安全：安全产品、安全管理。

目前国内的信创产业中，芯片、整机、操作系统、数据库、中间件是最重要的产业链环节。其中操作系统是软硬件的纽带，在信息安全和技术安全领域中扮演核心角色。

7.2.2 国产操作系统

当前，全球桌面操作系统被Windows统治，2020年Windows占据全球80%以上的市场份额（前瞻产业研究院统计）。在国内，Windows占据87.96%的市场份额，微软+英特尔形成的“Wintel”体系在国内操作市场中长期处于垄断地位。从2014年4月8日起，美国微软公司停止了对Windows XP SP3操作系统提供服务支持，这引起了社会和广大用户的广泛关注和对信息安全的担忧，而2020年微软终止对Windows 7服务的支持，而当年，Windows 7在我国操作系统市场仍占据52.4%的份额，这意味着微软停止对Windows 7的服务支持，我国将有超过一半的计算机将处于安全无法保障的尴尬处境。这再一次推动了国产操作系统的发展，操作系统国产化势在必行。

我国国产操作系统的起步较早，20世纪90年代末，国内就已经出现早期版本的Linux操作系统，如红旗Linux、Xteam Linux、蓝点Linux等。之后数年间，许多版本的国产操作系统陆续涌现，包括中标麒麟、银河麒麟、deepin、优麒麟、起点Linux、冲浪Linux、凝思磐石、中科方德、新华华镭、中标普华等，基本都属于Linux系统。虽然起步较早，但是大部分国产操作系统并未形成足够的市场影响力，许多版本经历了“诞生—短暂辉煌—迅速衰落”的周期。例如，红旗Linux 1.0最早在1999年发布，并于2001年获得中国电子信息产业发展研究院创投注资，中科红旗成为国内最早的Linux操作系统公司之一，实现了快速发展，2005年，中科红旗实现盈利。2007年，中科红旗参与创立Asianux操作系统。2009年，中科红旗Midinux垄断早期智能移动终端设备市场。2014年由于资金链断裂，公司发布清算，正式解散。

自从2006年国家提出“核高基”重大专项任务，规划了“预研—可用—好用—推广”4阶段（如图7-3所示）。

国产IT行业在2015年出现阶段性转折，进入“可用”阶段，这一转折的背后，是国产IT行业发展的整体性和节奏性规律。过去，国产操作系统缺少基础硬件支持，自2015年起国产芯片快速成长，先后有龙芯、飞腾、鲲鹏等进入“可用”“好用”阶段。经过市场考验成活并壮大的国产操作系统有统信UOS、麒麟（Kylin）等。

当前，国产操作系统领域涌现了20多种版本的操作系统，主流的共计10余种。当前，国产操作系统的市场主要聚焦于政府、军工、国企和事业单位。但随着技术的不断进步，以及在安全可控的趋势下，国产操作系统正在从“可用”阶段向“好用”阶段良性发展。商用和民用消费市场会越来越多地看到国产操作系统的身影。

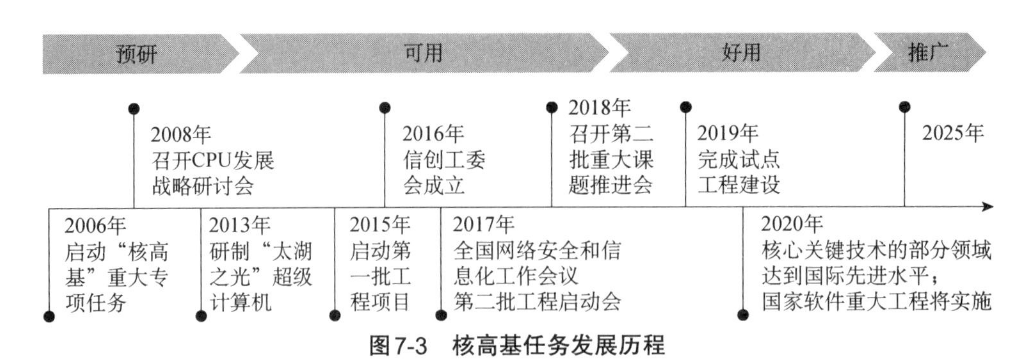

图7-3　核高基任务发展历程

7.2.3　统信 UOS 桌面版操作系统

统信 UOS 操作系统是由统信软件开发的一款基于 Linux 内核的操作系统，分为桌面版、服务器版和专业设备版。统信 UOS 桌面版操作系统 V20 是以桌面应用场景为主，支持主流国产芯片平台的笔记本、台式机、一体机和工作站的操作系统。统信 UOS 桌面版操作系统包含原创专属的桌面环境，多款自主研发的应用，以及众多来自开源社区的原生应用软件。用户通过操作系统预装应用商店和互联网中的软件仓库，能够获得近千款应用软件，可满足日常办公和娱乐需求。

统信 UOS 桌面版操作系统 V20 包括个人版和专业版等。专业版根据国人审美和习惯设计，美观易用、自主自研、安全可靠，拥有高稳定性，丰富的硬件、外设和软件兼容性，广泛的应用生态支持，兼容国产主流处理器架构（如图7-4所示），可为各行业提供成熟的信息化解决方案。个人版美观易用，可一键安装，自动高效；同时支持 Linux 原生系统、Wine 和安卓应用，软件应用生态更加丰富；优化注册流程，支持微信扫码登录 Union ID；新增跨屏协同，可将计算机与手机互联，轻松管理手机文件，支持文档同步修改；对桌面视觉和交互体验进一步优化。

产品名称	支持架构	应用范围
统信UOS桌面版操作系统 V20 个人版 UOS desktop home (X86)	AMD64	个人购买 授权硬件 OEM
统信UOS桌面版操作系统 V20 专业版 UOS desktop professional (X86)	AMD64	机构和企业购买，授权硬件 OEM
统信UOS桌面版操作系统 V20 专业版 UOS desktop professional (ARM)	ARM64	
统信UOS桌面版操作系统 V20 专业版 UOS desktop professional (MIPS)	MIPS64	
统信UOS桌面版操作系统 V20 专业版 UOS desktop professional(SW)	SW64	

图7-4　统信 UOS 桌面版操作系统分类

统信 UOS 桌面版操作系统 V20 实现了 6 个维度的统一，确保系统跨平台的体验。

- 统一的版本：同源异构技术让同一份源代码构建支持不同 CPU 架构（AMD64、MIPS、ARM、SW64）的 OS（操作系统）产品。
- 统一的支撑平台：统信 UOS 桌面版和服务器版产品提供统一的编译工具链，并提供统一的社区支持。

- 应用商店和仓库：统信 UOS 应用商店支持签名认证，提供统一安全的应用软件发布渠道。
- 统一的开发接口：统信 UOS 桌面版和服务器版产品提供统一版本的运行和开发环境，在某 CPU 平台完成一次开发，即可在多种架构 CPU 平台中完成构建。
- 统一的标准规范：统信 UOS 桌面版和服务器版产品符合规范的测试认证，为适配厂商提供高效支撑，并提供软硬件产品的互认证。
- 统一的文档：统信 UOS 桌面版和服务器版产品提供一致的开发文档、维护文档、使用文档，降低了运维门槛。

与其他 Linux 发行版本相比，统信 UOS 操作系统的最显著优势之一是上手容易，兼具 Windows 和 MacOS 的许多优点。统信 UOS 桌面版操作系统可以在“时尚模式”和“高效模式”之间进行切换。前者的设计风格与 deepin 系统一脉相承，迎合老用户的使用习惯；而后者则与 Windows 系统更加相似，方便大众用户无缝切换、即刻上手，统信 UOS 桌面版操作系统界面如图 7-5 所示。

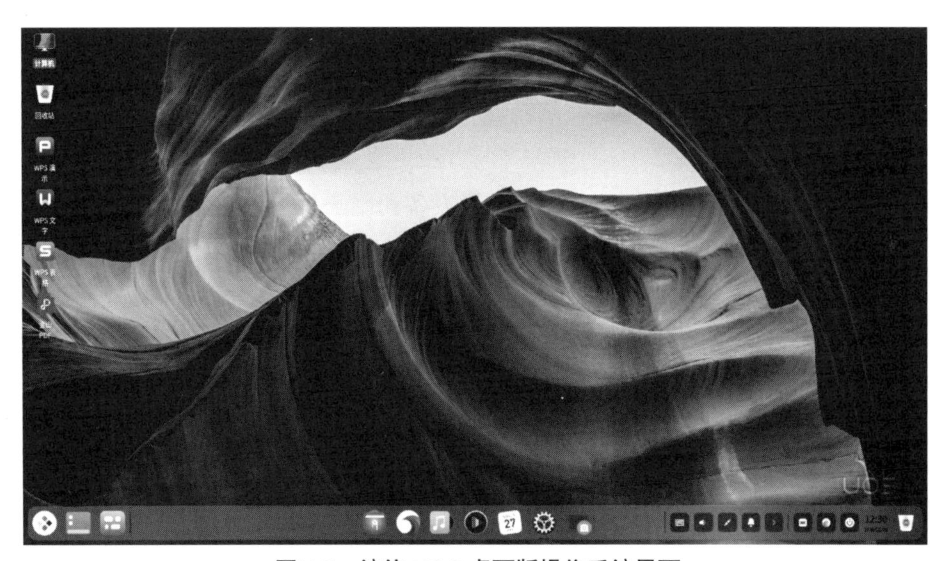

图 7-5　统信 UOS 桌面版操作系统界面

7.2.4　统信 UOS 服务器版操作系统

统信 UOS 服务器版操作系统 V20 是统信操作系统产品家族中面向服务器端运行环境的企业版本，是一款用于构建信息化基础设施环境的平台级软件。产品主要面向我国政府部门、企事业单位、教育机构，以及普通的企业型用户，着重解决客户在信息化基础建设过程中，服务器端基础设施的安装部署、运行维护、应用支撑等需求。

统信 UOS 服务器版操作系统 V20，以其极高的可靠性、持久的可用性、优良的可维护性，在用户的实际运行和使用过程中深受好评，是一款体现当今主流 Linux 服务器操作系统发展水平的商业化软件产品。

统信 UOS 服务器版操作系统 V20 通过了工业和信息化部安全可靠软硬件测试认证，兼容国产主流处理器架构（如表 7-1 所示），符合国家对基础软件的自主可控的要求，为国内电子政务、信息化管理领域的应用环境提供“全国产”“一体化”的架构平台。

表 7-1　统信 UOS 服务器版操作系统兼容国产处理器架构表

架构	产品名称	Product Name
AMD64	统信 UOS 服务器版操作系统 V20 企业版（AMD64）	UOS Server Enterprise V20（AMD64）
ARM64	统信 UOS 服务器版操作系统 V20 企业版（ARM64）	UOS Server Enterprise V20（ARM64）
MIPS64	统信 UOS 服务器版操作系统 V20 企业版（MIPS64）	UOS Server Enterprise V20（MIPS64）
SW64	统信 UOS 服务器版操作系统 V20 企业版（SW64）	UOS Server Enterprise V20（SW64）

统信 UOS 服务器版操作系统 V20 的核心优势如下所示。

- 基于稳定内核。

基于稳定且长期支持的内核版进行构建，相比前期版本的内核，完成了内核架构更新改进、驱动升级、网络改进、文件系统更新等。

- 持续可靠运行。

计算资源在空负载、高负载和重负载状态下，操作系统可持续 7×24 小时无故障运行，保证输入/输出内容的正确性、完整性。

- 强化安全机制。

采取全面的安全保护措施，对接入系统的设备和用户登录，进行严格的接入认证和连接管理，在加密、访问控制、内核参数等方面也进行了增强处理。

- 广泛适配的生态。

除了基于 AMD64 现有生态进行的软硬件扩充适配，还同步建立了 ARM64、MIPS64、SW64 软硬件生态管理框架，目前已形成了可替代国外产品的基本生态环境。

- 代码同源管理。

统信操作系统家族产品源代码超过 600 万行以上，并采用代码同源管理，实现了在各产品线和平台下高效开发、维护、构建和发布。

- 私有化定制。

提供 ISO、虚拟机及容器镜像、功能裁减、软件源等内容的定制，从最小运行、专业领域、综合服务到私有化部署等不同环境的全面覆盖。

- 界面交互友好。

通过自主设计、研发的 DTK 控件集、DDE 图形运行环境，让用户与系统交互体验更加友好、流畅、可控。

- 良好的社区氛围。

统信操作系统上游社区有很多积极参与者，并且建立了统信自己的技术开发者、使用者。

7.3　任务实施

从光盘安装配置统信 UOS 桌面版操作系统 V20。

7.3.1　任务实施步骤1

在开始安装统信 UOS 桌面版操作系统之前，要检查计算机的配置是否满足安装条件，并准备好安装启动盘。

CPU 频率：2GHz 及更高的处理器。

内存：推荐4GB 以上，最低2GB，如果低于4GB，需要建立swap分区。

磁盘：至少 64GB 以上的空闲磁盘用于安装统信 UOS 桌面版操作系统，另外有一定的空间用于存储数据。

统信 UOS 桌面版操作系统安装盘：统信 UOS 桌面版操作系统安装镜像文件可以从官网下载，下载之后，应用启动盘制作工具，制作成光盘启动盘或U 盘启动盘。

7.3.2　任务实施步骤2

统信 UOS 桌面版操作系统的安装流程如下：插入系统安装光盘之后，从按下电源键开始，经过选择语言、对磁盘进行分区、确认分区信息，系统自动完成安装，在确认安装成功之后，系统重新启动，开始对系统进行初始化设置，包括选择语言、选择键盘布局、选择时区/设置时间，用户如果在中国大陆地区，可以按照默认设置，之后，经过创建用户，优化系统配置之后，完成系统的安装。安装流程如图 7-6 所示。

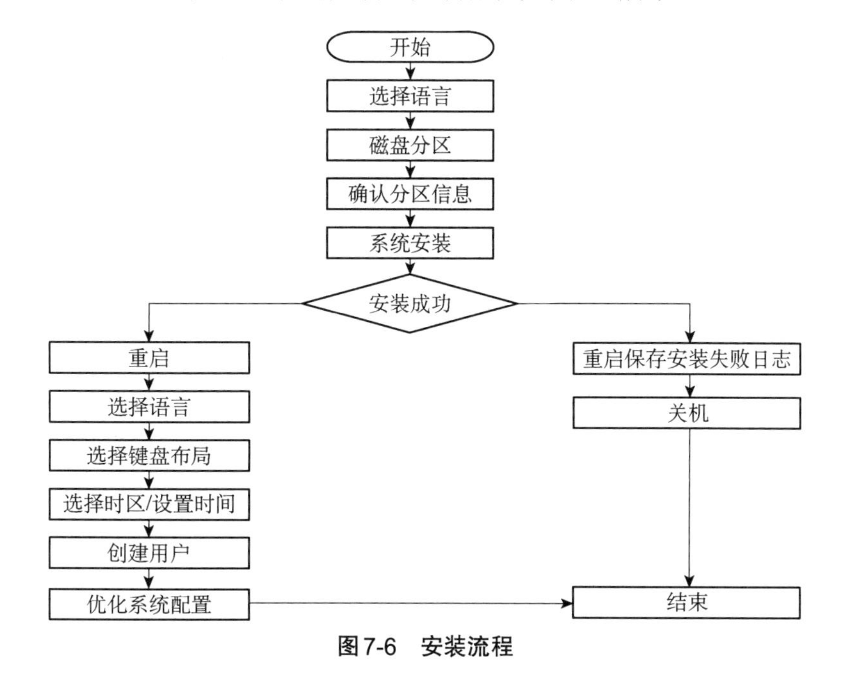

图 7-6　安装流程

1. 设置从光盘启动

（1）开启需要安装系统的计算机，按启动快捷键进入 BIOS 界面（不同主板，进入 BIOS 的方式不一样，通常是按 F2 键，也有的按 Delete、F10、F12 键），将 CD-ROM 设置为第一启动项并保存设置。设置的方法是通过【↑↓】键定位到 CD-ROM Drive，然后通过【−/+】键调整排序位置，最后按 F10 键保存退出（如图 7-7 所示）。

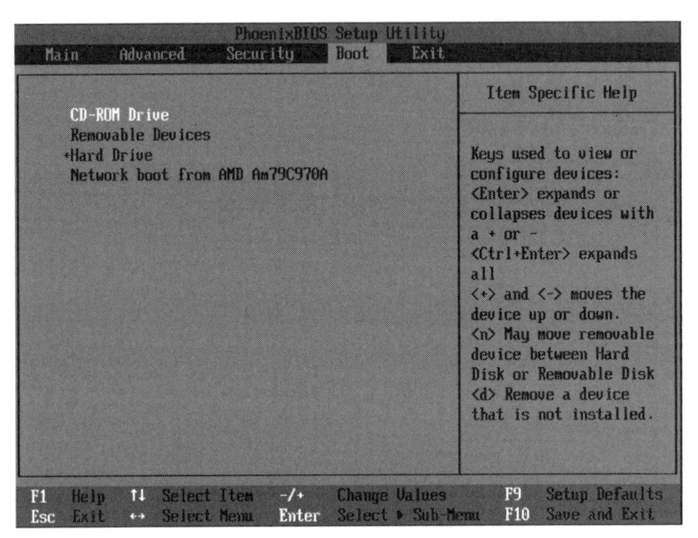

图 7-7　主板 BIOS 设置为第一启动项

（2）重启服务器，按照光盘引导进入统信 UOS 桌面版操作系统的安装界面。

2. 选择安装的镜像

在安装界面中选择【Install UnionTech OS Desktop 20 Professional】选项，如图 7-8 所示，倒计时 5 秒后进入下一步安装界面，在下面的安装界面中可以直接进行系统安装。

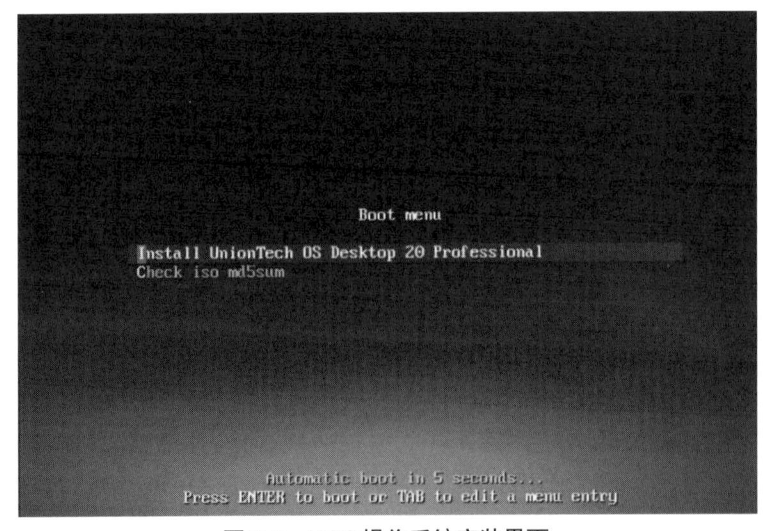

图 7-8　UOS 操作系统安装界面

3. 选择Check iso md5sum

通过【↑↓】键选择【Check iso md5sum】选项，系统会自动检测当前ISO的md5值是否正确，如图7-9所示，检测成功后会提示【checksum success】，如图7-10所示。

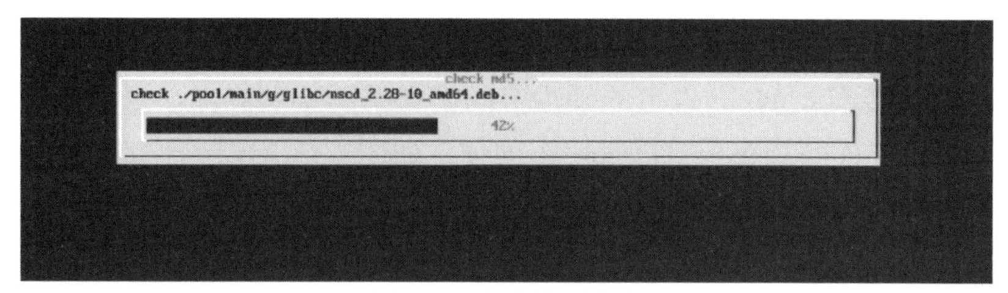

图7-9　安装检测进度

图7-10　安装检测成功

4. 选择语言

系统默认选择的语言为【简体中文】，如图7-11所示。在【选择语言】界面，选择需要安装的语言，并勾选【我已仔细阅读并同意《最终用户许可协议》和《隐私政策》】复选框，【同意《统信操作系统用户体验计划许可协议》】复选框可以有选择地勾选，不影响系统安装。

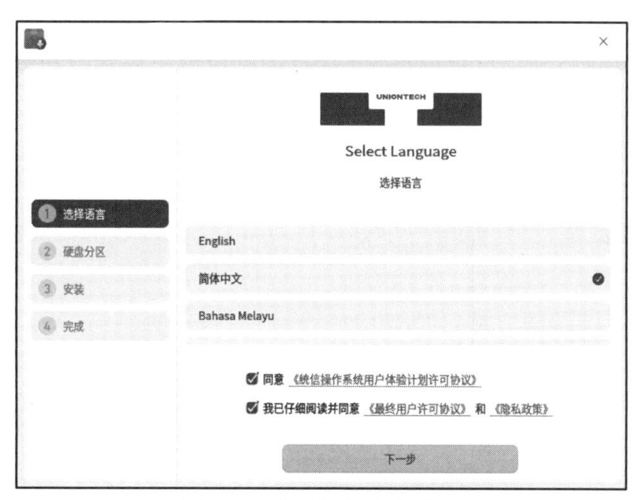

图7-11　【选择语言】界面

在【系统安装】界面单击右上角的关闭按钮，会弹出关闭窗口，并显示相关提示信息，此时可以选择继续安装或终止安装，如图7-12所示。

- 继续安装：返回到单击关闭按钮之前的界面，可以继续进行系统安装操作。
- 终止安装：直接关机。

5. 硬盘分区

在【硬盘分区】界面，有手动安装和全盘安装两种类型。手动安装需要15GB以上的硬盘空间，全盘安装需要64GB以上的硬盘空间。在手动安装界面，当程序检测到当前设备只有一个硬盘时，安装列表也只显示一个硬盘，如图7-13所示。

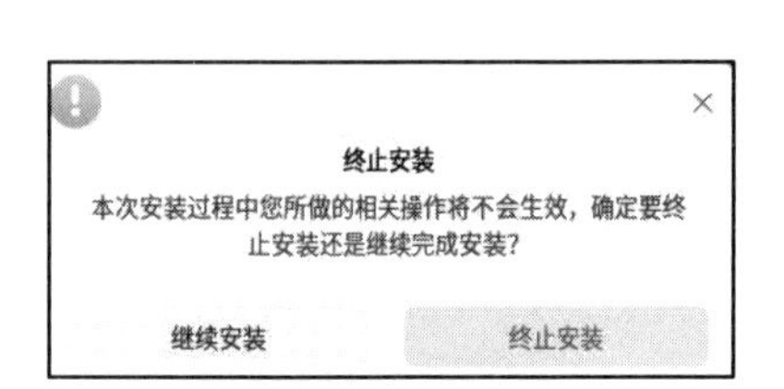

图7-12　安装提示

图7-13　【硬盘分区】界面

6. Legacy引导安装

系统安装必须创建【/】分区（根目录），系统将安装在根目录中。在手动安装界面，单击磁盘末尾的新增按钮，进入新建分区界面，选择挂载点为【/】，设置分区的空间，建议至少为15GB，如图7-14所示。

系统安装推荐创建交换分区（swap），在小内存机器上能提升机器性能。在手动安装界面，单击磁盘末尾的新增按钮，进入新建分区界面，选择文件系统为交换分区，设置分区的空间，建议内存大小大于2GB，如图7-15所示。

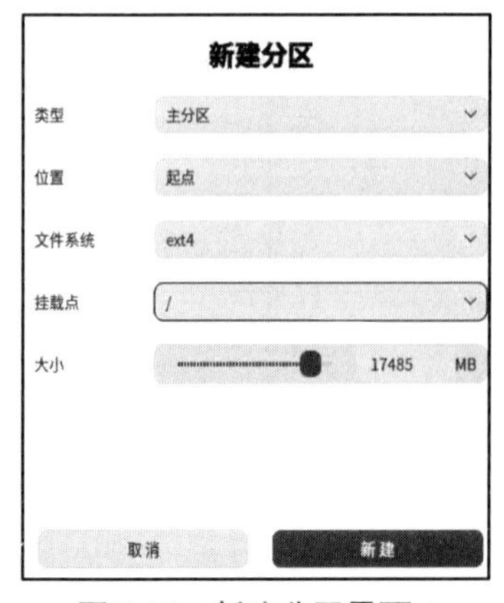

图7-14　新建分区界面1

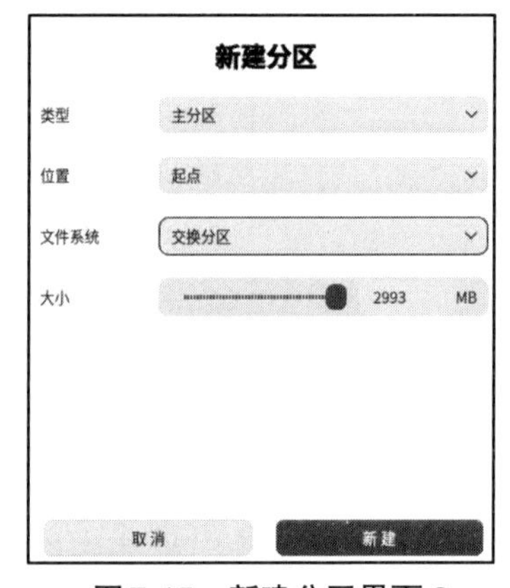

图7-15　新建分区界面2

其他分区可根据用户需要自行添加。新分区创建完成后可以看到【安装到此】的提示信息，说明可以选择此分区安装系统，如图7-16所示。

图7-16　硬盘分区界面

7. 修改引导器

在手动安装界面可以修改引导器，单击【修改引导器】选项后，进入【选择引导安装位置】界面，如图7-17所示。

引导器默认安装到根目录所在的硬盘，安装到其他分区是为了保留引导配置文件，安装到其他硬盘是为了调整多硬盘的引导位置以适应BIOS的启动顺序，一般推荐默认配置。

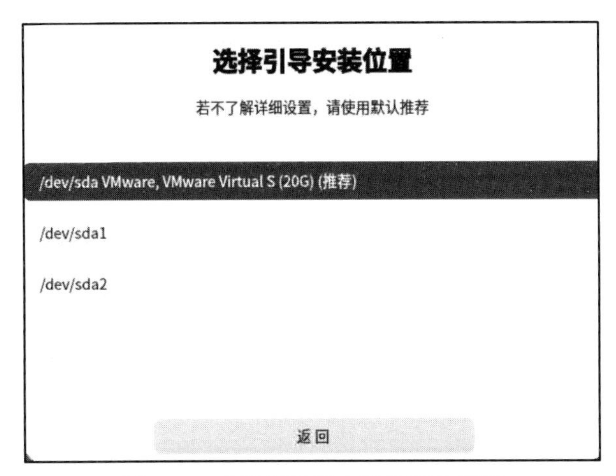

图7-17　【选择引导安装位置】界面

8. 准备安装

系统分区完成后单击【开始安装】按钮，进入【准备安装】界面，界面中会显示分区信息和相关警告信息，如图7-18所示。用户需要确认相关信息后，再单击【继续安装】按钮，系统进入【正在安装】界面。

图7-18 【准备安装】界面

9. 正在安装

在【正在安装】界面中，系统将自动安装直至安装完成。在安装过程中，系统会展示当前安装的进度状况以及系统的新功能、特色简介，如图7-19所示。

10. 安装成功

界面显示安装成功后，就可以单击【立即重启】按钮，如图7-20所示，系统会自动重启以进入统信 UOS 桌面版操作系统。

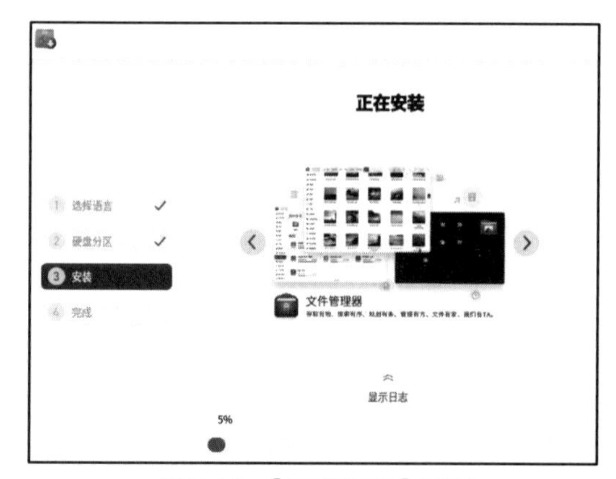

图7-19 【正在安装】界面

图7-20 【安装成功】界面

7.3.3　任务实施步骤3

1. 初始化设置

系统安装成功后，首次启动会先进入【选择语言】界面。如果需要修改语言，还可以单击【选择语言】标签重新选择语言，如图7-21所示。

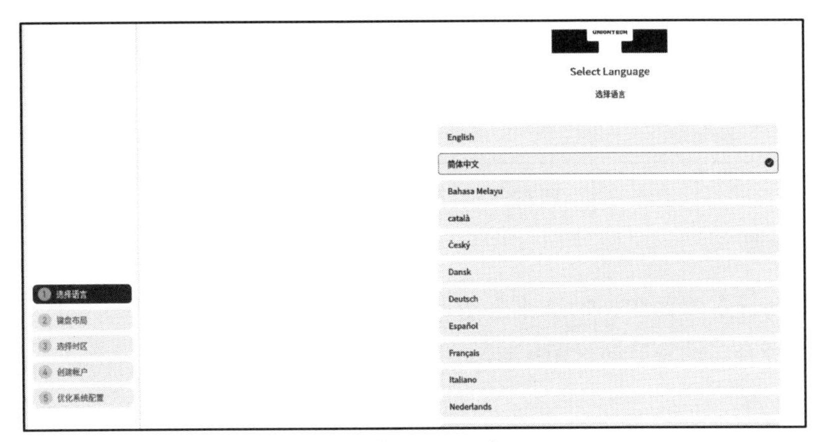

图7-21　【选择语言】界面

2. 键盘布局

在【设置键盘布局】界面，根据个人使用习惯，设置需要的键盘布局，如图7-22所示。

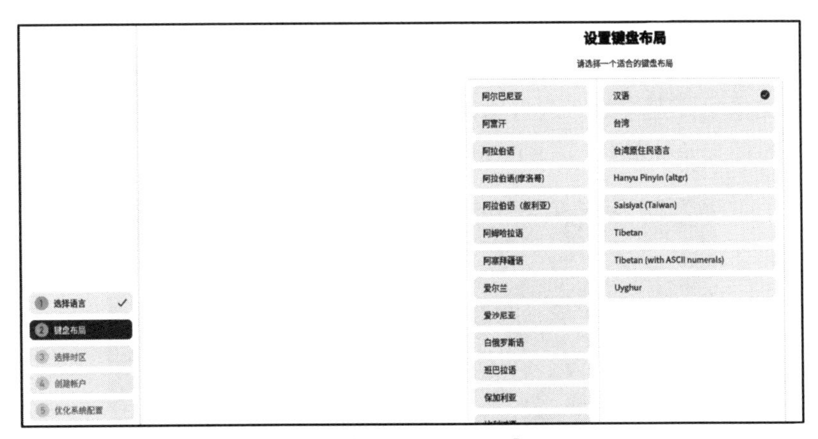

图7-22　【设置键盘布局】界面

3. 选择时区

在【选择时区】界面有地图方式和列表方式，还可以手动设置时间。

地图方式：用户可以通过在地图上单击来选择自己所在的国家，安装时界面会根据用户选择显示相应国家或地区的城市。如果单击区域有多个国家或地区时，会以列表形式显示多个城市列表，用户可以在列表中选择相应城市。

列表方式：用户可以先选择所在的区域再选择自己所在的城市，如图7-23所示。

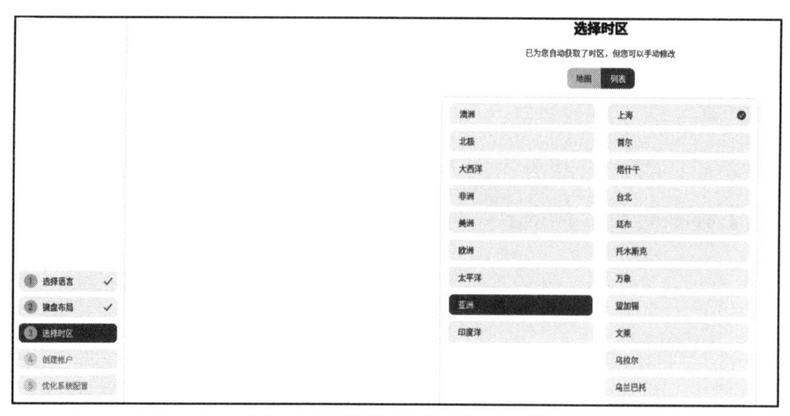

图7-23 【选择时区】界面[①]

4. 时间设置

在【选择时区】界面中，勾选【手动设置时间】复选框，可以手动设置日期和时间。不勾选时，系统会自动获取时区时间。

5. 创建账户

在【创建账户】界面可以设置用户头像、用户名、主机名、用户密码等。

6. 优化系统配置

完成初始化设置后，系统会自动进行优化配置。

7. 登录系统

系统自动优化配置完成后，进入用户登录界面，如图7-24所示。输入正确的密码后，可以直接进入系统开始体验统信 UOS 桌面版操作系统，如图7-25所示。

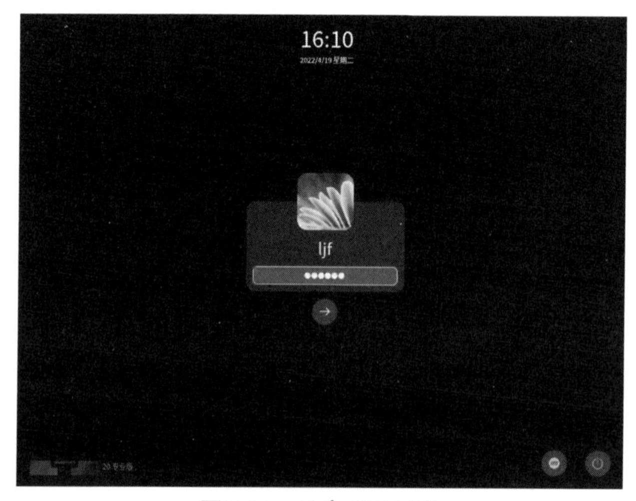

图7-24 用户登录界面

① 说明：本书中软件界面的“帐户”应为“账户”。

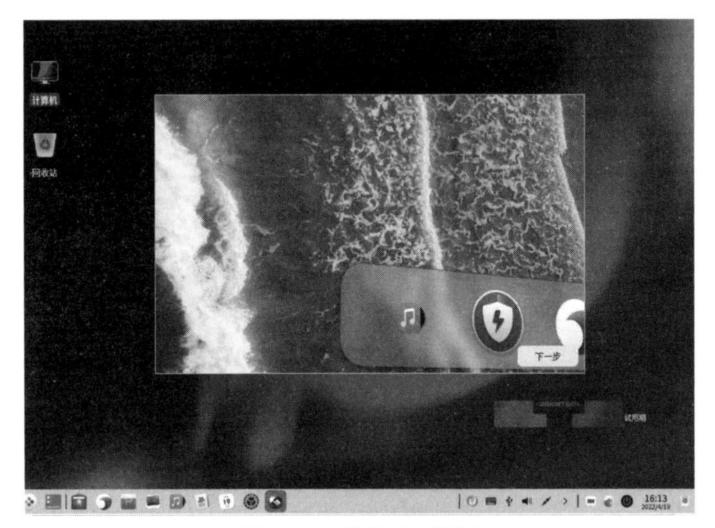

图7-25　登录成功界面

7.4　任务思考

在乐购商城云平台数据库服务器部署中，3台Web服务器和两台数据库服务选择了基于Linux内核的CentOS操作系统。CentOS操作系统是一款源于RHEL依照开放源代码规定释放出的源码所编译的操作系统，是免费的、开源的，具有一定的稳定性和安全性。近年来，国产操作系统日趋成熟，比较典型的有统信UOS、欧拉（openEuler）、中标麒麟、深度（deepin）以及鸿蒙（HarmonyOS）。如何应用国产操作系统部署乐购商城云平台数据库服务器？如果使用国产操作系统部署，有什么优势？

7.5　知识拓展

7.5.1　鸿蒙操作系统

Windows引领了PC时代，Android和iOS引领了移动互联时代，当前在物联网时代，有没有一款操作系统能统领万物互联？华为鸿蒙（HarmonyOS）就是一款这样的“面向未来”的操作系统，一款基于内核的面向全场景的分布式操作系统，它将适配手机、平板、电视、智能汽车、可穿戴设备等多种终端设备。鸿蒙将着力构建一个跨终端的融合共享生态，重塑安全可靠的运行环境，让开发者一次开发、多端部署，为用户打造全场景智慧生活新体验。

对用户而言，HarmonyOS能够将生活场景中的各类终端进行能力整合，形成一个“超级虚拟终端”，可以实现不同的终端设备之间的快速连接、能力互助、资源共享，匹配合适的设备、提供流畅的全场景体验。

对应用开发者而言，HarmonyOS 采用了多种分布式技术，使得应用程序的开发实现与不同终端设备的形态差异无关，降低了开发难度和成本。这能够让开发者聚焦上层业务逻辑，更加便捷、高效地开发。

对设备开发者而言，HarmonyOS 采用了组件化的设计方案，可以根据设备的资源能力和业务特征进行灵活变化，满足不同形态的终端设备对操作系统的要求。

7.5.2 欧拉操作系统

欧拉（openEuler）是一款开源操作系统。当前 openEuler 内核源于 Linux，支持鲲鹏及其他多种处理器，能够充分释放计算芯片的潜能，是由全球开源贡献者构建的高效、稳定、安全的开源操作系统，适用用于数据库、大数据、云计算、人工智能等场景。同时，openEuler 是一个面向全球的操作系统开源社区，通过社区合作，打造创新平台，构建支持多处理器架构、统一和开放的操作系统，能大大推动软硬件应用生态的繁荣发展。

7.5.3 中标麒麟操作系统

中标麒麟操作系统采用强化的 Linux 内核，分成桌面版、通用版、高级版和安全版等，满足不同用户的要求，已经广泛地应用在能源、金融、交通、政府、央企等行业领域。其中，桌面版操作系统是一款面向桌面应用的图形化桌面操作系统，针对 X86 及龙芯、申威、众志、飞腾等国产 CPU 平台进行自主开发，率先实现了对 X86 及国产 CPU 平台的支持，提供高性能的操作系统产品。中标麒麟桌面版操作系统通过进一步对硬件外设的适配支持、对桌面应用的移植优化和对应用场景解决方案的构建，完全满足任务支撑，应用开发和系统定制的需求。

该系统除了具备基本功能，还可以根据用户的具体要求，针对特定软硬件环境，提供定制化解决方案，实现性能优化和个性化功能定制。

中标麒麟桌面版操作系统是国家重大项目的核心组成部分，是民用、军用“核高基”桌面操作系统任务的重要研究成果，该系统成功通过了多个权威部门的测评，为实现操作系统领域自主可控的目标做出了重大贡献。

7.6 任务小结

本任务通过介绍“信创”的概念，强调信创产业在我国发展和国家安全中的重要意义，明确国产操作系统在信创体系中的作用，并介绍了主要的国产操作系统，其中重点介绍了统信 UOS 操作系统，以及统信 UOS 操作系统的安装和基本配置。

7.7　巩固与训练

1. 填空题

（1）计算机是由硬件和________________组成的。

（2）人类习惯用十进制进行计算，而计算机内部使用的是________进制。

（3）信创产业主要指：___________、___________、___________、___________、___________和国产应用软件。

2. 选择题

（1）操作系统是计算机系统的一种（　　）。

A. 应用软件　　B. 系统软件　　C. 通用软件　　D. 工具软件

（2）操作系统目的是提供一个供其他程序执行的良好环境，因此它必须使计算机对于普通用户而言，操作系统的（　　）最重要。

A. 开放性　　B. 方便性　　C. 有效性　　D. 可扩充性

（3）操作系统的 4 个基本功能是（　　）。

A. 运算器管理、控制器管理、内存储器管理和外存储器管理

B. CPU 管理、主机管理、中断管理和外部设备管理

C. 用户管理、主机管理、程序管理和设备管理

D. CPU 管理、存储器管理、设备管理和文件管理

（4）当前常用的网络操作系统有（　　）。

A. Windows　　B. Linux　　C. UNIX　　D. HarmonyOS

（5）PC 上广泛应用的 Windows 10 操作系统是（　　）。

A. 多用户多任务操作系统　　B. 单用户多任务操作系统

C. 单用户单任务操作系统　　D. 多用户单任务操作系统

3. 简答题

（1）简述操作系统的概念。

（2）简述主要国产操作系统的类型。